人工超材料复合结构中的光的传输与调控

康永强 著

中国原子能出版社

图书在版编目(CIP)数据

人工超材料复合结构中的光的传输与调控 / 康永强著. -- 北京 : 中国原子能出版社, 2019.6
ISBN 978-7-5022-9868-5

Ⅰ. ①人… Ⅱ. ①康… Ⅲ. ①复合材料一光传输技术 Ⅳ. ①TB33

中国版本图书馆 CIP 数据核字(2019)第 134622 号

内 容 简 介

本书主要探讨了人工超材料复合结构中的光的传输与调控。书中的人工超材料复合结构包括光子晶体,单负材料,双负材料(左手材料),石墨烯,石墨烯基双曲超材料,氮化硼等。本书逻辑清晰,内容丰富新颖,是一本值得学习研究的著作,可作为人工微结构材料专业研究生的参考书,也可供有关科研人员参考。

人工超材料复合结构中的光的传输与调控

出版发行 中国原子能出版社(北京市海淀区阜成路 43 号 100048)
责任编辑 张 琳
责任校对 冯莲凤
印 刷 北京亚吉飞数码科技有限公司
经 销 全国新华书店
开 本 787mm×1092mm 1/16
印 张 13.25
字 数 237 千字
版 次 2019 年 9 月第 1 版 2024 年 9 月第 2 次印刷
书 号 ISBN 978-7-5022-9868-5 定 价 63.00 元

网址:http://www.aep.com.cn E-mail:atomep123@126.com
发行电话:010-68452845

前　言

在人类社会发展的历史上，每一次运用新的材料代替传统的材料都会推动人类社会高速的发展，甚至可以导致一场科技革命。例如，青铜器的发明，使得人们用青铜器代替了石器，使人类的原始社会进入了社会文明；铁器的发明和制造，使得人们用铁器代替了铜器，推动了人类从原始社会进入了更加发达的封建社会；而钢铁的广泛使用，导致了17世纪的工业革命，推动了人类社会进入高速发展的资本主义社会。然而，人们对新型材料的探索是无止境的，20世纪50年代半导体材料的出现，实现了人们对电子运动的控制，引起了建立在半导体材料基础上的微电子技术的高速发展和广泛应用，导致了一场信息产业革命。然而，半导体材料中低速运动的电子限制了电子设备速度的提升，如果我们用光子代替电子，由于光子是玻色子，不带电荷，不像电子那样具有相互作用，这样就有助于极大地降低能量损耗。这就需要一种特殊的晶体来代替传统半导体材料控制光子的运动，这种特殊的晶体被称为光子晶体。光子晶体是一种光学尺度上介电常数周期排列的人工晶体材料，与半导体晶体有很多类似点，可以看作是半导体晶体在光学领域的对应物。光子晶体的出现，使得人们制造光电子器件和集成光路的梦想得以实现。近年来，人们又成功构造出超材料（metamaterials），超材料指具有天然材料所不具备的超常物理性质的人工复合结构或复合材料，与传统意义上的材料的区别在于用宏观尺寸单元代替了原来微观尺寸的原子或分子，人们可以通过人为地设计单元结构来控制材料属性，构成自然界不存在的特殊结构材料，从而实现全新的线性和非线性光学特性和独特的功能，达到控制光和电磁波的目的。超材料于2003年和2006年两度被*Science*杂志列为世界十大科技进展之一。

目前，超材料在科学界的各个领域都受到了极大的关注，包括物理学、光学、材料学、电子学以及化学等，它是多个学科相互交叉和和谐发展的产物。国内外也有众多学者从事人工超常材料及其复合结构的研究，不但其应用领域的研究非常活跃，而且在基础理论方面的研究成果也颇丰硕。本书主要介绍了电磁波通过超材料及其复合结构对光子的传输和调控。研究内容主要来源于作者多年的科研工作，少部分内容参考新近出版的文献资料，具体在参考文献中都有详细注解。

全书分 9 章，第 1 章为基础部分，讲述了光子晶体和超材料及其复合结构的基础知识、研究方法和应用前景；第 2 章由两种单负材料组成光子晶体的相位特性和滤波特性；第 3 章类比电子的 Bloch 振荡理论，研究了含各向异性左手材料和右手材料组成一维光子晶体微腔的 Wannier-Stark 态；第 4 章单负双层的反射率和偏振度及三层匹配结构的共振隧穿特性；第 5 章含石墨烯基双曲超材料光子晶体的宽带吸收；第 6 章含氮化硼异质结构的吸收特性；第 7 章掺杂光子晶体组成异质结构的耦合增强吸收；第 8 章一维 Thue-Morse 准周期结构的吸收特性；第 9 章介绍了古斯-汉欣位移的常用研究方法，以及对几种结构的古斯汉兴位移及调控进行研究。本书写成，承蒙山西省自然科学基金项目（201801D121071）、大同市基金研究项目（2017131）的经费支持，山西大同大学基金资助，这里表示诚挚的谢意。

由于作者水平及能力有限，书中难免有错误和不妥之处，敬请各位读者批评指正。

作　者

2019 年 3 月

目　录

第1章 绪 论

人们对新型材料的探索是无止境的，20 世纪 50 年代人们发现了半导体材料可以实现对电子运动的控制，引发了一场微电子革命。有了半导体材料，科学家们可以控制电子的运动，运用半导体材料可以制成许多电子器件[1-10]。例如，半导体二极管[6-8]、晶体三极管[9-12]、场效应管[13-18]，激光二极管[19-32]、发光二极管(LED)[33-40]等。

时至今日，随着半导体材料制作技术和制造工艺的飞速发展，半导体器件已经发展到高度集成化，超大规模的集成电路的特征线宽已经发展到 90 nm，有科学家预测，如果集成电路的特征尺寸缩小到 50 nm，即电子的自由程，将会达到物理技术上的极限，集成电路的集成度将无法再提高，电子工业的发展将会受到极大的限制，这就是人们说的"电子瓶颈"。同时，半导体产业带给我们一个"信息爆炸"的现代网络通讯时代，"信息爆炸"对高速、大容量信息传输、信息处理和信息存储设备有更高的需求。然而，半导体材料中低速运动的电子限制了电子设备速度的提升，因此科学家们需要探索新的高速信息处理和大容量的信息存储设备。

科学家经过分析研究发现，集成电路的集成度受到电子设备速度限制的根本原因在于：我们所用的信息载体是电子，电子带有电荷存在库仑力的相互作用，容易产生热效应，这样使得集成电路的集成度受到限制。如果我们用光子代替电子，由于光子是玻色子，不带电荷，不像电子那样具有相互作用，这样就有助于极大地降低能量损耗。此外，光子运行速度快、频段宽、信息容量大，更加适合下一代通信技术。然而，要控制光子的运动，就需要一种特殊的晶体来代替传统半导体材料，这种特殊的晶体被称为光子晶体(photonic crystal)[41-50]。光子晶体的概念是在 19 世纪 80 年代第一次被提出来的，是一种光学尺度上介电常数周期排列的人工晶体材料，与半导体晶体有很多类似点，可以看作是半导体晶体在光学领域的对应物。光子晶体的出现，使得人们制造光电子器件和集成光路的梦想得以实现。光子晶体由于具有光子禁带和光子局域两种特性，在现代通迅、激光、光电子和集成光学领域具有重要的应用[51-67]。通过光子晶体可以制造出各种光电子器件和集成光路，例如光子晶体滤波器[68,69]、低阈值得激光器[70]、光子晶体反射镜[71,72]等。目前已经有大量的光子晶体器件开发成功并投入使用，所以光子晶体迅速成为国际学术界的研究热点[68－70,72]。有人称 21 世纪是光的世纪，对光子新材料的研究是走向新世纪的入场券。然而光学中由于衍射极限的限制，传统光子晶体器件材料的尺寸是微米量级，这大大限制了光学集成领域的发展。近年来，人们又成功构造出超材料(metamaterials)，超材料指具有天然材料所不具备的超常物理性质的人工复合结构或复合材料，它是一种将具有特定几何形状的亚波长宏观基本单元周期性或非周期性地排列所构成的人工材料[73－93]。人们可以通过人为地设计单元结构来控制材料属性，构成自然界不存在的特殊结构材料，从而实现全新的线性和非线性光学特性和独特的功能，达到控制光和电磁波的目的。超常材料的兴起起源于负折射超常材料(negative-index metamaterial)的研究[74]，使得超常材料在过去的十多年中引起科学界各个领域的极大的关注，包括物理学、光学、材料学、电子学、计算机以及化学等，它是多个学科相互交叉、和谐发展的产物。

超常材料的出现和发展具有双重意义[94－97]：首先，超常材料是一种新型人工电磁媒质，它的出现和发展为人们提供了自然界不存在的新型人工材料，填补了介电常数和磁导率象限中的两大空白区域，使科学家获得了一些常规材料所不能获得物理现象和器件；其次，超常材料是一种结构材料，其设计方法和思想为设计新型特定器件提供了一种全新的思维方法，即根据特定的需要，基于基本物理原理，设计超常材料，以实现具有新奇特性的光电子器件，这种思维方法对各个领域的科学家来说都是非常宝贵的。因此，超常材料的出现为新型功能材料的设计提供了一个广阔的空间，昭示人们可以在不违背物理学基本规律的前提下，获得与自然界中的物质具有完全不同物理性质的超常物理性质的新型人工电磁媒质。自 2000 年以来，超常材料经过了跨越式的发展，2003 年和 2006 年两度被 *Science* 杂志列为世界十大科技进展之一。近年来，在 *Science* 和 *Nature* 等国际顶尖刊物上发表了大量的文章。同时也受到了包括美国和欧盟以及日本、新加坡、中国等国家政府的大力资助，投入了大量的人力和物力来支持超材料的基础研究和技术开发[97－110]。

由于超材料有着不同于普通材料的奇异特性，因此超材料又称为特异性材料，最近人们已经利用超材料制成完美棱镜(perfect lens)、隐身斗篷(invisibility cloak)、天线等[111－135]。对超材料及相关器件的特性研究，有利于对其传输电磁波的传播方向、传播速度、传播能量等方面的有效调控。同时，有人将超材料引入光子晶体，发现了新型的带隙，这种带隙与 Bragg 带隙有着不同的性质，并有着潜在的应用[136－155]。从理论上研究清楚超常材料的磁共振对光和电磁波的传输特性的影响，并揭示出新的现象和特性，获得主动调控光和电磁波的新方法和新手段,无疑对推进传统光学和微结构超常材料学科的发展具有重要意义,并为开发新型的光电子器件或提高已有器件的功能奠定理论基础[93-95]。

1.1 光子晶体简介

1.1.1 光子晶体的基本概念

光子晶体,其概念最初是1987年由美国Bell实验室的E. Yablonovitch和Princeton大学的John分别在研究光的自发辐射和无序介质中光子局域时,借鉴固体物理中的固体晶体及其能带特性,各自独立提出的[41-45]。固体物理中研究表明,晶体内部的原子是周期性排列形成周期势,电子在周期势场中运动会受到Bragg散射的作用,形成能带结构。如果我们用两种不同介电常数材料在空间上周期变化,制作成光子晶体,可以形成对光子运动的控制,光子的能量如果落在禁带中,光子的传播被禁止。光子晶体根据其组成介质空间排列方式的不同,可分为一维光子晶体、二维光子晶体和三维光子晶体,如图1-1所示为不同维度的光子晶体结构示意图。

图1-1　光子晶体结构维度分类示意图

由两种不同介电常数组成的材料只在一个方向上周期性地交替排列可以形成一维光子晶体。一维光子晶体在平行于介质层面上电介质常数不发生变化,只是在垂直于层面上介电常数是空间周期的函数。由于这种一维结构制作工艺比较简单,目前,一维光子晶体在半导体激光器和一维光子晶体布拉格光纤中已经得到应用。

在二维方向上不同介电常数材料呈周期性交替分布,就形成了二维光子晶体。常见的光子晶体二维结构是由许多介质柱或介质球排列构成的。这种结构介电常数在平行于介质柱方向不发生变化,只是在两个垂直于介质柱方向介电常数呈周期性排列分布。制作长波长光子晶体时,可以采用带孔的薄片把介质棒固定,而对短波长光子晶体结构,由于介质柱的直径必须制作的非常小,所以一般采用半导体基片上打孔的方法来制作。二维光子晶体结构典型的应用就是二维光子晶体光纤。

三维光子晶体结构是指在由一系列球状介电常数不同的材料在三维空间周期性交替排列而成,光子带隙出现在各个方向。三维光子晶体与一维光子晶体和二维光子晶体相比,实际制作过程相对比较复杂,尤其是在毫米波长量级以下制作,但三维光子晶体可以实现全方向光子禁带。需要注意的是,光子禁带的维度不一定就是光子晶体的维度,在各向异性材料形成的一维或二维光子晶体中,也出现了三维光子禁带[46-60]。

1.1.2 光子晶体的基本特性

1. 光子禁带

光子禁带是指在某一频率范围,入射光的频率位于禁带中时,入射光在某一方向可能会全部反射而不能传播通过。不同介质构成的光子晶体,介电常数相差越大,越容易形成宽的光子禁带[61-70]。如果是由同种介质构成的光子晶体,形状差异越大越容易出现宽的光子禁带。光子禁带又可以分为完全禁带(Omnidirection Gap)和非完全禁带[71-81]。完全禁带是指光子禁带不受入射光的偏振和入射光传播方向的影响。非完全禁带是指光子禁带受入射光的偏振和入射光传播方向的影响。完全禁带通常出现在三维光子晶体中,但是最近发现由一维左右手材料或单负材料构成的一维光子晶体中也会出现全向带隙(又称为零均值折射率带隙)[82-94]。

1905 年爱因斯坦曾提出,处于高能级的粒子会自发地跃迁到低能级发出光子,曾认为自发辐射是不可抑制的,它将不可避免地与受激辐射和受激吸收共存。直到 1946 年 Purcell 提出自发辐射可以人为控制,而后 1987 年光子晶体的出现证实了这一观点的正确性。由费米黄金定律可知:自发辐射的概率 $w=\frac{2\pi}{\hbar}|v|^2\rho(\omega)$,其中 $\rho(\omega)$ 为光场的态密度。如果光波的态密度为 0,则自发辐射的几率为 0。由于光子禁带中光子的态密度为 0,如果入射电磁波的频率位于光子禁带中时,那么光子晶体中原子的自发辐射就被完全抑制。反之,如果增加该光子频率的态密度,光子晶体的自发辐射就会增强[52-56]。

2. 光子局域[60-65]

光子晶体的另一个基本特征是对光子的局域化作用。1987 年 Johun

曾提出一种精心设置的无序介电常数组成的超晶格中存在 Anderson 局域。光子局域态形成的特性与电子晶体中掺杂改变半导体材料电学、光学性质类似，主要由缺陷的性质决定。如果缺陷是引入高介电常数材料所产生，其特性类似于半导体掺杂中的施主原子；如果缺陷是移除部分高介电常数材料所产生，其特性类似半导体中掺杂受主原子。所以缺陷的属性可以直接影响到光子禁带中缺陷态的位置。

1.1.3 光子晶体的制备

自然界中存在着许多天然的光子晶体，如色彩斑斓的蛋白石、蝴蝶的翅膀等，在显微镜下可以发现，它们都是由一些周期性的微结构组成。但是要获得人们要求的光子晶体，大多数需要采取人工制作的方法。目前，光子晶体制作主要方法大概包括如下几种。

1. 薄膜技术[68−70]

薄膜技术是采用交替生长两种不同介电常数的材料来制作光子晶体，其厚度精度可以控制到纳米量级，主要用于制备一维光子晶体。利用薄膜技术制作的一维光子晶体可以实现光滤波器、反射相位调节器，宽带反射镜等器件。

2. 精密机械加工法[80−81]

其基本思想是用机械钻孔的方法在均匀介质中形成周期排列空气孔。该方法优点是制作简便，所得光子晶体禁带较宽，缺点是较难得到近红外及可见光波段具有完全带隙的光子晶体。1991 年，E. Yablonovith 等人通过在三氧化二铝钻出球形孔，第一个制成具有三维面心立方的三维光子晶体，孔的半径是毫米量级，这种光子晶体工作在微波波段。

3. 半导体制造[91−93]

其是利用先进的半导体工艺或采用电子束蚀刻和激光蚀刻来制作光子晶体的技术。该方法的优点是可以稳定、精确地制作红外或可见光波段的光子晶体，且具有较宽的光子禁带，也容易在光子晶体中引入缺陷，在集成光电子技术方面有很大的潜力；缺点是需要先进的设备，并且需要的工艺比较复杂。

4. 胶体自组装法[91−93]

其是利用重力、离心力、压力、毛细血管力、电场力、磁场力等外力作用实现胶体颗粒的定向排列,使其自发形成晶体结构。图 1-2(a)和(b)分别为用二氧化硅胶体小球制备的三维光子晶体显微镜照片和用模板法制作的硅材料光子晶体显微镜照片。

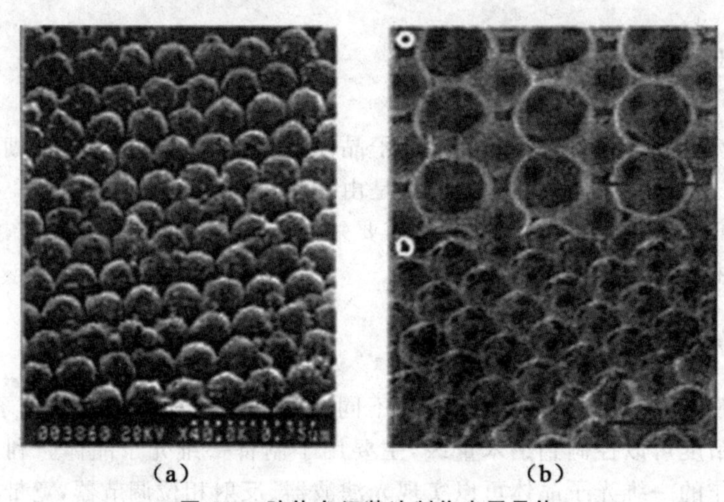

(a) (b)

图 1-2 胶体自组装法制作光子晶体

5. 激光全息制造法[106−108]

该方法主要是利用激光的空间相干性,两束或多束相干激光相互干涉,产生光强周期性变化的图案,再利用光与介质的相互作用,使得介质形成折射率发生周期性变化,形成光子晶体。最早采用全息法制备光子晶体的是日本 Osaka 大学的 Shoji. S。激光全息法的优点是操作快,精度高;缺点是无法在光子晶体结构中引入缺陷。

1.1.4 光子晶体的应用

光子晶体由于具有两个基本特性光子禁带和光子局域,这些特性决定了光子晶体在制作光子器件方面还有更为广泛而重要的应用[101−103]。

1. 光子晶体滤波器[68−70]

当在光子晶体中引入缺陷,且外来的电磁波与这个缺陷模频率吻合时,会产生共振,从而形成共振腔,因此可以用来制成光子晶体滤波器。

通过在光子晶体中增加缺陷的数目,则可以形成若干个相应频率光通过的多通道滤波。

2. 光子晶体低阈值激光器[107-108]

激光器发光通常需要达到一定的阈值,如果在激光器中植入一含有缺陷的光子晶体,使缺陷态形成的波导方向与激光的出射方向角度一致,这样使得自发辐射的方向和激光发射角度一致,就可以达到降低激光器阈值的目的。

3. 光子晶体反射器件[81,82]

由于光子晶体不允许光子频率处于禁带范围内的光子存在,当一束光子禁带频率的光入射到光子晶体上,将会被全部反射回去。利用光子晶体的这一特性可制作高效率的反射镜。

4. 光子晶体波导[104-106]

如果光子晶体中含有线缺陷,这种缺陷态就可以看作是一种电磁波导。所以,我们可以根据实际需要,通过将不同的光子晶体组合,设计出各种符合要求的波导。1996 年剑桥大学的 Attila Mekis 等人理论研究表明,光子晶体波导甚至在弯角 90°的情况下,能获得 98% 的传输效率,而传统波导在弯角 90°时最高效率 30%[36]。1998 年实验上第一次实现这样的光子晶体波导。图 1-3(a)为二维光子晶体波导照片。

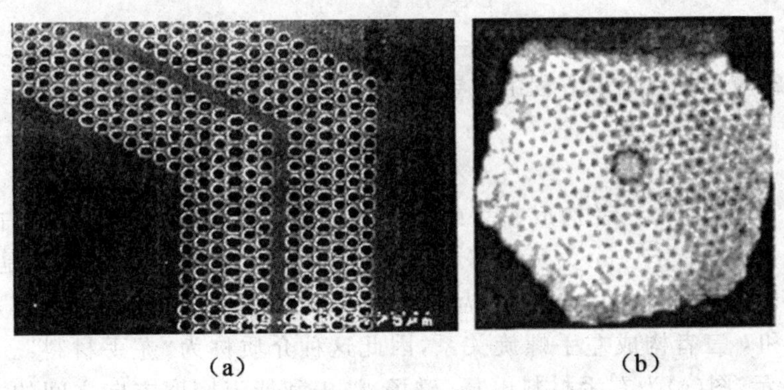

(a) (b)

图 1-3 二维光子晶体波导和光纤

5. 二维光子晶体光纤[108-110]

传统的光纤都是利用光的全反射原理,这使得光在传输过程中有一部分能量损失。如果把含有线缺陷的光子晶体制作成光纤，这种光子晶体光纤可以降低能量的吸收而引起的损耗。一维光子晶体光纤，即布拉格光纤是在传统光纤的径向设置成介电常数周期变化的环状结构；如果把光纤径向横截面设置成二维光子晶体，就形成二维光子晶体光纤。二氧化硅棒和氧化硅毛细管 2 000 ℃下烧结在一起组成六角阵列，而制成二维光子晶体光纤，如图 1-3(b)所示。

1.2 超材料(Metamaterials)概述

超材料又称电磁特异介质，它通常在自然界中不存而是由人工设计。超材料主要包括双负材料(介电常数和磁导率都小于 0)、单负材料(介电常数和磁导率其中只有一个为负)以及一些金属纳米材料等。根据经典电动力学的电磁理论，材料对电磁场的响应由其介电常数 ε 和磁导率 μ 决定。由时谐的麦克斯韦方程可以得到电磁场波动方程(Helmholtz 方程)[112−118]：

$$\nabla^2 E + k^2 E = 0$$
$$\nabla^2 B + k^2 B = 0 \tag{1-1}$$

式中，传播常数 $k^2 = \frac{\omega^2}{c^2}\mu\varepsilon$，$\varepsilon$，$\mu$ 为介质的介电常数和磁导率，自然界中物质的介电常数和磁导率一般都为正数，当 ε，μ 都为正数时，上式方程有解。电磁波能在其中传播。对于无色散、各向同性的均匀介质，对于平面单色波：

$$E = E_0 \mathrm{e}^{\mathrm{i}(\omega t - k \cdot r + \varphi_0)}$$
$$H = H_0 \mathrm{e}^{\mathrm{i}(\omega t - k \cdot r + \varphi_0)} \tag{1-2}$$

式(1-2)应用麦克斯韦方程组可导出：

$$k \times E = \omega\mu H$$
$$k \times H = -\omega\varepsilon E \tag{1-3}$$

可知，E，H 和 k 三者构成右手螺旋关系。所以通常的介质称为“右手材料”。如果 ε，μ 有一个为负数，$k^2<0$，方程(1-3)无波动解。电磁波是倏逝波，不能传播；但如果 ε，μ 同时为负数，k^2 仍然大于 0，方程(1-3)有解，此时 E，H 和 k 三者构成左手螺旋关系，因此这种介质称为“左手材料”。如图 1-4 所示，图(a)为右手材料电场、磁场、波矢和能流密度方向之间的关系；图(b)为左手材料电场、磁场、波矢和能流密度方向之间的关系。

J. B. Pendry 根据 $\pm\varepsilon$ 和 $\pm\mu$ 的四种可能组合，将材料分成四类[112−115]，如图 1-5 所示。当 $\varepsilon > 0$，$\mu > 0$ 时，材料的折射率 $n = \sqrt{\varepsilon\mu}$ 为正数，这是自然界中最普通最常见的材料，称为正指数材料(Postive-Index Material)，这

类材料由于电磁场电矢量 E、磁矢量 H 和波矢 K 成右手正交关系，所以又称右手材料，位于图1-5中第一象限。当 $\varepsilon<0,\mu<0$，材料的折射率 $n=-\sqrt{\varepsilon\mu}$ 为负数，称为负指数材料(Negative-index Material)，又叫双负材料(Double-Negative Material)，这类材料由于电磁场电矢量 E、磁矢量 H 和波矢 k 成左手正交关系，所以又称左手材料，位于图1-5中第三象限。当 ε 和 μ 其中只有一个为负时，称为单负材料(Single-Negative Material)。其中，当 $\varepsilon<0,\mu>0$ 时，称为ENG(Epsilon-Negative)材料，位于图1-5中第二象限；当 $\varepsilon>0,\mu<0$ 时，称为MNG(Mu-Negative)材料，位于图1-5中第四象限。这四种类型材料中除了第一种右手材料外，其他三种都可以称为超材料。由于超材料能展现出的许多不同于普通材料的新奇特性，这些特性使超材料有更为广阔的应用前景。超性材料在2003年被美国 *Science* 杂志评为十大科学进展之一。

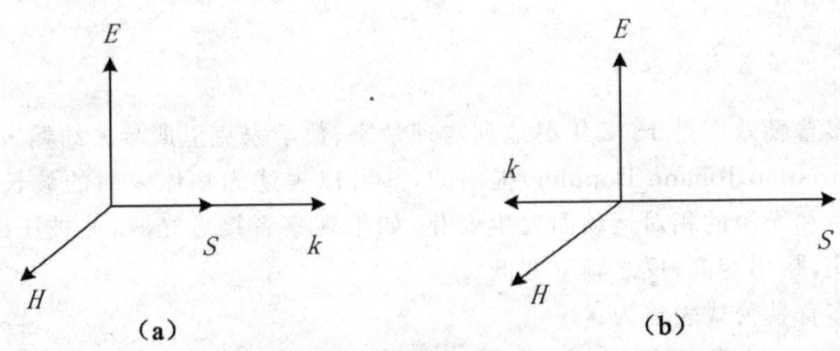

图1-4 电场、磁场、波矢和能流密度方向之间的关系

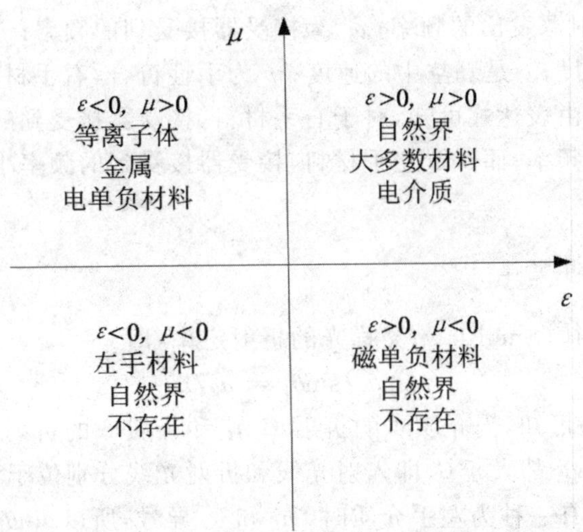

图1-5 按照介电常数和磁导率对材料空间进行划分

1.2.1 双负超材料(左手材料)

1. 双负超材料的性质[114-115]

在自然界中,电介质的介电常数和磁导率都为正值,介质中传播的电场、磁场和波矢方向构成右手关系。但是1967年前苏联物理学家veselago研究物质的电磁性质时,进行了大胆假设,当介质的介电常数和磁导率都为负值时,也满足麦克斯韦方程,此时介质中传播的电场、磁场和波矢方向构成左手关系,所以命名为左手介质,他指出电磁波在这种介质中的传播性质与右手材料中相反,例如逆多普勒效应(inverse Doppler effect)、逆斯涅儿定律(inverse Snell law)和逆切伦柯夫辐射效应(inverse Cherenkov effect)等。

2. 逆多普勒效应[113]

多普勒效应是1842年奥地利物理学家、数学家克里斯琴·约翰·多普勒(Christian Johann Doppler)提出的,其可以表述为物体辐射的波长因为观察者和光源的相对运动而发生变化,如果观察者接近光源,波被压缩,波长变短,频率变高;反之频率变低。

多普勒公式表述为:

$$\omega' = \frac{\omega}{\sqrt{1-v^2/c^2}}\left(1+p\,\frac{v}{c}\right) \tag{1-4}$$

式中,ω 为辐射源发出的频率;ω' 为接受器接受到的频率;v 是电磁波在材料中的传播速度;c 是真空中的速度;p 为手性符合,右手材料 $p=1$,左手材料 $p=-1$。由表达式可知,对于右手材料,接受器接受到的频率大于辐射源在材料中的频率;而对于左手材料,接受器接受到的频率小于辐射源在材料中的频率。

3. 逆斯涅耳定律[114]

斯涅耳定律(Snell law)又称光的折射定率,即

$$\sin\theta_1/\sin\theta_2 = n_2/n_1 \tag{1-5}$$

由式(1-5)可知,当介质1的折射率 n_1 和介质2的折射率 n_2 都大于0时,$\sin\theta_1$ 和 $\sin\theta_2$ 都大于0,即入射光线和折射光线分别位于法线两侧;当介质1和介质2有一种为左手介质时,n_1 和 n_2 异号,所以 $\sin\theta_1$ 和 $\sin\theta_2$ 异号,即入射光线和折射光线位于法线的同侧。这违反了Snell定律,故称其为

逆 Snell 定律,又常称为负折射定律。

4. 逆切伦柯夫辐射效应[115]

切伦柯夫辐射是高速带电粒子在非真空介质中穿行,当粒子的速度大于光在这种介质的相对速度时激活的电磁波。切伦柯夫辐射同带电粒子加速时的辐射不同,不是单个粒子的辐射效应,而是运动带电粒子与介质内束缚电荷和诱导电流产生的集体效应,可视为介质中的一种冲击波,类似超音速子弹或飞机在空气中穿行而形成的冲击波。形成冲击波是粒子在其运动轨迹各点所辐射的波相互干涉的结果,呈圆锥形,粒子处在圆锥的顶点。冲击传播的方向与粒子运动方向之间的夹角 θ 为切伦柯夫角,满足:

$$\cos\theta = \frac{c}{pnv} \tag{1-6}$$

式中,n,c,v 分别是介质的折射率,真空中的速度和粒子的速度; p 是手性符合,对于左手介质 $p=-1$,对于右手介质 $p=1$。由于在右手介质中 $p=1$,$\cos\theta>0$,所以 $0<\theta<\frac{\pi}{2}$,即电磁波辐射方向和带电粒子运动方向形成一个向后的锥面。而对于左手介质,$p=-1$,$\cos\theta<0$,所以 $\pi>\theta>\frac{\pi}{2}$,即电磁波辐射方向和带电粒子运动方向形成一个向前的锥面。

1.2.2 双负超材料的研究进展及其应用[119-120]

1967 年苏联物理学家 Veselago 等人在研究物质的电磁特性时提出左手介质的假设,然而,由于自然界中没有左手介质,一直没在实验上得到验证,因此这个假设长期没被学术界接受。直到 1996 年,英国科学家 Pendry 等人指出周期性排列金属线阵列对电磁波的响应与等离子体对电磁波响应类似,其介电常数为 $\varepsilon(\omega)=1-\omega_p^2/\omega^2$,其中 ω_p 为等离子频率振荡的本征频率。当 $\omega<\omega_p$ 时,其介电常数为负值。随后 1999 年 Pendry 等人又发现周期性排列的开口谐振环(Split-Ring Resonator,SRR)对电磁波的响应与磁性材料类似,可以实现负的磁导率,该结构的有效磁导率表示为 $\mu_{eff}=1-\frac{F\omega_{mp}^2}{(\omega^2-\omega_0+\mathrm{j}\omega\Gamma_m)}$,其中 ω_{mp}、ω_0 和 Γ_m 分别是磁等离子响应频率、开口谐振环的共振频率和衰减因子。并且 Pendry 等人指出利用周期排列的金属线阵列和周期排列的开口谐振环,在微波段可以实现等效介电常数和等效磁导率都为负值得左手材料。该构想经报道后,立即引起学术界的强烈反应。自 2000 年 D. R. Smith 等人根据 Pendry 等人的研究成果,将周期排列的细

金属线和开口谐振环组合起来，在微波段制成第一块左手材料以来，十年多来，关于特异超材料的研究迅速成为热点[124-134]。

2000 年，J. B. Pendry 提出：当 $n=-1(\varepsilon=-1,\mu=-1)$ 时，负折射平板能突破常规介质透镜的衍射极限，实现完美成像[135,139]，其基本原理是利用左手材料的反 Snell 定律，即负折射定律，该特殊性质使得光线通过左手介质平板产生二次汇聚作用，如图 1-6 所示，为远场近似下，左手介质平板的成像原理图。设左手介质平板的厚度为 d，点光源 A 放置在距平板左侧的距离 L 处，由图可以看到点光源经平板的负折射在左手介质内完成第一次成像，成像后光线继续传播发生负折射在左手介质平板右侧完成第二次成像，并且都是实像。由右手介质制成的透镜只能汇聚远场的电磁波分量(propogating wave，传播波)，而由近场的电磁分量(evanscent wave，消逝波)不参与成像。因此，传统的透镜受到衍射极限电磁波长的限制，最大分辨率 $\Delta=2\pi c/\omega=\lambda$。Pendy 对左手介质的成像规律研究发现，左手介质对近场电磁分量也有汇聚作用，光源发出的光在进入左手介质前指数衰减，在进入左手介质后被放大，随后传出左手介质后指数又衰减，但是仍然汇聚成像。左手介质对近场放大作用是由于消逝波与左手介质表面等离子激化波(surface plasmonwaves)相互作用的结果，这样左手介质制作的透镜不再受电磁波波长限制，称为完美透镜[156-162]。这一现象在核磁共振成像、光存储和超大规模集成电路中等诸多方面得到了应用。

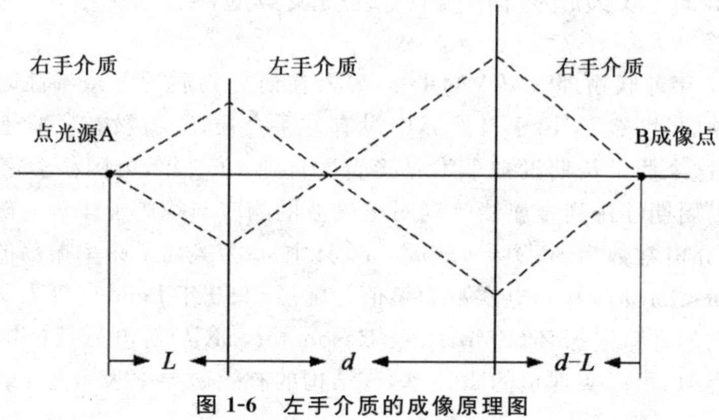

图 1-6　左手介质的成像原理图

2002 年 G. B. Philippe 制造出三维左手材料。2003 年 S. Foteinopoulou 发表了利用光子晶体实现负折射的仿真结果，同年，E. Cubuku 等人研究了二维光子晶体的负折射现象[52]，相关成果发表在 *Nature* 杂志上。2005 年 Shuang Zhang 等人首次制作并在实验上观察到了在近红外波段

2 μm 附近出现负折射。2007 年,G. Dong 等人用银制作的微型化渔网结构,在 780 nm 附近实现了−0.6 的折射率,但这种材料只实现了负的介电常数,而没实现负磁导率,负折射率的存在是由于高损耗的产生。超材料的另一重要应用是制作“隐形外壳”。2006 年 Pendry 等人在 *Science* 发表文章理论指出,如果在物体周围环绕上左手特异性材料,可以实现物体的隐身。就在同一年这一理论被 Schurig 等人在实验上证实,但是只是在某个特定的波长实现隐身,而且主要在微波波段。2008 年美国加利福尼亚大学的 Xiang Zhang 课题组在 *Nature* 上发表文章,描述了一个三维渔网形超材料在波长不超过 1 500 nm,即在近红外范围实现了负折射,该成果把超材料隐身的研究推进了一步,同年该课题组在 *Science* 上发表文章,采用镶嵌在多孔氧化铝内的银纳米导线构造出超材料,可以使波长不超过 660 nm,即在可见光红光范围到红外范围内出现负折射,但是该材料其他波长的光不产生负折射。2009 年,J. Valentine 等人在光频段 1 400~1 800 nm 研制出了隐身平板。

我国学者在超材料领域也做出了许多贡献[163−166]。2007 年,浙江大学的陈红胜等人对超材料隐身衣与电磁波的相互作用机理进行了研究,并给出了合理的解释[8],2008 年,陈红胜等人对有源器件的隐身进行了研究,成果发表到 *Nature* 杂志。2009 年东南大学毫米波国家重点实验室的崔铁军研究团队研制出微波频段内的“隐身地毯”,相关成果发表在 *Science* 杂志。2010 年,东南大学崔铁军研究团队,又利用负折射材料研制出全方向的电磁吸收器,即“电磁黑洞”,它会跟宇宙中“黑洞”一样吸收周围环境的微波,该成果被 *Nature* 网站以《科学家研制出可携带黑洞》为题命名,引起了学术界的广泛关注。2010 年,西安交通大学的张淳民教授领导的课题小组对八边形谐振环结构进行了实验和模拟研究。2012 年和 2013 年,张淳民教授领导的课题小组又分别设置了苯环开口谐振环结构和四三角开口谐振环结构的左手材料结构,都取得了很好的负折射效果[132−133],同年,该课题小组将不同尺寸左手材料排列,实现了多个负折射频带[134]。

1.2.3 单负超性材料[163−166]

1. 单负超材料的性质

单负特异性材料的介电常数和磁导率中只有一个为负值,其中介电常数小于 0,磁导率大于 0,称为 ENG(Epsilon-Negative)材料;磁导率小于 0,介电常数大于 0,称为 MNG(Mu-Negative)材料。这两种介质的折射率不

考虑损耗时为纯虚数 $n=i\sqrt{|\varepsilon\mu|}$，电磁波入射到单负特异性介质时，会以倏逝波的形式存在，即单负特异性材料对于电磁波是不透明的。

2. 单负超材料的研究进展及应用[163-170]

在研究双负特异性材料的同时，单负特异性材料的研究也引起了人们的兴趣，在单负特异性材料中，由于其折射率是纯虚数，对电磁波是不透明的。然而，Alù 等人研究发现：两种单负材料组成的双层结构，当满足阻抗匹配和相位匹配条件时，存在零反射，共振隧穿特性。另外，研究进一步表明：这种共振隧穿模不受入射角和偏振的影响。利用负介电常数材料和负磁导率材料组成异质结构对电磁波的透明特性，可以实现小体积的单模谐振腔，还能实现图像的转移和重构。由负介电常数材料和负磁导率材料组合实现的波导具有普通材料所没有的单模特性。在特定条件下，两种单负材料组成的异质结构可以等效为双负材料，实现负折射。最近，电磁波在三层结构中的共振隧穿现象也引起了人们的重视。同济大学的研究小组通过理论和微波实验研究发现在负介电常数材料和负磁导率材料中间加入空气层后，电磁场分别局域在两个不同单负材料的界面，利用这个性质可以实现无线传输等。研究结果表明：在适当选择电磁参数时，电磁波能隧穿通过该装置数百倍长度的距离，相光结果发表在 *Phys. Rev. E* 上。Zhou Lei 等报道了电磁波通过三层结构 DPS/SNG/DPS 的共振隧穿。G. Castaldi 研究报道了电磁波通过三层结构 SNG/DPS/DPS 的共振隧穿[144]。E. Cojocaru 理论研究了电磁波通过含有单负材料的无损耗的三层结构的共振隧穿特性[143]。

1.3 含超材料的光子晶体[141-158]

光子晶体的特性主要依赖于其结构和组成材料的折射率。由于超材料可以具有正、负、零折射率，把特异性材料引入光子晶体，拓宽了光子晶体的研究范围，发现了许多新的物理现象和潜在的应用。Zhang 等人把左手材料引入光子晶体中，发现当电磁波在左手材料传播时的相位和在正常材料传播时的相位相互抵消时，存在一种零均值折射率带隙(zero-$\bar{n}$ gap)。香港科技大学陈子亭领导的团队随后报道了各种参数对左手材料和常规材料交替组成光子晶体带隙的影响，发现零均值折射率带隙不同于 Bragg 带隙，仅仅受两种材料的折射率影响，而不受材料结构尺寸的影响。同济大学的 H. T. Jiang 等人研究发现这种零均值折射率带隙几乎不受入射角的影响，具有全角性,如果在这种结构中引入缺陷,缺陷模也具有全角特性[151-152]。中山大学的研究小组 Kunyuan Xu 等人将左手物质作为缺陷,引入由正负折射率交替组成的一维光子晶体中,通过分析缺陷模的震荡条件,发现缺陷模具有三种类型的角度色散:正色射、负色散和近零色散。

同时,人们对含有单负超材料的光子晶体研究也非常活跃。由于单负材料中的波矢为虚数,波在单负材料内部的场将以指数衰减,所以单负材料中只有倏逝波,电磁波无法穿透单负材料。然而,如果将负介电常数材料和负磁导率材料交替生长组成单负光子晶体,在某频率下,存在完全隧穿。利用磁单负材料和电单负材料交替排列的组成的一维光子晶体可以形成零有效相位带隙(zero-φ_{eff} gap)[157-158],该带隙除了具有零均值折射带隙的特性(即带隙位置和宽度不受入射角和晶格比例涨落的影响),还具有带隙的宽度可以通过两种单负介质的厚度比率来调节的特性。

在实验方面,同济大学的研究小组通过测量双 S 结构超材料的散射参数和微带线方法验证了零均值折射带隙的特性,实验得到的带隙特性与理论模拟一致。同济大学的研究小组还利用左右手复合传输线,制作出两类单负材料构成的一维光子晶体,验证了零有效相位带隙的存在[157-158]。

1.4 单双负材料的制备与负折射现象的实验验证

1.4.1 单双负超材料的制备方法

超材料主要包括负折射材料,又称左手材料和两种单负材料(电单负材料和磁单负材料)。金属在低于其等离子震荡频率下,具有负的介电常数,是电单负材料;铁氧体、铁磁和反铁磁系统在磁谐振频率附近,具有负的磁导率,是磁单负材料,但是损耗很大。而负折射材料(左手材料)在自然界是不存在的,所以人们采用各种方法去制备负折射材料。

1. 金属直导线阵列和开口谐振环阵列方法

1968 年 V. G. Veselago 只是理论上研究了电磁波在介电常数和磁导率同时为负数的介质中传播特性,一直没有从实验上给出验证。直到 1996 年 pendry 等人指出周期性排列金属线阵列对电磁波的响应与等离子体对电磁波响应类似,其介电常数为 $\varepsilon(\omega)=1-\omega_p^2/\omega^2$,其中 ω_p 为等离子频率振荡的本征频率[160-161],如图 1-7(a)所示为负介电常数金属线阵列。当 $\omega <$

ω_p 时，其介电常数为负值。1999 年他又发现周期性排列的开口谐振环(Split-Ring Resonator, SRR)对电磁波的响应与磁性材料类似，该结构的有效磁导率表示为 $\mu_{\text{eff}}=1-F\omega_{mp}^2/(\omega^2-\omega_0+\text{j}\omega\Gamma_m)$，其中 ω_{mp}、ω_0 和 Γ_m 分别是磁等离子响应频率、开口谐振环的共振频率和衰减因子，如图 1-7(b)所示为负磁导率 SRR 环。2000 年 Smith 等人，采用电路板刻蚀技术在 GIO 纤维玻璃板上将金属丝和 SRR 有规律地周期性排列，首次实现了世界上第一块左手材料，如图 1-8 所示。2001 年 Shelby 和 Smith 等人通过棱镜实验首次验证左手介质中 Snell 定律[162]。

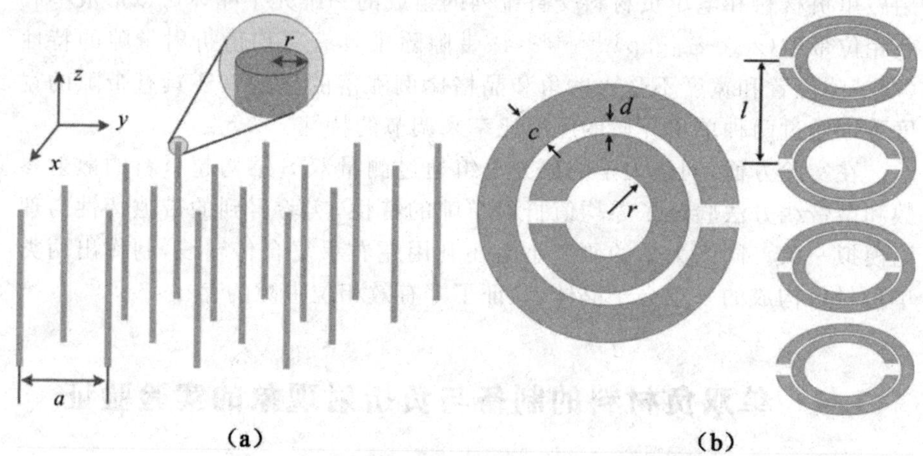

图 1-7 金属直导线阵列和开口谐振环阵列方法

图 1-8 Smith 左手材料[45]

2. 传输线模型

由于通过金属线阵列和开口谐振环阵列制作的左手材料体积大，产生的损耗大。2002 年 Eleftheriades 提出采用传输线模型制作左手材料，并实验验证了负折射现象和亚波长成像。传输线模型制作的左手材料具有损耗低和宽带宽的优点。图 1-9 是各种不同类型材料的等效传输线模，可以通过电报方程研究传输线的特性。

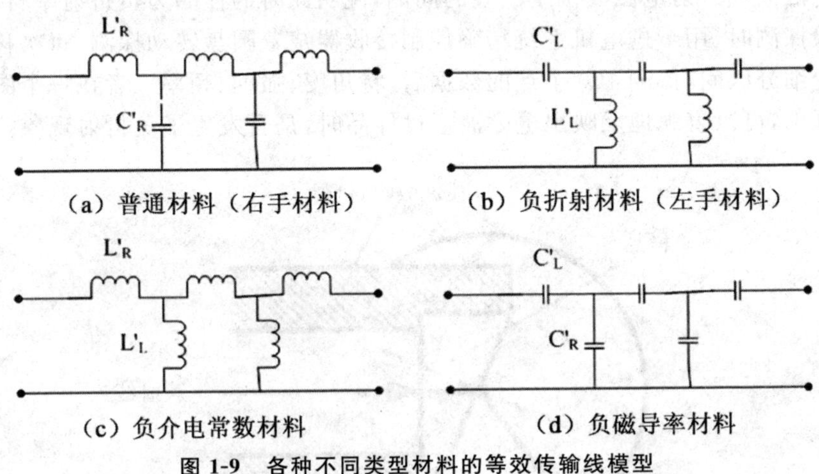

(a) 普通材料（右手材料） (b) 负折射材料（左手材料）

(c) 负介电常数材料 (d) 负磁导率材料

图 1-9 各种不同类型材料的等效传输线模型

图 1-9(a)是串联的电感和并联的电容构成的右手传输线，L'_R 和 C'_R 为单位长度上的电感和电容，其传播常数 $\beta=\omega\sqrt{L'_R C'_R}>0$，相应的相速度 $v_p=\omega/\beta=1/\sqrt{L'_R C'_R}$ 与群速度 $v_g=\partial\omega/\partial\beta=1/\sqrt{L'_R C'_R}$ 方向一致。可等效为普通材料，即右手材料。图 1-9(b)是串联电容和并联电感构成的左手传输线，L'_L 和 C'_L 为单位长度的电感和电容，其传播常数为 $\beta=-1/\omega\sqrt{L'_L C'_L}<0$，相应的相速度 $v_p=\omega/\beta=-\omega^2\sqrt{L'_L C'_L}$ 与群速度 $v_g=\partial\omega/\partial\beta=\omega^2\sqrt{L'_L C'_L}$ 方向相反，这种传输线可等效为左手材料。图 1-9(c)是由串联电感 L'_R 和并联电感 L'_L 构成的传输线模型，传播常数 $\beta=j\sqrt{L'_R/L'_L}$ 是纯虚数，等效为负介电常数材料。图 1-9(d)是由电容并联 C'_R 和电容串联 C'_L 构成的传输线模型，其传播常数 $\beta=j\sqrt{C'_R/C'_L}$，是纯虚数，等效为负磁导率材料。

1.4.2 负折射现象的实验验证方法

1. 棱镜实验

2001 年 Shelby 和 Smith 教授等人在 *Science* 上发表文章，利用棱镜实验第一次直观地展示出了复合周期结构的负折射效应[162]。棱镜实验的原理主要利用负折射率材料中入射光线和出射光线位于法线同侧的原理。将实验样品制作成三角棱镜的形状放置在微波吸收材料之间，电磁波垂直入射到棱镜长直角边，到达斜边，在斜边处发生折射，如图 1-10 所示。如果出射电磁波和入射电磁波位于法线的同侧，说明此时的样品为负折射率材料。实验探测时，用步进电机系统精确控制接收器绕着圆盘转动探测，每次移动一个细分区间，探测 100 个点的数据后，将角度、强度、频率三者在一个图像中画出，可以直观地反映出电磁波通过样品时，是否发生了负折射现象。

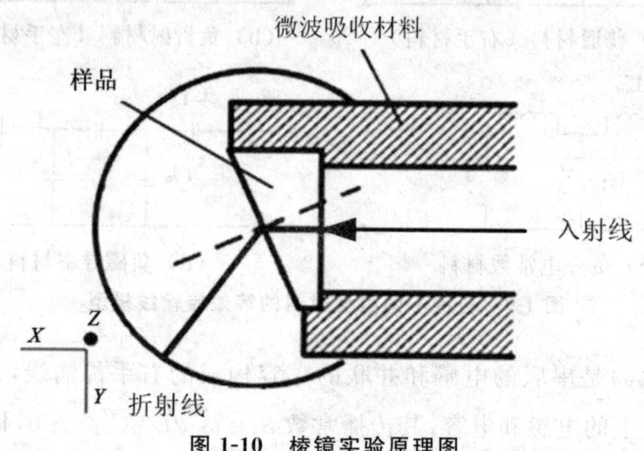

图 1-10　棱镜实验原理图

基于此，我们课题组建立起了一套完整的棱镜实验探测方法，包括实验设备、样品制作、实验探测步骤及实验数据处理分析等。实验设备包括信号源（HP8350B 扫频信号源）、接受器（HP8756A 标量网络分析仪）、微波吸收材料（主要控制微波方向免受外界干扰）、平行铝板（起平板波导作用）、步进电机控制系统等。

2. 电磁波平移实验

其主要原理为电磁波通过平行四边形后产生平移。将平行四边形状的实验样品放置在吸波材料之间，电磁波通过平行铝板波导到达实验样品后，经过实验样品后电磁波产生平移，该实验方法是 J. A. Kong 等人提出的。

电磁波的平移量可表示为[95]：

$$d = w\sin\theta_1\cos\theta_1\left[1-\frac{\cos\theta_1}{n_2\sqrt{1-\left(\frac{\sin\theta_1}{n_2}\right)^2}}\right] \tag{1-7}$$

式中，d 为波束平移距离；w 为样品宽度；θ_1 为入射角；n_2 为样品折射率。

根据式(1-7)可知，当平移样品为普通材料时，折射率 $n_2>0$，可得波束

平移最大值为

$$d_{\max} = w\sin\theta_1\cos\theta_1 \tag{1-8}$$

也就是说，当样品为负折射率材料时，由于其折射率 $n_2 < 0$，出射电磁波束和入射波束会出现在法线的同侧，经计算，可知其波束平移量将大于 $d_{\max}$。这样如果电磁波平移的最大值比 $d_{\max}$ 还大，就可以证明该样品是负折射材料。

1.5　石墨烯超材料及氮化硼

1.5.1　石墨烯

石墨烯是由单层碳原子组成的六角蜂巢状的二维平面材料，其具有独特的力学性质、热学性质、光学性质等，使其在光电材料和器件领域拥有巨大的研究和应用价值，引起了人们极大的研究兴趣[167-171]。

石墨烯是迄今为止研究人员所获得的强度最高的材料，其抗拉强度可以达到 130GPa，且其杨氏模量可以达到 1TPa。石墨烯优良的力学特性源自其本身二维材料的天然特性，因为二维纳米材料无法劈裂，石墨烯在沿垂直平面的方向上具有理论上所允许的最高强度，高的展弦比又使得其具有天然的阻止裂缝在聚合物中传播的能力。以上两点使得石墨烯成为了最具有潜力的可应用于高性能聚合材料中的增强剂。近期的研究表明，石墨烯表面的空位缺陷可以用来增强石墨烯表面褶皱，并使石墨烯体现出负泊松比，这又使其成为目前为止所获得的最薄的拉胀材料[172-175]。

石墨烯本身具有原子级的厚度，因此研究石墨烯热导率对于理解低维材料中声子输运具有重要意义。在平行和垂直石墨烯平面的方向上，热量的流动具有 100 倍以上的各向异性，平行石墨烯平面方向上的高热导率源自于层内碳碳原子之间紧密结合的共价键；而垂直石墨烯平面方向上的低热导率则受限于弱耦合的范德华相互作用力。悬浮的单层石墨烯的热导率同时取决于环境温度以及样品的几何尺寸，这与准弹道电子器件中载流子的行为十分相像。除此之外，在外加的光泵浦或电泵浦下，石墨烯还可以被当作热辐射的辐射源，应用在红外辐射器件等领域。

石墨烯具有特殊的光学特性，最广为人知的，恐怕是它作为一种仅有单原子厚度的二维材料但却具有异乎寻常高的光吸收率，即未掺杂的石墨烯对于可见光具有仅由精细结构常数所决定的 2.3% 的吸收率[167-172]。另外，石墨烯自由载流子浓度可以通过化学掺杂或电偏置进行人为的调节，这是作为传统等离激元材料的各类金属所无法企及的[176,177]。未掺杂的石墨烯是零带隙的，其能带结构中导带和价带在狄拉克点处连续。而在掺杂之后石墨烯的能带结构发生改变，即其原先位于狄拉克点处的费米能级升高或降低，通过固态电解质电极的电偏置来对石墨烯内部自由载流子的浓度进行调节可以使其费米能级达到 $E_f=1$ eV，而化学掺杂能够使其费米能级达到 $E_f=0.4$ eV。

得益于石墨烯天然的二维结构以及其可调谐的特征，人们在实验室中已经制得了基于周期性石墨烯条状阵列的可调谐太赫兹超材料。基于周期性石墨烯条状阵列的可调谐太赫兹超材料，研究人员发现这种结构所支持的石墨烯等离激元谐振不仅依赖于石墨烯条的带宽，而且可以通过加载于石墨烯上的偏置电压来进行调节。除了条状石墨烯之外，基于不同形状石墨烯单元的超材料也见诸报道，例如基于十字形石墨烯单元的超材料阵列，除此之外通过将周期性的石墨烯单元替换为石墨烯与介质材料构成的层叠结构[176-177]，由导模谐振所引起的光吸收效应可以被进一步增强。

近年来，针对超材料的研究逐渐向有源和可调谐超材料，以及如何在保持原有特殊性质的情况下简化超材料结构等方向偏移。其中双曲超材料，顾名思义，即这一类超材料的色散在三维色散空间的分布为双曲面型，引起了人们广泛的兴趣[172-173]。迄今为止，基于金属-介质多层结构的双曲超材料已被广泛应用到诸如宽带吸收，增强自发辐射热传导、声学，以及模拟宇宙学等诸多领域之中。由于石墨烯在红外波段表现出金属性，因此也可以被用来设计基于石墨烯的双曲超材料。得益于石墨烯等离激元本身具有的远强于普通金属表面所支持的等离激元的束缚性，可以预期石墨烯超材料可以表征出较传统金属-介质双曲超材料更为出色的特性。截至目前，众多基于石墨烯双曲超材料的器件或应用相继被研究人员所提出，例如导模传输、光调制器、光开关以及表面布洛赫波模式的传输等。

1.5.2 氮化硼

尽管人工双曲超材料已经相对成熟，但他们仍受限于较高的等离激元损耗且实现起来需要较复杂的制造工艺。六方氮化硼（Hexagonal Fboron Fnitride，HBN）是一种天然的具有双曲线型色散的材料[179]，被认为是能够替代人工双曲线型超材料的佼佼者。研究表明，六方氮化硼所支持的双曲声子极化模式具有强模式束缚以及比石墨烯等离激元更小的传输损耗[180-182]。六方氮化硼材料由于其所具有的双曲型色散特征可被应用在众多领域中以实现奇特的光学性质,例如亚波长尺寸下的粒子操控,超慢相速以及纳米聚焦等。

参考文献

[1]Alivisatos A P. Semiconductor Clusters, Nanocrystals, and Quantum Dots[J]. Science, 1996, 271(5251): 933-937.

[2]Chen X, Shen S, Guo L, et al. Semiconductor-based photocatalytic hydrogen generation[J]. Chemical Reviews, 2010, 110(11): 6503-6570.

[3]Jr B M, Moronne M, Gin P, et al. Semiconductor nanocrystals as fluorescent biological labels[J]. Science, 1998, 281(5385): 2013-2016.

[4]Hoffmann M R, Choi W, Bahnemann D W. Environmental Applications of Semiconductor Photocatalysis[J]. Chemical Reviews, 1995, 95(1): 69-96.

[5]Fujishima A, Honda K. Electrochemical photolysis of water at a semiconductor electrode[J]. Nature, 1972, 238(5358): 37-38.

[6]Wunsch D C, Bell R R. Determination of Threshold Failure Levels of Semiconductor Diodes and Transistors Due to Pulse Voltages[J]. Nuclear Science IEEE Transactions on, 1968, 15(6): 244-259.

[7]Hoerauf A, Röllinghoff M, Solbach W. Characteristics of MgO/GaN gate-controlled metal-oxide-semiconductor diodes[J]. Applied Physics Letters, 2002, 80(24): 4555-4557.

[8]Gossard A C, Miller D A B, Eilenberger D J, et al. Passive mode locking of a semiconductor diode laser[J]. Optics Letters, 1984, 9(11): 507-509.

[8]Wanlass, F, Sah, C. Nanowatt logic using field-effect metal-oxide semiconductor triodes[C]//Solid-state Circuits Conference Digest of Technical Papers IEEE International, 1963.

[9]Hirota Y, Okamura M, Yamaguchi E, et al. Surface controlled InP-MIS(metal-insulator-semiconductor) triodes[J]. Journal of Applied Physics, 1981, 52(5): 3498-3503.

[10]Yamashita S, Nakamura S, Kobayashi S, et al. Controlled spontaneous emissions from current-driven semiconductor microcavity triodes[J]. Applied Physics Letters, 1999, 74(9): 1278

[11]Venkateswaran S. Equivalent Circuits of Semiconductor Triodes

[J]. Iete Journal of Education,2015,21(4):179-186.

[12]Yamashita S,Nakamura S,Ishii E,et al. Controlled Spontaneous Emission From Semiconductor Microcavity Light Emitting Triodes[J]. Revista Médica De Chile,1960,88(1-2):7-12.

[13]Dorgelo E G. The field-effect tube,a new device for generating and amplifying RF energy[J]. Electron Devices IEEE Transactions on, 1967,14(6):292-296.

[14]Chen Z H,Tang H,Fan X,et al. Epitaxial ZnS/Si core-shell nanowires and single-crystal silicon tube field-effect transistors[J]. Journal of Crystal Growth,2008,310(1):165-170.

[15]Tiwari P K,Samoju V R,Sunkara T,et al. Analytical modeling of threshold voltage for symmetrical silicon nano-tube field-effect-transistors (Si-NT FETs)[J]. Journal of Computational Electronics,2016,15(2):516-524.

[16]Luryi S,Xu J,Zaslavsky A. Scrolled Si/SiGe Heterostructures as Building Blocks for Tube-Like Field-Effect Transistors [M]//Future Trends in Microelectronics:From Nanophotonics to Sensors and Energy, 2010.

[17]Green B,Dorgelo E G. The field effect tube,a new device for generating and amplifying RF energy[C]//International Electron Devices Meeting,1967.

[18]Javey A,Guo J,Wang Q,et al. Ballistic carbon nanotube field-effect transistors[J]. Nature,2003,424(6949):654-7.

[20]Leist J R. The blue laser diode:GaN based light emitters and lasers,by Shuji Nakamura and Gerhard Fasol[J]. Optics & Photonics News,1997,8.

[21]Sato S,Osawa Y,Saitoh T,et al. Room-temperature pulsed operation of 1.3 μm GaInNAs/GaAs laser diode[J]. Electronics Letters,1997, 33(16):1386-1387.

[22]Haase M A,Qiu J,Depuydt J M,et al. Blue-green laser diodes [J]. Applied Physics Letters,1991,59(11):1272-0.

[23]Nakamura S,Senoh M,Nagahama S I,et al. InGaN-Based Multi-Quantum-Well-Structure Laser Diodes[J]. Japanese Journal of Applied Physics Pt Letters,1996,35(Part 2,No. 1B):L74-L76.

[24]Nakamura S. Room-temperature continuous-wave operation of

InGaN multi-quantum-well-structure laser diodes[J]. Applied Physics Letters,1997,70(7):868-870.

[25]Narukawa Y,Kawakami Y,Funato M,et al. Role of self-formed InGaN quantum dots for exciton localization in the purple laser diode emitting at 420 nm[J]. Applied Physics Letters,1997,70(8):981-983.

[26]Nakamura S, Senoh M, Nagahama S, et al. Room-temperature continuous-wave operation of InGaN multi-quantum-well structure laser diodes with a lifetime of 27 hours[J]. Applied Physics Letters, 1997, 70(11):1417-1419.

[27]Komine T,Nakagawa M. Fundamental analysis for visible-light communication system using LED lights[J]. Consumer Electronics IEEE Transactions on,2004,50(1):100-107.

[28]Bonner W M,Laskey R A. A film detection method for tritium-labelled proteins and nucleic acids in polyacrylamide gels[J]. Febs Journal, 2010,46(1):83-88.

[29]Bonner W M,Laskey R A. A film detection method for tritium-labelled proteins and nucleic acids in polyacrylamide gels[J]. Febs Journal, 2010,46(1):83-88.

[30]Heled J,Drummond A J. Bayesian Inference of Species Trees from Multilocus Data[J]. Molecular Biology & Evolution, 2010, 27(3): 570-580.

[31]Lefrant J Y,Muller L,Bruelle P,et al. Insertion time of the pulmonary artery catheter in critically ill patients[J]. Critical Care Medicine, 2000,28(2):355.

[32]Ledyard Stebbins G. Book Reviews: Variation and Evolution in Plants[J]. Science,1950,112.

[33]Delledonne M,Xia Y,Dixon R A,et al. Nitric oxide functions as a signal in plant disease resistance[J]. Progress in Biotechnology,2001,394(6693):585-588.

[34]Tucker L R,Lewis C. A reliability coefficient for maximum likelihood factor analysis[J]. Psychometrika,1973,38(1):1-10.

[35]Greenwood F C, Hunter W M, Glover J S. THE PREPARATION OF I-131-LABELLED HUMAN GROWTH HORMONE OF HIGH SPECIFIC RADIOACTIVITY [J]. Biochemical Journal, 1963, 89(1):114-123.

[36]Clarke F H, Stern R J, Ledyaev Y S, et al. Nonsmooth Analysis and Control Theory[J]. Graduate Texts in Mathematics, 1998, 178(7): 137-151.

[37]Théry C, Amigorena S, Raposo G, et al. Isolation and characterization of exosomes from cell culture supernatants and biological fluids [M]//Current Protocols in Cell Biology, 2006.

[38]Tucker L R. Some mathematical notes on three-mode factor analysis[J]. Psychometrika, 1966, 31(3): 279-311.

[39]Glynn I M, Chappell J B. A simple method for the preparation of 32-P-labelled adenosine triphosphate of high specific activity[J]. Biochemical Journal, 1964, 90(1): 147.

[40]Eisenhardt K M. Making Fast Strategic Decisions in High-Velocity Environments[J]. Academy of Management Journal, 1989, 32(3): 543-576.

[41]Yablonovitch E. Photonic Crystals[J]. Journal of Modern Optics, 1994, 41(2): 173-194.

[42]Bland-Hawthorn J, Kern P. Molding the flow of light: Photonics in astronomy[J]. Physics Today, 2012, 65(5): 31-37.

[43]Ling L, Joannopoulos J D, Soljačić M. Topological photonics[J]. Nature Photonics, 2014, 8(11): 821-829.

[44]Joannopoulos J D, Villeneuve P R, Fan S. Photonic crystals: putting a new twist on light[J]. Nature, 1997, 386(6621): 143-149.

[45]Joannopoulos J D, Lucovsky G. The Physics of Hydrogenated Amorphous Silicon I[J]. Optica Acta International Journal of Optics, 2010, 32(1): 5-6.

[46]Wijnhoven J E G J. Preparation of photonic crystals made of air spheres in titania[J]. Science, 1998, 281(5378): 802-804.

[47]Campbell M, Sharp D N, Harrison M T, et al. Fabrication of photonic crystals for the visible spectrum by holographiclithography[J]. Nature, 2002, 34(1-3): 53-56.

[48]Notomi M. Theory of light propagation in strongly modulated photonic crystals: Refractionlike behavior in the vicinity of the photonic band gap[J]. Phys. rev. b, 2000, 62(621): 10696-10705.

[49]Figotin A, Vitebskiy I. Slow light in photonic crystals[J]. Waves in Random & Complex Media, 2006, 36(3): 282-284.

[50]Lopez C. Materials Aspects of Photonic Crystals[J]. Advanced Materials,2003,15(20):1679-1704.

[51]Parimi P V,Lu W T,Vodo P,et al. Photonic crystals:Imaging by flat lens using negative refraction[J]. Nature,2003,426(6965):404.

[52]Kosaka H,Kawashima T,Tomita A,et al. Self-collimating phenomena in photonic crystals[J]. Applied Physics Letters,1999,74(9):1212-1214.

[53]Noda S,Fujita M,Asano T. Spontaneous-emission control by photonic crystals and nanocavities[J]. Nature Photonics,2007,1(8):449-458.

[54]Kosaka H,Kawashima T,Tomita A,et al. Superprism phenomena in photonic crystals:toward microscale lightwave circuits[J]. Phys. rev. b,1999,58(16):R10096-R10099.

[55]Gates B,Xia Y. Fabrication and Characterization of Chirped 3D Photonic Crystals[J]. Advanced Materials,2000,12(18):1329-1332.

[56]Fan S,Schubert E F. High Extraction Efficiency of Spontaneous Emission from Slabs of Photonic Crystals[J]. Physical Review Letters,1997,78(78):3294-3297.

[57]Lodahl P,Floris V D A,Nikolaev I S,et al. Controlling the dynamics of spontaneous emission from quantum dots by photonic crystals[J]. Nature,2004,430(7000):654-657.

[58]Haldane F D,Raghu S. Possible realization of directional optical waveguides in photonic crystals with broken time-reversal symmetry[J]. Physical Review Letters,2008,100(1):013904.

[59]Ge J,Yin Y. Responsive photonic crystals[J]. Angewandte Chemie International Edition,2011,50(7):1492-1522.

[60]Krauss T F,Rue R M D L. Photonic crystals in the optical regime—past,present and future[J]. Progress in Quantum Electronics,1999,23(2):51-96.

[61]Soljačić M,Joannopoulos J D. Enhancement of nonlinear effects using photonic crystals[J]. Nature Materials,2004,3(4):211-219.

[62]Kosaka H,Kawashima T,Tomita A,et al. Photonic crystals for micro lightwave circuits using wavelength-dependent angular beam steering[J]. Applied Physics Letters,1999,74(10):1370-1372.

[63]Ge J,Hu Y,Yin Y. Highly tunable superparamagnetic colloidal

photonic crystals[J]. Angewandte Chemie International Edition, 2010, 46(39):7428-7431.

[64]Villeneuve P R, Fan S, Joannopoulos J D. Microcavities in photonic crystals: Mode symmetry, tunability, and coupling efficiency[J]. Phys Rev B Condens Matter, 1996, 54(11):7837-7842.

[65]Fleming J G, Lin S Y, Elkady I, et al. All-metallic three-dimensional photonic crystals with a large infrared bandgap[J]. Nature, 2002, 417(6884):52-55.

[66]Bermel P, Luo C, Zeng L, et al. Improving thin-film crystalline silicon solar cell efficiencies with photonic crystals[J]. Optics Express, 2007, 15(25):16986-7000.

[67]Wong S, Deubel M, Pérez-Willard F, et al. Direct Laser Writing of Three-Dimensional Photonic Crystals with a Complete Photonic Bandgap in Chalcogenide Glasses[J]. Advanced Materials, 2010, 18(3):265-269.

[68]Lei X-Y, Li H, Ding F, et al. Novel application of a perturbed photonic crystal: High-quality filter[J]. Applied physics letters, 1997, 71(20):2889-2891.

[69]Liang G, Han P, Wang H. Narrow frequency and sharp angular defect mode in one-dimensional photonic crystals from a photonic heterostructure[J]. Optics Letters, 2004, 29(2):192-194.

[70]Painter O, Lee R, Scherer A, et al. Two-dimensional photonic band-gap defect mode laser[J]. Science, 1999, 284(5421):1819-1821.

[71]Fink Y, Winn JN, Fan S, et al. A dielectric omnidirectional reflector[J]. Science, 1998, 282(5394):1679-1682.

[72]Hart S D, Maskaly G R, Temelkuran B, et al. External reflection from omnidirectional dielectric mirror fibers[J]. Science, 2002, 296(5567):510-513.

[73]Scalora M, Dowling J P, Bowden CM, et al. Optical limiting and switching of ultrashort pulses in nonlinear photonic band gap materials[J]. Physical review letters, 1994, 73(10):1368.

[74]Pendry J B. Negative refraction makes a perfect lens[J]. Physical review letters, 2000, 85(18):3966.

[75]Chen H, Wu B-I, Zhang B, et al. Electromagnetic wave interactions with a metamaterial cloak[J]. Physical review letters, 2007, 99(6):

063903.

[76] Lim S, Caloz C, Itoh T. Metamaterial-based electronically controlled transmission-line structure as a novel leaky-wave antenna with tunable radiation angle and beamwidth[J]. IEEE Transactions on Microwave Theory and Techniques, 2004, 52(12): 2678-2690.

[77] Lim S, Caloz C, Itoh T. Electronically scanned composite right/left handed microstrip leaky-wave antenna[J]. IEEE Microwave and Wireless Components Letters, 2004, 14(6): 277-279.

[78] Foteinopoulou S. Photonic crystals as metamaterials[J]. Physica B: Condensed Matter, 2012, 407(20): 4056-4061.

[79] Lourtioz J-M. Photonic crystals and metamaterials[J]. Comptes Rendus Physique, 2008, 9(1): 4-15.

[80] Hsueh W, Chen C, Chen C. Omnidirectional band gap in Fibonacci photonic crystals with metamaterials using a band-edge formalism[J]. Physical Review A, 2008, 78(1): 013836.

[81] Weng Y, Wang Z-G, Chen H. Band structures of one-dimensional subwavelength photonic crystals containing metamaterials[J]. Physical Review E, 2007, 75(4): 046601.

[82] Izrailev F, Makarov N. Localization in correlated bilayer structures: from photonic crystals to metamaterials and semiconductor superlattices[J]. Physical review letters, 2009, 102(20): 203901.

[83] Yablonovitch E. Inhibited spontaneous emission in solid-state physics and electronics[J]. Physical review letters, 1987, 58(20): 2059.

[84] John S. Strong localization of photons in certain disordered dielectric superlattices[J]. Physical review letters, 1987, 58(23): 2486-2489.

[85] Jiang H, Chen H, Li H, et al. Properties of one-dimensional photonic crystals containing single-negative materials[J]. Physical Review E, 2004, 69(6): 066607.

[86] Jiang H, Chen H, Li H, et al. Omnidirectional gap and defect mode of one-dimensional photonic crystals containing negative-index materials[J]. Applied physics letters, 2003, 83(26): 5386-5388.

[87] Li J, Zhou L, Chan C, et al. Photonic band gap from a stack of positive and negative index materials[J]. Physical review letters, 2003, 90(8): 083901.

[88] Purcell E. Spontaneous emission probabilities at radio frequencies

[J]. Physical Review, 1946, 69: 681.

[89]Jiang S, Liu Y, Liang G, et al. Design and fabrication of narrow-frequency sharp angular filters[J]. Applied Optics, 2005, 44(30): 6353-6356.

[90]Yablonovitch E, Gmitter T, Leung K. Photonic band structure: The face-centered-cubic case employing nonspherical atoms[J]. Physical review letters, 1991, 67(17): 2295.

[91]Lin S-y, Fleming J, Hetherington D, et al. A three-dimensional photonic crystal operating at infrared wavelengths[J]. Nature, 1998, 394(6690): 251-253.

[92]Noda S, Tomoda K, Yamamoto N, et al. Full three-dimensional photonic bandgap crystals at near-infrared wavelengths[J]. Science, 2000, 289(5479): 604-606.

[93]Mei D, Liu H, Cheng B, et al. Visible and near-infrared silica colloidal crystals and photonic gaps[J]. Physical Review B, 1998, 58(1): 35.

[94]项元江. 人工电磁超常材料中光和电磁波的传输与控制[D]. 湖南大学, 2011.

[95]Parazzoli C, Greegor R, Li K, et al. Experimental verification and simulation of negative index of refraction using Snell's law[J]. Physical review letters, 2003, 90(10): 107401.

[96]Eleftheriades GV, Iyer AK, Kremer PC. Planar negative refractive index media using periodically LC loaded transmission lines[J]. IEEE Transactions on Microwave Theory and Techniques, 2002, 50(12): 2702-2712.

[97]Kong JA, Wu B-I, Zhang Y. Lateral displacement of a Gaussian beam reflected from a grounded slab with negative permittivity and permeability[J]. Applied physics letters, 2002, 80(12): 2084-2086.

[98]Kong JA, Wu BI, Zhang Y. A unique lateral displacement of a Gaussian beam transmitted through a slab with negative permittivity and permeability[J]. Microwave and Optical Technology Letters, 2002, 33(2): 136-139.

[99]Ran L, Huangfu J, Chen H, et al. Beam shifting experiment for the characterization of left-handed properties[J]. Journal of Applied Physics, 2004, 95(5): 2238-2241.

[100]Norell MA, Makovicky P, Clark JM. Porous silica via colloidal

crystallization[J]. Nature,1997,389:447.

[101]Rumpf RC,Johnson EG. Fully three-dimensional modeling of the fabrication and behavior of photonic crystals formed by holographic lithography[J]. JOSA A,2004,21(9):1703-1713.

[102]Shoji S,Kawata S. Photofabrication of three-dimensional photonic crystals by multibeam laser interference into a photopolymerizable resin[J]. Applied physics letters,2000,76(19):2668-2670.

[103]Shih M,Kuang W,Yang T,et al. Experimental characterization of the optical loss of sapphire-bonded photonic crystal laser cavities[J]. IEEE Photonics Technology Letters,2006,18(3):535-537.

[104]Danner AJ,Raftery JJ,Leisher PO,et al. Single mode photonic crystal vertical cavity lasers[J]. Applied physics letters, 2006, 88(9): 091114-091114-091113.

[105]Foresi J,Villeneuve PR,Ferrera J,et al. Photonic-bandgap microcavities in optical waveguides[J]. Nature,1997,390(6656):143-145.

[106]Joannopoulos JD,Villeneuve PR,Fan S. Photonic crystals: putting a new twist on light[J]. Nature,1997,386(6621):143-149.

[107]Zimmermann J,Kamp M,Forchel A,et al. Photonic crystal waveguide directional couplers as wavelength selective optical filters[J]. Optics communications,2004,230(4):387-392.

[108]Mekis A,Chen J,Kurland I,et al. High transmission through sharp bends in photonic crystal waveguides[J]. Physical review letters, 1996,77(18):3787.

[109]Rigby P. Optics: A photonic crystal fibre[J]. Nature, 1998, 396(6710):415-416.

[110]Knight J,Broeng J,Birks T,et al. Photonic band gap guidance in optical fibers[J]. Science,1998,282(5393):1476-1478.

[111]Knight J,Birks T,Russell PSJ,et al. Properties of photonic crystal fiber and the effective index model[J]. JOSA A,1998,15(3):748-752.

[112]玻恩.光学原理[M].北京:电子工业出版社,2009.

[113]Pendry J. Introduction[J]. Optics express,2003,11(7):639-639.

[114]Seddon N,Bearpark T. Observation of the inverse Doppler effect [J]. Science,2003,302(5650):1537-1540.

[115]Pendry JB,Smith DR. Reversing light with negative refraction

[J]. Physics Today,2004,57:37-43.

[116]Luo C, Ibanescu M, Johnson SG, et al. Cerenkov radiation in photonic crystals[J]. Science,2003,299(5605):368-371.

[117]Smith DR, Padilla WJ, Vier DC, et al. Composite Medium with Simultaneously Negative Permeability and Permittivity[J]. Physical review letters,2000,84(18):4184-4187.

[118]Du J, Yang N, Ren D, et al. Parallel photonic quantum well consisting of photonic crystal containing negative-index material[J]. JOSA B, 2011,28(11):2611-2616.

[119]Xu K-y, Zheng X, Li C-l, et al. Design of omnidirectional and multiple channeled filters using one-dimensional photonic crystals containing a defect layer with a negative refractive index[J]. Physical Review E, 2005,71(6):066604.

[120]Zhang C, Gao P, Sun M, et al. Analysis of the resonant frequency of the octagonal split resonant rings with metal wires[J]. Applied Optics,2010,49(29):5638-5644.

[121]Zhang C, Yuan Z, Sun M, et al. Miniature periodic structures of left-handed materials[J]. Applied Optics,2010,49(3):281-285.

[122]Gay-Balmaz P, Martin OJ. Efficient isotropic magnetic resonators[J]. Applied physics letters,2002,81(5):939-941.

[123]Foteinopoulou S, Economou EN, Soukoulis C. Refraction in media with a negative refractive index[J]. Physical review letters, 2003, 90(10):107402.

[124]Cubukcu E, Aydin K, Ozbay E, et al. Electromagnetic waves: Negative refraction by photonic crystals[J]. Nature,2003,423(6940):604-605.

[125]Zhang S, Fan W, Panoiu N, et al. Experimental demonstration of near-infrared negative-index metamaterials[J]. Physical review letters, 2005,95(13):137404.

[126]Dolling G, Wegener M, Soukoulis CM, et al. Negative-index metamaterial at 780 nm wavelength[J]. Optics Letters,2007,32(1):53-55.

[127]Pendry JB, Schurig D, Smith DR. Controlling electromagnetic fields[J]. Science,2006,312(5781):1780-1782.

[128]Valentine J, Zhang S, Zentgraf T, et al. Three-dimensional optical metamaterial with a negative refractive index[J]. Nature, 2008, 455

(7211):376-379.

[129]Yao J, Liu Z, Liu Y, et al. Optical negative refraction in bulk metamaterials of nanowires[J]. Science, 2008, 321(5891):930-930.

[130]Valentine J, Li J, Zentgraf T, et al. An optical cloak made of dielectrics[J]. Nature materials, 2009, 8(7):568-571.

[131]Zhang B, Chen H, Wu B-I, et al. Extraordinary surface voltage effect in the invisibility cloak with an active device inside[J]. Physical review letters, 2008, 100(6):063904.

[132]Liu R, Ji C, Mock J, et al. Broadband ground-plane cloak[J]. Science, 2009, 323(5912):366-369.

[133]Gao P, Zhang C. Double-passband refraction of metamaterials [J]. Optik-International Journal for Light and Electron Optics, 2012.

[134]Gao P, Zhang C, Ai J, et al. Measurement of negative refraction index from simulative results and experimental data by a new metamaterial sample[J]. Physica A: Statistical Mechanics and its Applications, 2013, 392(24):6506-6511.

[135]Gao P, Zhang C, Ai J, et al. Multiple frequency bands of square split resonant rings and metal wire metamaterial[J]. Applied Optics, 2013, 52(25):6309-6315.

[136]Alù A, Engheta N. Pairing an epsilon-negative slab with a mu-negative slab: resonance, tunneling and transparency[J]. IEEE Transactions on Antennas and Propagation, 2003, 51(10):2558-2571.

[137]Wang L-G, Chen H, Zhu S-Y. Omnidirectional gap and defect mode of one-dimensional photonic crystals with single-negative materials [J]. Physical Review B, 2004, 70(24):245102.

[138]Li P, Liu Y. Multichannel filtering properties of photonic crystals consisting of single-negative materials[J]. Physics Letters A, 2009, 373(21):1870-1873.

[139]Yi-Feng S, Chun X, Yun-Fei T, et al. Ultra-Compact, Subwavelength and Single-Mode Cavity Resonator[J]. Chinese Physics Letters, 2006, 23(6):1600.

[140]Alù A, Engheta N. Guided modes in a waveguide filled with a pair of single-negative(SNG), double-negative(DNG), and/or double-positive(DPS) layers[J]. IEEE Transactions on Microwave Theory and Techniques, 2004, 52(1):199-210.

[141]Fredkin D,Ron A. Effectively left-handed(negative index)composite material[J]. Applied physics letters,2002,81(10):1753-1755.

[142]Feng T,Li Y,Jiang H,et al. Electromagnetic tunneling in a sandwich structure containing single negative media[J]. Physical Review E,2009,79(2):026601.

[143]Zhou L,Wen W,Chan C,et al. Electromagnetic-wave tunneling through negative-permittivity media with high magnetic fields[J]. Physical review letters,2005,94(24):243905.

[144]Cojocaru E. Electromagnetic tunneling in lossless trilayer stacks containing single-negative metamaterials[J]. Progress In Electromagnetics Research,2011,113:227-249.

[145]Castaldi G,Gallina I,Galdi V,et al. Electromagnetic tunneling through a single-negative slab paired with a double-positive bilayer[J]. Physical Review B,2011,83(8):081105.

[146]张利伟,赵玉环,王勤,等.各向异性特异材料波导中表面等离子体的共振性质[J].物理学报,2012,61(6):068401.

[147]张利伟,杜桂强,许静平,等.基于传输线技术的零平均折射率带隙的实验研究[J].光子学报,2009,38(8).

[148]Jiang H-t,Chen H,Zhu S-y. Rabi splitting with excitons in effective(near)zero-index media[J]. Optics Letters,2007,32(14):1980-1982.

[149]Du G-q,Jiang H-t,Wang Z-s,et al. Heterostructure-based optical absorbers[J]. JOSA B,2010,27(9):1757-1762.

[150]Dong L,Jiang H,Chen H,et al. Tunnelling-based Faraday rotation effect enhancement[J]. Journal of Physics D:Applied Physics,2011,44(14):145402.

[151]Jiang H,Chen H,Li Y,et al. Enhancement of optical effects in zero-reflection metal slabs based on light-tunneling mechanism in metamaterials[J]. AIP Advances,2012,2(4):041412-041412-041410.

[152]Jiang H-t,Wang Z-l,Wang Z-g,et al. Backward electronic Tamm states in graphene-based heterostructures[J]. Physics Letters A,2011,375(6):1014-1018.

[153]Bowden CM,Dowling JP,Everitt HO. Development and Applications of Materials Exhibiting Photonic Band Gaps INTRODUCTION[J]. Journal of the Optical Society of America B Optical Physics,1993,10:

280-282.

[154]Zhang Z,Fu C. Unusual photon tunneling in the presence of a layer with a negative refractive index[J]. Applied physics letters,2002,80(6):1097-1099.

[155]陈溢杭. 含特异材料的一维光子晶体中的缺陷模性质研究[D]:中山大学,2006.

[156]Yuan Y,Ran L,Huangfu J,et al. Experimental verification of zero order bandgap in a layered stack of left-handed and right-handed materials[J]. Optics express,2006,14(6):2220-2227.

[157]Zhang L,Zhang Y,He L,et al. Zero-bar n gaps of photonic crystals consisting of positive and negative index materials in microstrip transmission lines[J]. Journal of Physics D:Applied Physics,2007,40(8):2579.

[158]Zhang L,Zhang Y,He L,et al. Experimental study of photonic crystals consisting of ε-negative and μ-negative materials[J]. Physical Review E,2006,74(2):056615.

[159]Veselago V. Electrodynamics of substa simultaneously negative electrical and magnetic properties[J]. Soviet Physics Uspekhi,1968,10(4):509-517.

[160]Pendry J,Holden A,Stewart W,et al. Extremely low frequency plasmons in metallic mesostructures[J]. Physical review letters,1996,76(25):4773.

[161]Pendry JB,Holden AJ,Robbins D,et al. Magnetism from conductors and enhanced nonlinear phenomena[J]. IEEE Transactions on Microwave Theory and Techniques,1999,47(11):2075-2084.

[162]Shelby RA,Smith DR,Schultz S. Experimental verification of a negative index of refraction[J]. Science,2001,292(5514):77-79.

[163]Bogomolov V,Gaponenko S,Germanenko I,et al. Photonic band gap phenomenon and optical properties of artificial opals[J]. Physical Review E,1997,55(6):7619.

[164]Kang Y,Zhang C,Mu T,et al. Resonant modes and inter-well coupling in photonic double quantum well structures with single-negative materials[J]. OPTICS COMMUNICATIONS,2012,285(24):4821-4824.

[165]Kang Y,Zhang C. Resonant modes in photonic multiple quantum well structures with single-negative materials[J]. Optik-International Journal for Light and Electron Optics,2013,124(22):5430-5433.

[166]Kang, Yongqiang, Zhang, et al. Electromagnetic resonance tunneling in a single-negative sandwich structure[J]. JOURNAL OF MODERN OPTICS, 2013, 13(60): 1021-1026.

[167]Kang Y, Zhang C, Xue C, et al. Wannier stark ladder in one-dimensional photonic crystal coupled microcavity containing indefinite metamaterials[J]. Journal of Optics(India), 2013, 42(4): 335-340.

[168]Kang Y Q, Liu H. Wideband absorption in one dimensional photonic crystal with graphene-based hyperbolic metamaterials[J]. Superlattices and Microstructures, 2018, 114, 355-360.

[169]Kang Y Q, Ren W, Cao Q. Large tunable negative lateral shift from graphene-based hyperbolic metamaterials backed by a dielectric[J]. Superlattices and Microstructures, 2018, 120: 1-6.

[170]Yongqiang Kang, Yuanjiang Xiang, Chanyou Luo, Tunable enhanced Goos-Hänchen shift of light beam reflectedfrom graphene-based hyperbolic metamaterials[J]. Applied Physics B, 2018, 124(6): 115.

[171]Yongqiang Kang, Hongmei Liu, Qizhi Cao, Wideband absorption in Thue-Morse quasiperiodic graphene-based hyperbolic metamaterials[J]. Optical Engineering, 2018, 57(3): 37102.

[172]Yongqiang Kang, Hongmei Liu, Qizhi Cao. Enhanced absorption in heterostructure composed of graphene and a doped photonic crystal[J]. OPTOELECTRONICS AND ADVANCED MATERIALS, 2018, 12, 665-669.

[173]Lee C, Wei X, Kysar J W, et al. Measurement of the Elastic Properties and Intrinsic Strength of Monolayer Graphene[J]. Science, 2008, 321(5887): 385-388.

[174]Balandin A A, Ghosh S, Bao W, et al. Superior Thermal Conductivity of Single-Layer Graphene[J]. NANO LETTERS, 2008, 8(3): 902-907.

[175]Wang J, Hernandez Y, Lotya M, et al. Broadband Nonlinear Optical Response of Graphene Dispersions[J]. Advanced Materials, 2009, 21(24): 2430-2435.

[176]Alaee R, Farhat M, Rockstuhl C, et al. A perfect absorber made of a graphene micro-ribbon metamaterial[J]. Optics Express, 2012, 20(27): 28017-28024.

[177]Fallahi A, Perruisseau-Carrier J. Design of tunable biperiodic

graphene metasurfaces[J]. Physical Review B,2012,86(19):195408.

[178]Yan H,Li X,Chandra B,et al. Tunable infrared plasmonic devices using graphene/insulator stacks[J]. NATURE NANOTECHNOLOGY,2012,7(5):330-334.

[179]Yongqiang Kang,The absorption properties in heterostructures with the hexagonal boron nitride crystals in the mid-infrared frequency range[J],Journal of Optical,2018,1-4.

[180]Yongqiang Kang, Peng Gao, Hongmei Liu, Jing Zhang, Large Tunable Lateral Shift from Guided Wave Surface Plasmon Resonance[J], Plasmonics,2019,24,1-5.

[181]Wu J,Wang H,Jiang L,et al. Critical coupling using the hexagonal boron nitride crystals in the mid-infrared range[J]. Journal of Applied Physics,2016,119(20):74-846.

[182]Ingrid D. Barcelos, Alisson R. Cadore, Ananias B, Infrared Fingerprints of Natural 2D Talc and Plasmon-Phonon Coupling in Graphene-Talc Heterostructures[J]. ACS Photonics,2018,5(5):1912-1918.

第2章 单负超材料组成一维光子晶体的滤波特性

2.1 一维层状结构的传输矩阵

传输矩阵法常用于计算一维层状结构,其基本思想是假设入射波为平面波,各层介质中的场可以表示为方向相反的两个平面波的叠加,根据电磁边界条件,得到单层介质的特征矩阵,介电常数周期性排列的光子晶体中的总特征矩阵可以通过计算各层特征矩阵的连乘积得到[1-11]。最后,根据光子晶体各层介质特征矩阵连乘积得到的总特征矩阵,就可以计算得到光子晶体透射系数和反射系数。下面推导一维多层介质膜结构的传输矩阵。

如图2-1所示,为一维N层膜结构,设多层膜对应的介电常数、磁导率和厚度分别为ε_j,μ_j,d_j,($j=1,2,3,\cdots,N$),假设入射介质的介电常数和磁导率分别为$\varepsilon_{in},\mu_{in}$,出射介质的介电常数和磁导率为$\varepsilon_{out},\mu_{out}$。一束电磁波从空气中以$\theta$角入射到该光子晶体上。周期沿$z$方向,$x$-$y$平面为均匀介质。

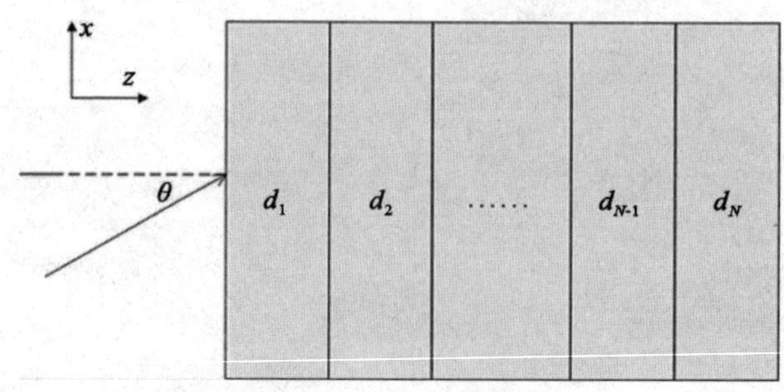

图2-1 一维多层膜结构

对于一层膜由两个界面构成,从第一层膜开始,用+表示沿z方向传播的前向电磁波,用-表示沿z方向传播的后向电磁波。E_{11}^{+}和E_{11}^{-}表示在介质1中,界面1上的前向电场和后向电场的切向分量;E_{12}^{+},E_{12}^{-}表示在介质

1 中，界面 2 上的前向电场和后向电场的切向分量；磁场也用类似的表示方法。

对于 TE 偏振波，第 j 层介质中的波矢和导纳分别定义为：

$$k_j = \frac{\omega}{c}\sqrt{\varepsilon_j}\sqrt{\mu_j}\cos\theta_j \tag{2-1}$$

$$\eta_j = \frac{\sqrt{\varepsilon_j}}{\sqrt{\mu_j}}\cos\theta_j \tag{2-2}$$

式中，θ_j 为第 j 层介质的折射角。把介质 1 中的电磁场 E_1，H_1 表示成前向波和后向波的形式，应用切向分量在两侧连续的边界条件写为：

$$\begin{gathered} E_1 = E_{11}^+ + E_{11}^- \\ H_1 = H_{11}^+ + H_{11}^- = \eta_1(E_{11}^+ - E_{11}^-) \end{gathered} \tag{2-3}$$

式(2-3)写成矩阵形式为：

$$\begin{bmatrix} E_1 \\ H_1 \end{bmatrix} = \begin{bmatrix} 1 & 1 \\ \eta_1 & -\eta_1 \end{bmatrix} \begin{bmatrix} E_{11}^+ \\ E_{11}^- \end{bmatrix} \tag{2-4}$$

电磁波经过界面 2 到介质 2，在界面 2 同样有：

$$\begin{gathered} E_2 = E_{12}^+ + E_{12}^- = E_{11}^+ e^{ik_1 d_1} + E_{11}^- e^{-ik_1 d_1} \\ H_2 = H_{12}^+ + H_{12}^- = \eta_1(E_{11}^+ e^{ik_1 d_1} - E_{11}^- e^{-ik_1 d_1}) \end{gathered} \tag{2-5}$$

式(2-5)写成矩阵形式：

$$\begin{bmatrix} E_2 \\ H_2 \end{bmatrix} = \begin{bmatrix} e^{ik_1 d_1} & e^{-ik_1 d_1} \\ \eta_1 e^{ik_1 d_1} & -\eta_1 e^{-ik_1 d_1} \end{bmatrix} \begin{bmatrix} E_{11}^+ \\ E_{11}^- \end{bmatrix} \tag{2-6}$$

由式(2-4)和式(2-6)，可以得到：

$$\begin{bmatrix} E_1 \\ H_1 \end{bmatrix} = \begin{bmatrix} \cos(k_1 d_1) & -\dfrac{i}{\eta_1}\sin(k_1 d_1) \\ -i\eta_1 \sin(k_1 d_1) & \cos(k_1 d_1) \end{bmatrix} \begin{bmatrix} E_2 \\ H_2 \end{bmatrix} \tag{2-7}$$

式(2-7)建立了介质 1 的两个界面之间的电场和磁场切向分量之间的关系。实际上，对于任意一层介质，设层数为 j，其特征矩阵可以表示为：

$$M_j = \begin{bmatrix} \cos(k_j d_j) & -\dfrac{i}{\eta_j}\sin(k_j d_j) \\ -i\eta_j \sin(k_j d_j) & \cos(k_j d_j) \end{bmatrix} \tag{2-8}$$

对于 TM 偏振，其特征矩阵同样可以用式(2-8)来表达，只是导纳改写为：

$$\eta_j = \frac{\sqrt{\varepsilon_j}}{\sqrt{\mu_j}} \Big/ \cos\theta_j \tag{2-9}$$

将各层介质的特征矩阵相乘，可以到的整个多层膜的传输矩阵为：

$$\begin{bmatrix} E_{\text{in}} \\ H_{\text{in}} \end{bmatrix} = \prod_{j=1}^{N} M_j \begin{bmatrix} E_{\text{out}} \\ H_{\text{out}} \end{bmatrix} = \begin{bmatrix} m_{11} & m_{12} \\ m_{21} & m_{22} \end{bmatrix} \begin{bmatrix} E_{\text{out}} \\ H_{\text{out}} \end{bmatrix} \tag{2-10}$$

由式(2-9),可以得到入射界面和出射界面电场和磁场切向分量之间的关系:

$$E_{\text{in}} = m_{11} E_{\text{out}} + m_{12} H_{\text{out}} = (m_{11} + m_{12} \eta_{\text{out}}) E_{\text{out}} = E_{\text{in}}^{+} + E_{\text{in}}^{-} \tag{2-11}$$

$$\begin{aligned} H_{\text{in}} &= m_{21} E_{\text{out}} + m_{22} H_{\text{out}} = (m_{21} + m_{22} \eta_{\text{out}}) E_{\text{out}} \\ &= H_{\text{in}}^{+} + H_{\text{in}}^{-} = \eta_{\text{in}} (E_{\text{in}}^{+} - E_{\text{in}}^{-}) \end{aligned} \tag{2-12}$$

从而可以得到:

$$E_{\text{in}}^{+} = \frac{1}{2}\left[(m_{11} + m_{12}\eta_{\text{out}}) + \frac{1}{\eta_{\text{in}}}(m_{21} + m_{22}\eta_{\text{out}})\right] E_{\text{out}} \tag{2-13}$$

$$E_{\text{in}}^{-} = \frac{1}{2}\left[(m_{11} + m_{12}\eta_{\text{out}}) - \frac{1}{\eta_{\text{in}}}(m_{21} + m_{22}\eta_{\text{out}})\right] E_{\text{out}} \tag{2-14}$$

反射系数 r 和透射系数 t 可以用式(2-13)和式(2-14)计算得:

$$r = \frac{E_{\text{in}}^{-}}{E_{\text{in}}^{+}} \tag{2-15}$$

$$t = \frac{\sqrt{\eta_{\text{out}}}}{\sqrt{\eta_{\text{in}}}} \frac{E_{\text{out}}}{E_{\text{in}}^{+}} \tag{2-16}$$

反射率和透过率为:

$$R = r \cdot r^{*} \tag{2-17}$$

$$T = t \cdot t^{*} \tag{2-18}$$

2.2 单负超材料组成的一维光子晶体的相位特性

由于人们期望通过光子晶体控制光子行为类似半导体中控制电子的行为一样,因此近些年来,光子晶体的研究越来越受到人们的重视[1-3,12-26]。光子晶体是人工周期排列的电介质结构,根据其组成介质空间排列方式的不同,可分为一维光子晶体、二维光子晶体和三维光子晶体结构。Joannopoulos 等人曾分别从理论和实验上证明一维光子晶体结构系统可以具有类似二维和三维光子晶体的全方位能隙结构,所以二维和三维光子晶体材料制备的器件也可以由一维光子晶体材料制备的器件代替。又因为一维光子晶体模型物理概念清晰,并且结构简单,这一切使得一维光子晶体的研究越来越受到重视[16-23]。尽管科研工作者们也对二维和三维光子晶体做了不少研究,但是,由于二维和三维光子晶体的制备相对一维光子晶体的制备复杂得多,大大限制了其发展和应用。

众所周知，基于半导体量子阱的各类装置已经成功构建，并且投入使用。由于光子量子阱与半导体量子阱具有类似的结构，同样由势垒结构和势阱结构组成，可以将半导体量子阱中的研究方法引入到光子量子阱结构中使用，所以光子量子阱结构的研究越来越引起科研工作者的重视[22-28]。对于光子量子阱结构，组成势垒和势阱的光子晶体可以是一维、二维和三维结构，光子量子阱结构的势垒和势阱又可以通过调节光子晶体的结构参数或介电参数来实现，光子量子阱结构中势垒通常是光子禁带。传统光子量子阱结构是基于布拉格带隙，是由正折射率材料（电介质材料）排列而成。这种结构的共振隧穿模受晶格常数缩放或涨落、入射角和光偏振模式的影响比较大。电子科技大学的林密等人提出了一类由双负材料（左手材料）和正折射率材料（右手材料）交替排列构成的光子量子阱结构，获得了全方向多通道滤波特性[28]。然而，由于左手材料的构造要比单负材料（ENG 材料和 MNG 材料）的构造复杂得多，所以最近由磁单负材料（MNG）和电单负材料（ENG）交替排列组成的一维光子晶体引起了人们的重视，研究表明，由两种单负材料交替排列组成的一维光子晶体结构能形成一种零有效相位带隙，该带隙受晶格常数缩放，入射角变化和偏振模式的影响都比较小[1-3,29-31]。同济大学的江海涛等，已经提出了一类由磁单负材料（MNG）和电单负材料（ENG）周期排列组成的一维光子晶体单量子阱结构，研究了其隧穿谱。通过研究发现此光子单量子阱结构的隧穿谱数目不容易通过结构参数来调节，因此，我们基于该零有效相位带隙，提出了由两种单负材料交替排列组成的光子双量子阱结构模型和多量子阱结构模型[1-3]。

双量子阱在器件的构造和应用比单量子阱结构更有优势，双量子阱结构由于共振峰发生劈裂，可以通过调节选择和压制某一个共振峰。理论上预言的半导体量子阱二极管已经在实验上成果实现[32]。传统的光子双量子阱是基于布拉格带隙，由正常材料排列而成，因此，这种结构的共振隧穿受晶格常数缩放，入射角的和光偏振模式的影响较大。而我们提出的光子双量子阱结构和光子多量子阱结构的透射峰位于零有效相位带隙，所以该透射谱受入射角、偏振、晶格常数缩放等的影响也比较小，因此，该结构对实现光开关和光滤波具有重要的应用价值[33-36]。

本章我们通过传输矩阵和布拉格理论推导了单负材料组成一维光子晶体的色散关系，得出单负材料组成的一维光子晶体存在一类单负带隙，又称作零有效相位带隙。首先，研究了该结构零有效相位带隙中波的反射相与入射角、介质厚度缩放因子，以及周期数之间的关系和变化规律。对这方面的研究，有利于全面了解两种单负材料组成一维光子晶体结构的相位特性，也为含特异性材料的一维光子晶体在制作相位补偿器和色散补偿器方面，提供了理论依据。接着，基于该零有效相位带隙，提出了一类由两种单负材料组成的一维光子晶体双量子阱结构和多量子阱结构模型，当阱层的光子晶体能带处于两侧垒层光子晶体的禁带中时，可以形成局域的光子态，这些光子态可以设计光滤波和光开关。数值模拟结果表明，两种单负材料组成光子晶体的光子双量子阱结构，在零有效相位带隙内对称地产生两套共振化的隧穿模，一套位于低频率区，另一套位于高频率区，并且由于两光子阱的相互耦合作用，每个隧穿峰发生双重共振劈裂。这与固体物理中，半导体双量子阱共振隧穿一样，由于每个阱的本征态发生简并，光量子阱中的本征模发生简并，所以导致能级劈裂，表现为共振峰劈裂。对于单负材料组成的一维光子晶体多量子阱结构，研究表明该结构能产生全方向的共振隧穿模，共振隧穿模受入射角和障碍光子晶体晶格比例的影响很小。共振模的数量可以通过调节该结构的周期数来改变。最后，分别研究了电损耗和磁损耗对光子双量子阱和多量子阱结构共振隧穿模的影响，结果表明电损耗对高频处的共振峰影响较大，而磁损耗对高频和低频处的共振隧穿模影响都比较大。

2.2.1 一维单负光子晶体的传输矩阵

特异性材料主要包括左手材料（又称双负材料）和单负材料，单负材料包括两种：一种是电单负材料（epsilon negative，ENG），其介电常数小于零，磁导率大于零；另一种是磁单负材料（mu negative，MNG），其介电常数大于零，磁导率小于零。

假定由两种单负材料组成的一维光子晶体$(AB)^N$层，A层为ENG材料，B层为MNG材料，其中N为周期。介质层两边场矢量E_I，H_I，E_{II}，H_{II}可以用特征矩阵M联系起来[27]：

$$\begin{bmatrix} E_I \\ H_I \end{bmatrix} = M \begin{bmatrix} E_{II} \\ H_{II} \end{bmatrix} \tag{2-19}$$

推广到任一介质层上，则第j层介质的传输矩阵可写为：

$$M_j(\omega) = \begin{pmatrix} \cos(k_z^j d_j) & \dfrac{i}{q_j}\sin(k_z^j d_j) \\ iq_j\sin(k_z^j d_j) & \cos(k_z^j d_j) \end{pmatrix} \tag{2-20}$$

式中：

$$k_z^j = \omega/c\sqrt{\varepsilon_j}\sqrt{\mu_j}\sqrt{1-(\sin^2\theta/\varepsilon_j\mu_j)} \tag{2-21}$$

$$\eta_j = \sqrt{\mu_j}/\sqrt{\varepsilon_j} \tag{2-22}$$

对于TE偏振，$q_j = \cos\theta_j/\eta_j$，对于TM偏振，$q_j = \eta_j\cos\theta_j$。其中，$\varepsilon_j$，$\mu_j$，

d_j 分别表示第 j 层介质的相对介电常数，相对磁导率和物理厚度。可以得到一维光子晶体结构总的传输矩阵公式为：

$$X_N = \prod_{j=1}^{2N} M_j(d_j, \omega) \tag{2-23}$$

将入射角的频率，入射角以及各层介质的参数代入传输矩阵公式，便可求得反射系数和透射系数公式如下表达式：

$$r = \frac{\cos\theta(x_{11} - x_{22}) - (\cos^2\theta x_{12} - x_{21})}{\cos\theta(x_{11} + x_{22}) - (\cos^2\theta x_{12} + x_{21})}$$

$$t = \frac{2\cos\theta}{\cos\theta(x_{11} + x_{22}) - (\cos^2\theta x_{12} + x_{21})} \tag{2-24}$$

反射率和透射率分别表示为：$R = r \cdot r^*$，$T = t \cdot t^*$。注意：若没有特别说明，本书中考虑的光子晶体两侧为空气。

2.2.2　两种单负材料组成一维光子晶体的色散关系

两种材料组成的一维光子晶体结构$(AB)^N$，当 N 很大时，可以近似看作无限周期性结构，这时布拉格定理成立。由布拉格定理可得[37]：

$$\begin{bmatrix} E_{II} \\ H_{II} \end{bmatrix} = e^{i\beta\Lambda} \begin{bmatrix} E_I \\ H_{II} \end{bmatrix} \tag{2-25}$$

再联合 $\begin{bmatrix} E_{II} \\ H_{II} \end{bmatrix} = M_A M_B \begin{bmatrix} E_I \\ H_I \end{bmatrix} = \begin{bmatrix} m_{11} & m_{12} \\ m_{21} & m_{22} \end{bmatrix} \begin{bmatrix} E_I \\ H_I \end{bmatrix}$ 可得：

$$\begin{bmatrix} E_I \\ H_I \end{bmatrix} = \begin{bmatrix} m_{11} & m_{12} \\ m_{21} & m_{22} \end{bmatrix} \begin{bmatrix} E_{II} \\ H_{II} \end{bmatrix} = e^{-i\beta\Lambda} \begin{bmatrix} E_{II} \\ H_{II} \end{bmatrix} \tag{2-26}$$

$$\begin{bmatrix} m_{11} - e^{-i\beta\Lambda} & m_{12} \\ m_{21} & m_{22} - e^{-i\beta\Lambda} \end{bmatrix} = 0 \tag{2-27}$$

其中，$\beta = \frac{1}{\Lambda}\cos^{-1}\left[\frac{1}{2}(m_{11} + m_{22})\right]$，$\Lambda = d_1 + d_2$。

所以根据布拉格理论，对于任意入射角的电磁波，由两种正折射材料组成的无限维光子晶体（N 为无穷）的色散关系如下：

$$\cos\beta_z(d_A + d_B) = \cos[k_z^A d_A]\cos[k_z^B d_B] - \frac{1}{2}\left(\frac{q_B}{q_A} + \frac{q_A}{q_B}\right) \times \sin[k_z^A d_A]\sin[k_z^B d_B] \tag{2-28}$$

其中，β_z 是布拉赫波矢的 z 分量，d_A，d_B 是 A 和 B 层的厚度。当 $|\cos\beta_z(d_A + d_B)| > 1$ 时，β_z 没有对应的实数解，对应于一维光子晶体的禁带，这就是所谓的布拉格条件。对于单负材料，由于 k_z^A，k_z^B 是虚数，因此上式变为：

$$\cos\beta_z(d_A+d_B)=\cosh[|k_z^A|d_A]\cos[|k_z^B|d_B]-\frac{1}{2}\left(\frac{|q_B|}{|q_A|}+\frac{|q_A|}{|q_B|}\right)\times\sinh[|k_z^A|d_A]\sinh[|k_z^B|d_B] \tag{2-29}$$

下面对两种单负材料组成一维光子晶体的色散方程式(2-29)分三种情况来讨论[65]：

(1)当 $|q_A|=|q_B|$，$|k_z^A|d_A\neq|k_z^B|d_B$ 时，式(2-29)化为：$\cos\beta_z(d_A+d_B)=\cosh(|k_z^A|d_A-|k_z^B|d_B)$，由于此式右边总是大于1，$\beta_z$ 没有实数解，因此存在一个光子禁带，称此为第一类单负带(零有效相位带隙)。这类禁带所在的中心频率位置不随晶格常数的变化而发生变化，如果两单负材料的厚度比率保持不变，此带隙的位置也不受入射角和偏振方向的影响。这是它与布拉格禁带的显著的区别。

(2)当 $|q_A|=|q_B|$，$|k_z^A|d_A=|k_z^B|d_B$ 时，可以得 $\cos\beta_z(d_A+d_B)=1$，所以 $\beta_z(d_A+d_B)=2\pi m$，其中，m 是整数，此时，反射系数 $r=0$，对应共振隧穿。因为单负材料都是色散材料，$|q_A|=|q_B|$ 只能在某一特定的频率中发生。

(3)对于普遍情况 $|q_A|\neq|q_B|$，等式(2-29)右边同样可能存在大于1，小于1和等于1三种情况。当 $|\cos\beta_z(d_A+d_B)|\leqslant1$ 时，布拉格波矢为实数，因为电磁波在每一层仍然是消逝的，所以对应单负材料组成光子晶体的伪传播模。这伪传播模是消逝波隧穿的结果。在数学上，出现伪传播是因为小量近似下，三角正弦函数和双曲正弦函数近似相等，在短距离内，消逝波可以近似看成传播波。当 $|\cos\beta_z(d_A+d_B)|>1$ 时，布拉格波矢是虚数，在单负频率范围内禁带出现，称为第二类单负带。这种单负带的位置受晶格常数和两种单负介质厚度比率的影响。对于色散型单负材料，当 $\sqrt{\varepsilon_j\mu_j}\gg1$ 时，第二单负带对也不受入射角的影响(对应下面图2-1位于0 GHz附近低频带隙)，这是因为 $\sqrt{1-\sin^2\theta/\varepsilon_j\mu_j}=\sqrt{1+\sin^2\theta/\varepsilon_j\mu_j}\approx1$。因此，把在单负带附近出现的传播模，称为伪传播模；在布拉格带范围出现的传播模，称为正常的传播模。

单负材料的相对介电常数和相对磁导率用Drude模型描述为[18,19]：

$$\varepsilon_1=3,\mu_1=1-\frac{\omega_{mp}^2}{\omega^2}$$

$$\text{式中},\varepsilon_2=1-\frac{\omega_{ep}^2}{\omega^2},\mu_2=3 \tag{2-30}$$

式中，ω_{ep}，ω_{mp} 分别为电共振和磁共振频率。从式(2-29)和式(2-30)可以看到，当 $\omega<(\omega_{ep},\omega_{mp})$ 时，ε_2 和 μ_1 是负的。这两种材料的折射指数描述为：$n_j=\sqrt{\varepsilon_j\mu_j}$，$j=1,2$。由此可以看到，折射率 n 为虚数。因为电磁波是消逝

的，电磁波不能在单负材料中传播。当 $\omega > (\omega_{ep}, \omega_{mp})$ 时，两种材料 A，B 的介电常数和磁导率都是正的，这时结构可以看作由两种正指数材料构成的一维光子晶体。

图 2-2 为由 ENG 和 MNG 两种单负材料组成的无限维光子晶体的带隙随入射角和偏振模式 TE 和 TM 的变化。其中，灰黑色的区域为禁带，白色的区域为通带。由图我们可以看到，位于低频处 1 GHz 附近的零有效相位带隙(zero-φ_{eff})不论是 TE 偏振还是 TM 偏振，都不受入射角影响，这是因为零有效带隙的形成机制与 Bragg 带隙不同，它是由倏逝波的相互作用形成的。而位于高频处(4～8 GHz)的 Bragg 带隙，随入射角的增大，不论是 TE 偏振模还是 TM 偏振模，都会逐渐向高频移动。图 2-2 中位于 2 GHz 附近的带隙违背 Snell 定律，当 $0 \leqslant n_i \leqslant 1$，入射角 $\theta \neq 0$ 时，等式 $n_0 \sin\theta = n_i \sin\theta_i [i = (A,B)]$ 的折射角 θ_i 无论为何数都无解，其中 $n_0 = 1$ 为空气的相对折射率。

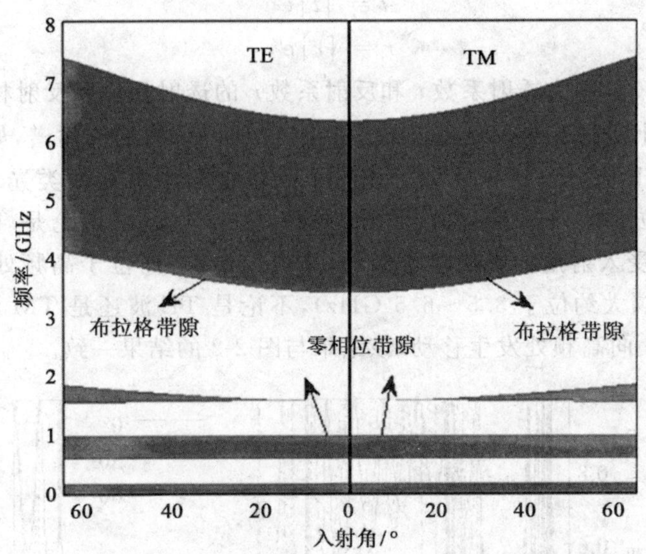

图 2-2　无限维光子晶体的带隙随入射角和偏振的变化示意图

2.2.3　两种单负材料组成一维光子晶体的反射相

人们研究比较多而且重视的通常是光子晶体中的光子禁带，例如，人们研究了含有特异性材料光子晶体的光子禁带，其中，包括由左右手材料交替排列构成一维光子晶体的零均值折射带隙和由两种单负材料交替排列组成一维光子晶体的零有效相位带隙。研究表明，这两种带隙受入射角、晶格涨落和入射波偏振模式的影响都比较小,零有效相位带隙除了具有零均值折射带隙的某些特性外,还可以通过调节两种单负材料的厚度比率来调节带隙宽度。而对光子禁带区域波的反射相位的研究较少。事实上,器件的工作特性受反射波相位的影响也很大。例如,反射波的相位变化将会影响激光器谐振腔的工作波长。接下来我们研究由两种单负材料交替排列组成一维光子晶体结构的零有效相位带隙中,波的反射相受入射角、晶格比例缩放因子和周期数的影响以及变化规律。对于这方面的研究,有利于全面了解由两种单负材料交替排列组成一维光子晶体的相位特性,并且为制作相位补偿和色散补偿器提供理论依据。

为了方便表述,我们用同样用 A 表示负介电常数材料,B 表示负磁导率材料,两种材料的介电常数和磁导率我们同样用 Drud 模型式(2-30)描述。根据由传输矩阵得到的透射系数和反射系数的表达式(2-24),透射相位和反射相位可以分别表示为:

$$t = |t| e^{i\phi_t}$$
$$r = |r| e^{i\phi_r} \tag{2-31}$$

式中,ϕ_t,ϕ_r 分别为透射系数 t 和反射系数 r 的透射相位和反射相位。

首先计算在不同入射角时光子晶体$(AB)^N$ 结构的传输谱,如图 2-3 所示,图(a)TE 波,图(b)TM 波。该光子晶体结构中存在两类光子禁带,其中一个是位于低频的零有效相位带隙(1 GHz 附近),不论是 TE 波还是 TM 波,其受入射角的影响非常微弱,是全向带隙;而位于高频处的为普通 Bragg 带隙(大约位于 3.5～6.5 GHz),不论是 TE 波还是 TM 波,其随入射角的增大向高频处发生移动,该结果与图 2-2 的结果一致。

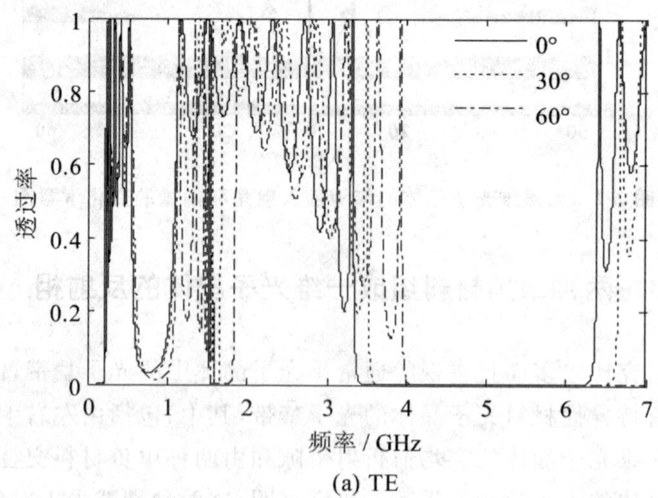

(a) TE

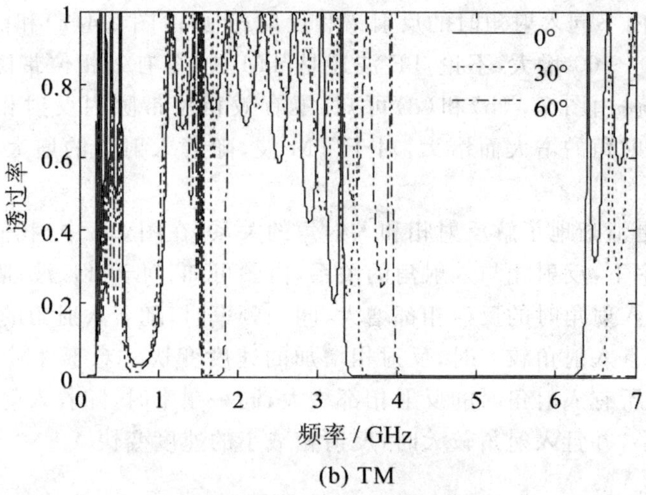

(b) TM

图 2-3　光子晶体$(AB)^N$结构的传输谱

2.2.4　不同入射角对反射相影响

图 2-4 为计算单负材料光子晶体在零有效相位带隙范围（0.6～

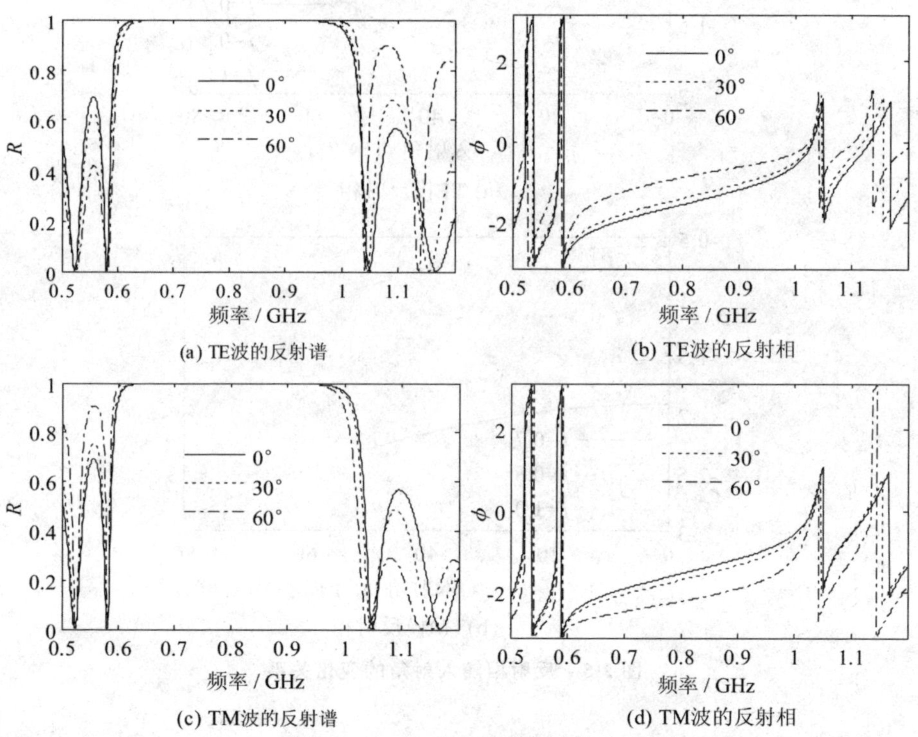

(a) TE波的反射谱　(b) TE波的反射相
(c) TM波的反射谱　(d) TM波的反射相

图 2-4　不同入射角下的反射谱和反射相

1.1 GHz)内不同入射角时的反射谱和反射相 ϕ,由图 2-4(a)和(c)可知,随着入射角 0°～60°增大,不论 TE 波还是 TM 波,零有效相位带隙的位置几乎不受影响;由图 2-4(b)和(d)可知,零有效相位带隙内反射相,对于 TE 波,随着入射角的增大而增大,对于 TM 波,随着入射角的增大,反射相位减小。

为了更清晰地了解反射相和入射角的关系,在图 2-5 中,我们计算了三个不同频率下,反射相与入射角的关系,由图可知,对于 TE 波,随着频率的增大,所有入射角时的反射相都增大,同一频率时,随着入射角的增大,反射相增大,并且入射角较大时,反射相增加的速度变快。对于 TM 波,随着频率的增大,所有入射角时的反射相都增大,同一频率时,随着入射角的增大,反射相减小,并且入射角较大时,反射相减小的速度变快。

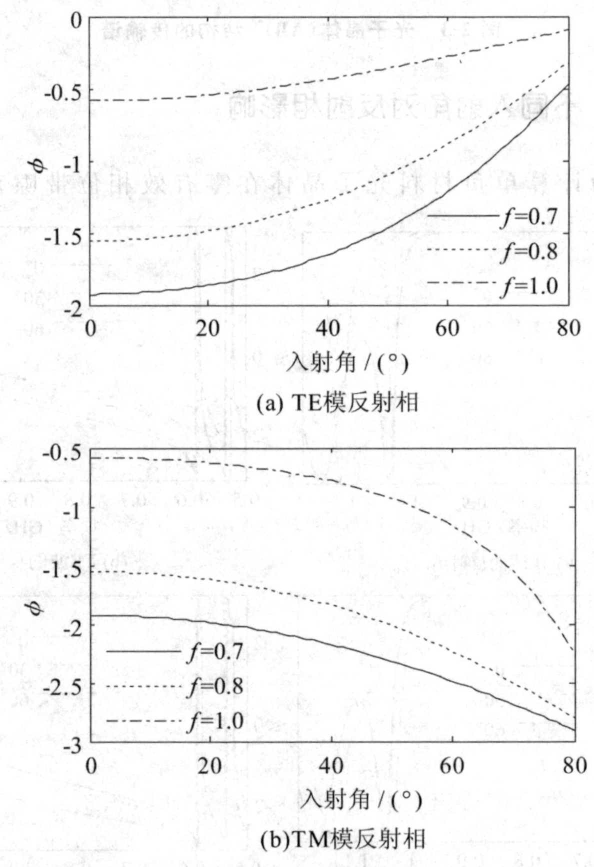

(a) TE模反射相

(b)TM模反射相

图 2-5 反射相随入射角的变化关系

2.2.5　介质厚度的缩放因子对反射相的影响

为了研究方便，我们定义介质厚度的缩放因子如下：

$$\rho = d/d_0 \tag{2-32}$$

其中，d_0 表示缩放前介质的厚度，d 表示缩放后介质的厚度。同济大学的研究小组研究表明，介质厚度的缩放对零有效相位带隙的影响非常微弱。如图 2-6 所示，为光子晶体结构 $(AB)^N$ 入射角 $\theta = 0°$ 时不同介质缩放因子的反射谱和反射相，其中图(a)为反射谱，图(b)为反射相。由图 2-6(a)可知，随介质厚度的缩放因子的增大，零有效相位带隙宽度轻微的减小，由图 2-6(b)可知，随着介质厚度缩放因子的增大，对零有效相位带隙（0.5～1.1 GHz）内反射相大小基本没有影响。

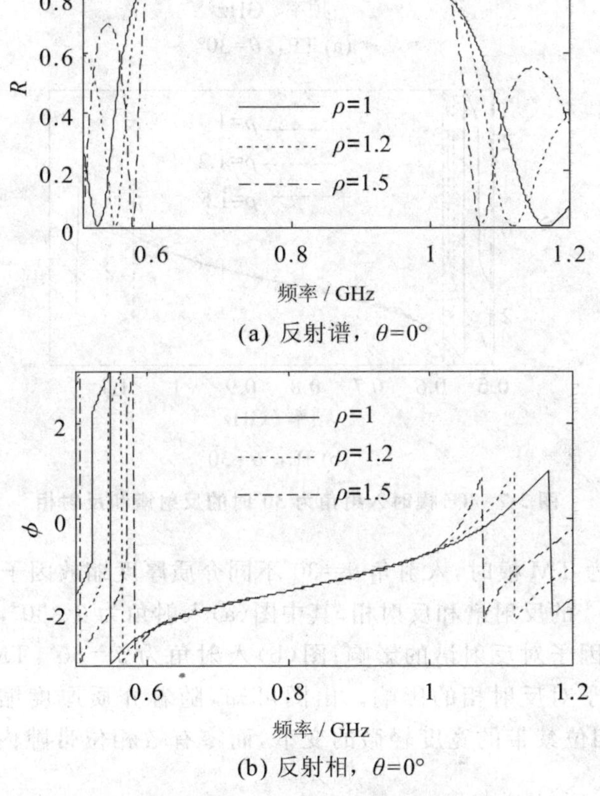

(a) 反射谱，$\theta=0°$

(b) 反射相，$\theta=0°$

图 2-6　电磁波垂直入射时的反射谱和反射相

图 2-7 为 TE 模时，入射角 $\theta=30°$ 不同介质厚度缩放因子 ρ 时，光子晶体结构 $(AB)^N$ 的反射谱和反射相（$N=8$），其中图(a)入射角为 $\theta=30°$，TE 模时，介质厚度缩放因子对反射谱的影响；图(b)入射角为 $\theta=30°$，TE 模时，介质厚度缩放因子对反射相的影响。由图可知，随着介质厚度缩放因子的增大，零有效相位禁带的宽度轻微的变窄，而对零有效相位带隙内的反射相大小不受影响。

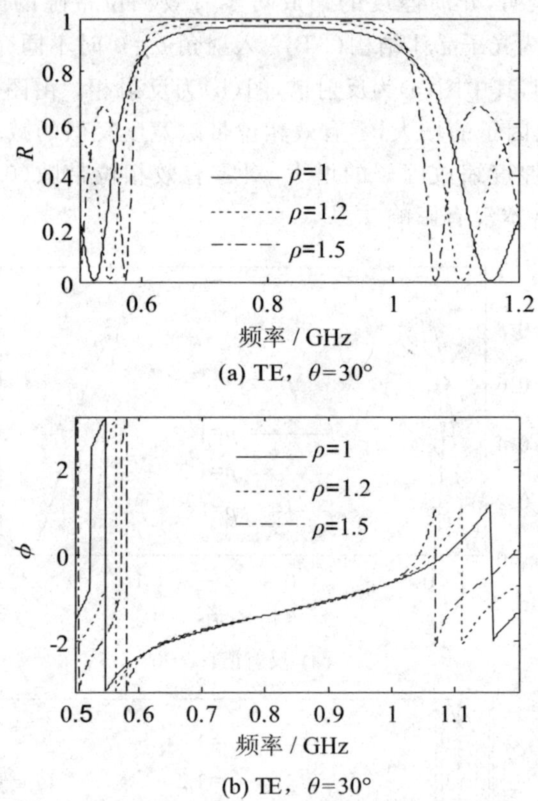

(a) TE，$\theta=30°$

(b) TE，$\theta=30°$

图 2-7　TE 模时入射角为 30°时的反射谱和反射相

图 2-8 为 TM 模时，入射角 $\theta=30°$ 不同介质厚度缩放因子 ρ 时，光子晶体结构 $(AB)^N$ 的反射谱和反射相，其中图(a)入射角为 $\theta=30°$，TM 模时，介质厚度缩放因子对反射谱的影响；图(b)入射角为 $\theta=30°$，TM 模时，介质厚度缩放因子对反射相的影响。由图可知，随着介质厚度缩放因子的增大，零有效相位禁带的宽度轻微的变窄，而零有效相位带隙内的反射相大小不受影响。

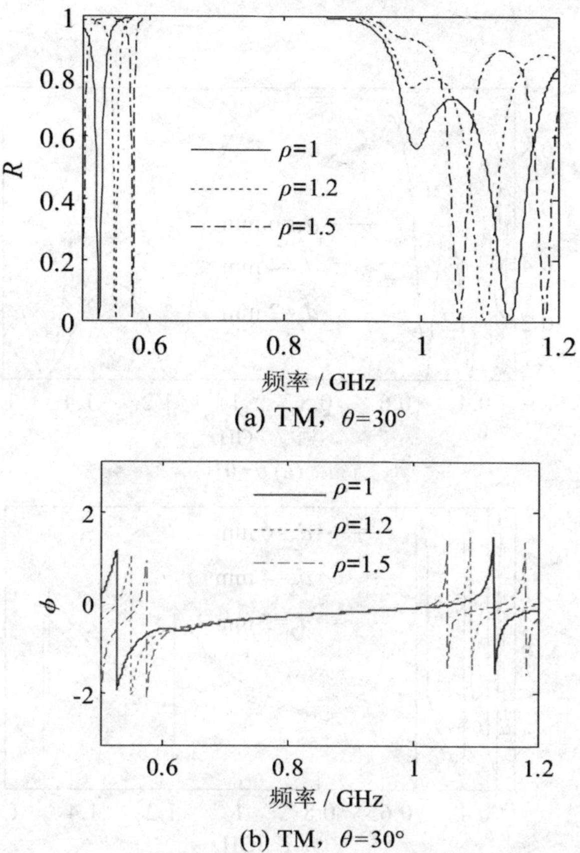

(a) TM，$\theta=30°$

(b) TM，$\theta=30°$

图 2-8　TM 模时入射角为 30°时的反射谱和反射相

2.2.6　两种介质的厚度比率对反射相的影响

定义两种单负材料的厚度比率 d_1/d_2，图 2-9 所示，为光子晶体结构 $(AB)^N$ 入射角 $\theta=0°$，$d_1=12$ mm，d_2 为 6 mm，4 mm，2 mm 取三个不同的厚度的反射谱和反射相，其中图(a)为反射谱，图(b)为反射相。由图可知，零有效禁带范围内的反射相发生平滑地变化，随着 d_2 减小，两种材料厚度比率增大，零有效相位带隙增宽，反射相平滑的变化范围也增宽。

图 2-10 所示，为光子晶体结构 $(AB)^N$ 入射角 $\theta=30°$，$d_1=12$ mm，取 d_2 为三个不同厚度 6 mm，4 mm，2 mm 时的反射谱和反射相，其中图 2-10(a) TE 反射谱，(b)TE 为反射相，(c)TM 反射谱，(d)TM 反射相。由图可知，不论 TE 波还是 TM 波，零有效禁带范围内的反射相发生平滑地变化，随着 d_2 减小，两种材料厚度比率增大，零有效相位带隙增宽，反射相平滑的变化

范围也增宽。

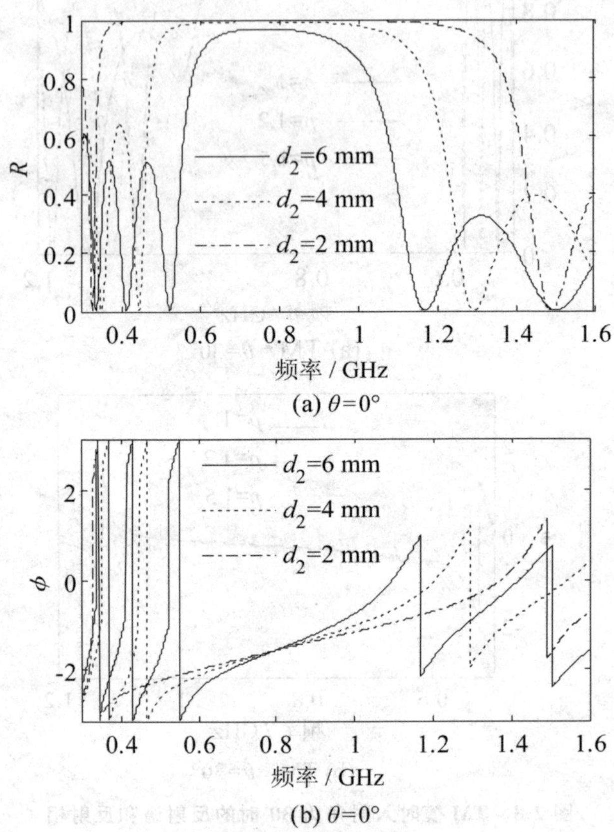

(a) θ=0°

(b) θ=0°

图 2-9　垂直入射时光子晶体结构(AB)^N 的反射谱和反射相

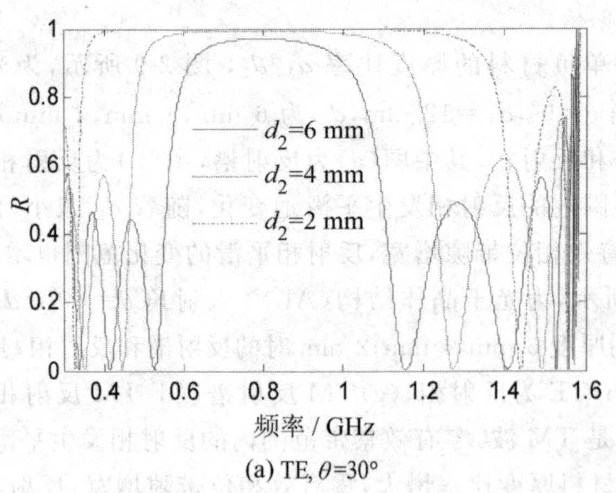

(a) TE, θ=30°

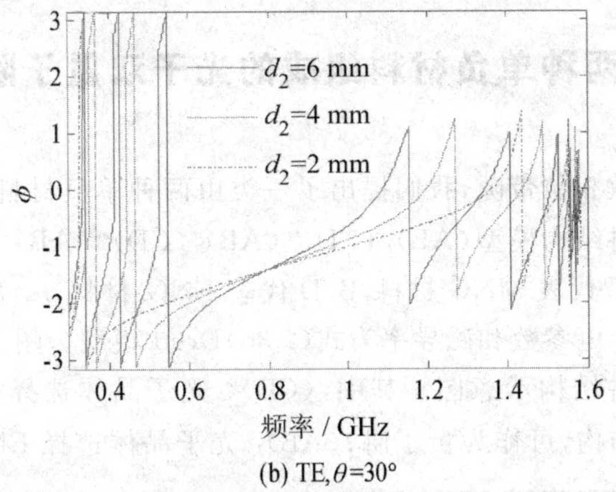

(b) TE, θ=30°

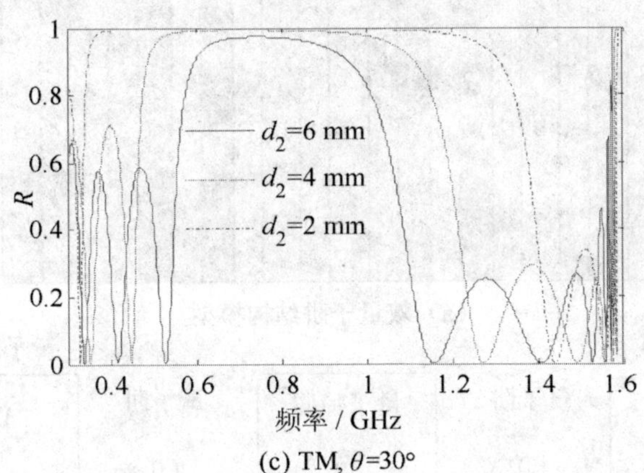

(c) TM, θ=30°

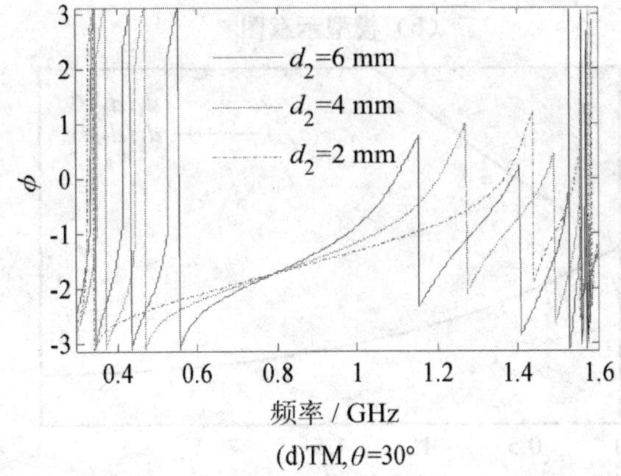

(d)TM, θ=30°

图 2-10　入射角为 30°时光子晶体结构 $(AB)^N$ 的反射谱和反射相

2.3 两种单负材料组成的光子双量子阱结构

基于零有效相位带隙，我们提出了一类由两种单负材料组成光子晶体的光子双量子阱结构模型$(AB)_L(CD)^m(AB)^n(CD)^m(AB)_L$，如图 2-10(a)所示，其中，A，C 代表 MNG 材料，B，D 代表 ENG 材料，m，L，n 是周期数，选取单负材料介电参数和磁导率为式(2-30)Drud 模型。图 2-10(b)为相应的光子双量子阱结构示意图。其中，$(CD)^m$ 光子晶体选择 ENG 和 MNG 组成共振匹配结构，可作为量子阱；$(AB)_L$ 光子晶体选择 ENG 和MNG 组

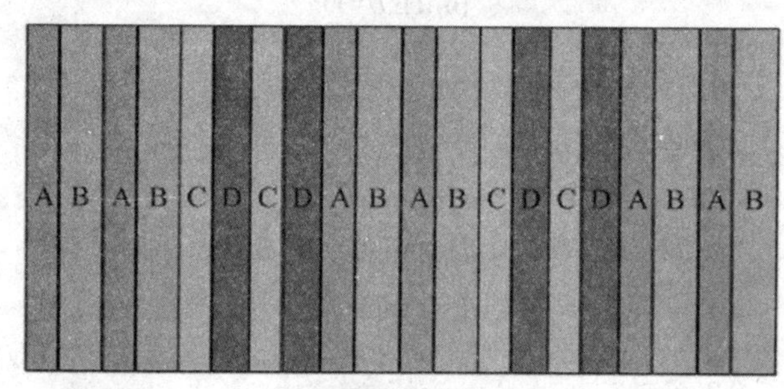

(a) 双量子阱结构模型

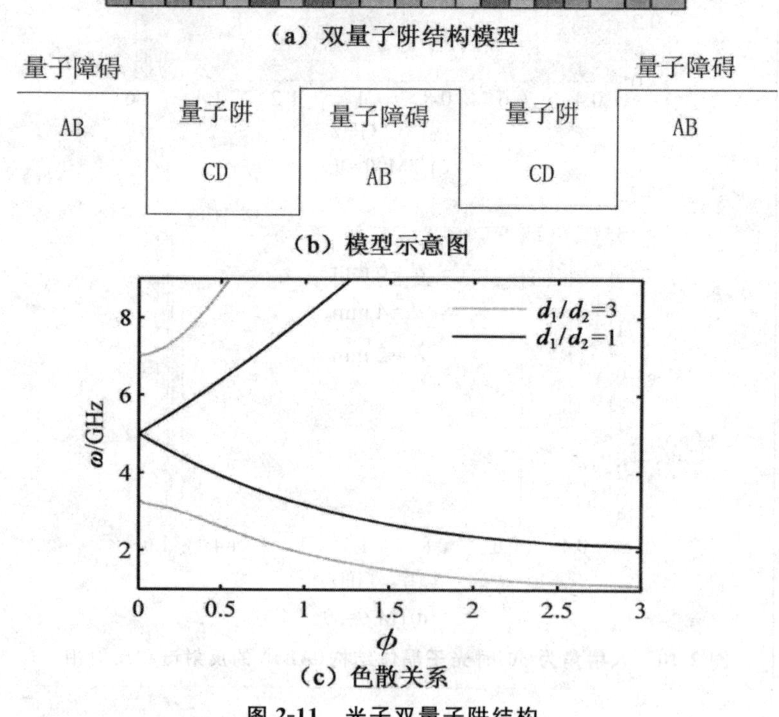

(b) 模型示意图

(c) 色散关系

图 2-11 光子双量子阱结构

成共振不匹配结构,可作为量子障碍。其无限维结构的色散关系如图 2-10(c)所示,图中实线对应相位匹配结构($d_1=d_2$)形成通带,虚线对应相位不匹配结构($d_1/d_2=3$)形成零有效相位带(3.5～6.5 GHz),并且两条通带夹在两条禁带中间。当阱层的光子晶体能带处于两侧垒层光子晶体的禁带中时,可以形成局域的光子态,这些光子态可以设计光滤波和光开关。

2.3.1　单负材料组成光子晶体双量子阱结构的透射谱

首先,在单负材料组成的光子晶体双量子阱结构$(AB)_L(CD)^m(AB)^n(CD)^m(AB)_L$中,取 $L=8$,$m=5$,通过改变中间障碍的周期数 n 研究该结构透射谱的变化,如图 2-12 所示。材料的结构参数取为 $d_A=12$ mm,$d_B=4$ mm,$d_C=7$ mm,$d_D=7$ mm。我们观察到在零有效相位带隙(3.5～6.5 GHz),对应出现了两套共振透射峰,一套位于高频,一套位于低频。随着 $n=2,4,6,16$ 增大,双峰劈裂的间距逐渐减小,这是因为随着 n 的增大,双阱之间的耦合逐渐减小,当 n 增大到 16 时,两阱之间的耦合消失,双峰吞并在一起,不发生分裂,简并消失。此时类似光子单量子阱中的透射谱。利用这种特性,可以设计新一类型的光转换装置。

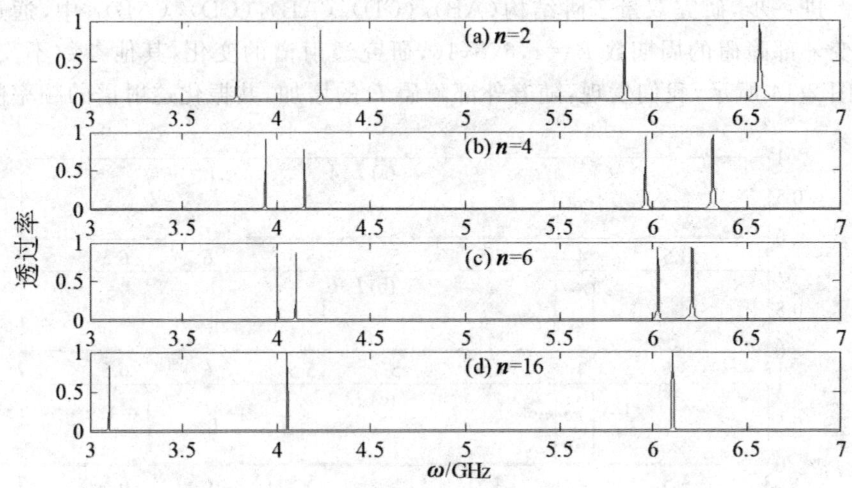

图 2-12　双量子阱结构中 $L=8$,$m=5$,$n=2,4,6,16$

接着,研究双量子阱结构$(AB)_8(CD)^m(AB)_5(CD)^m(AB)_8$中,改变阱光子晶体的周期数 $m=4,6,9,12$,对透射谱的影响,其他参数不变,如图 2-13 所示。我们发现透射谱中,随着 m 增大,隧穿化共振模的数量增多,双峰劈裂的间距减小。这种特性可以解释为:随着阱的周期数增多,阱变宽，双阱之间的耦合相互作用增强。利用这一特性，可以制作频率可调的多通道滤波器。双量子阱结构的此特性对滤波器的设置有重要的应用价值。

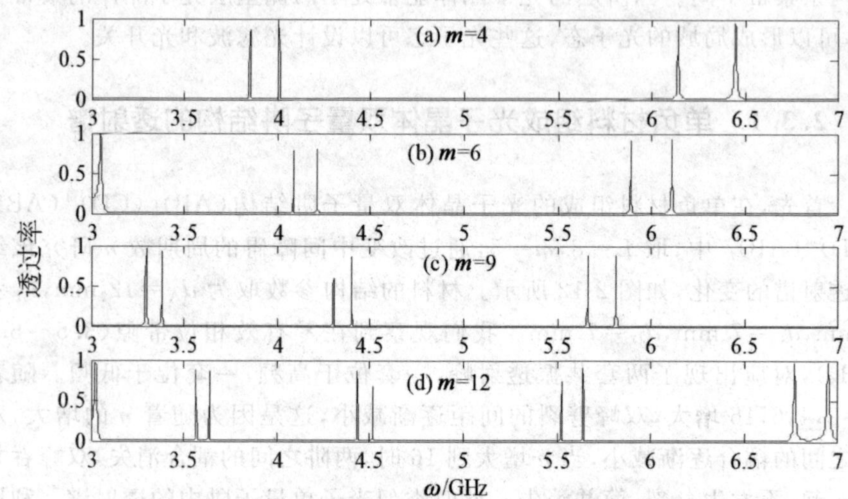

图 2-13 双量子阱结构中 $L=8, n=5, m=4,6,9,12$

进一步，研究双量子阱结构 $(AB)_L(CD)_8(AB)_4(CD)^m(AB)_L$ 中，通过改变外部障碍的周期数 $L=4,6,8,16$，研究透射谱的变化，其他参数不变。如图 2-14 所示，我们发现，随着外部障碍 L 的增加，共振化透射谱的频率间

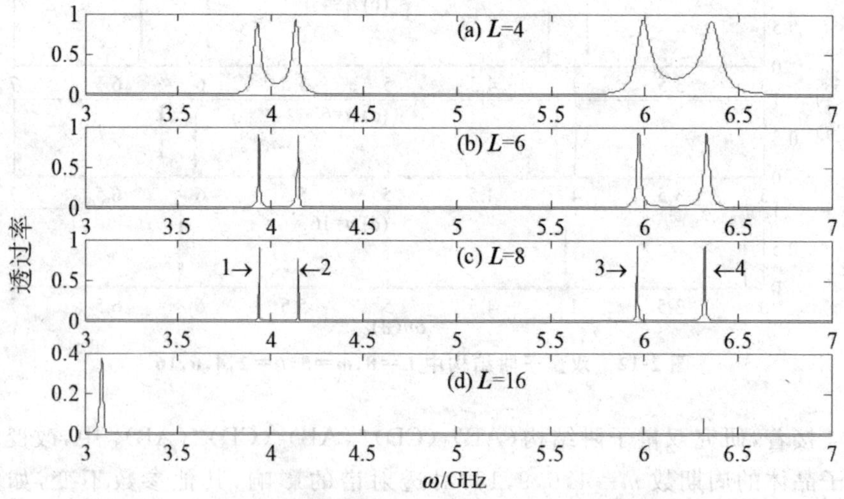

图 2-14 双量子阱结构中 $m=8, n=4, L=4,6,8,16$

距减小，透射谱的品质因子显著的提高。当外部障碍增加到 $L=16$ 层时，发现共振隧穿消失，透过率为零。这可以解释为：如果外部障碍变得太厚，入射光子不能发生共振隧穿。

2.3.2　损耗对单负材料双量子阱结构的影响

众所周知，在单负材料中，损耗是难免得[21,24]，但考虑损耗时，式 Drude 模型(2-30)改写为下式：

$$\mu_1 = \mu_a - \omega_{mp}^2/(\omega^2 + \mathrm{i}\omega\gamma_m)$$
$$\varepsilon_2 = \varepsilon_b - \omega_{ep}^2/(\omega^2 + \mathrm{i}\omega\gamma_e) \tag{2-33}$$

式中，γ_m，γ_e 分别为磁损耗和电损耗因子。下面研究损耗对双量子阱结构的透射谱影响。可以发现，随着损耗增大，共振化透过率降低。我们对电损耗和磁损耗分别进行了研究，当研究电损耗影响时，磁损耗取为 0，发现电损耗对低频率区的透射峰影响较大，而对高频率区域的透射峰影响较小，如图 2-15 所示。当使电损耗为 0，研究磁损耗的影响时，发现磁损耗对高频率和低频率处的透射峰影响都比较大，如图 2-16 所示。

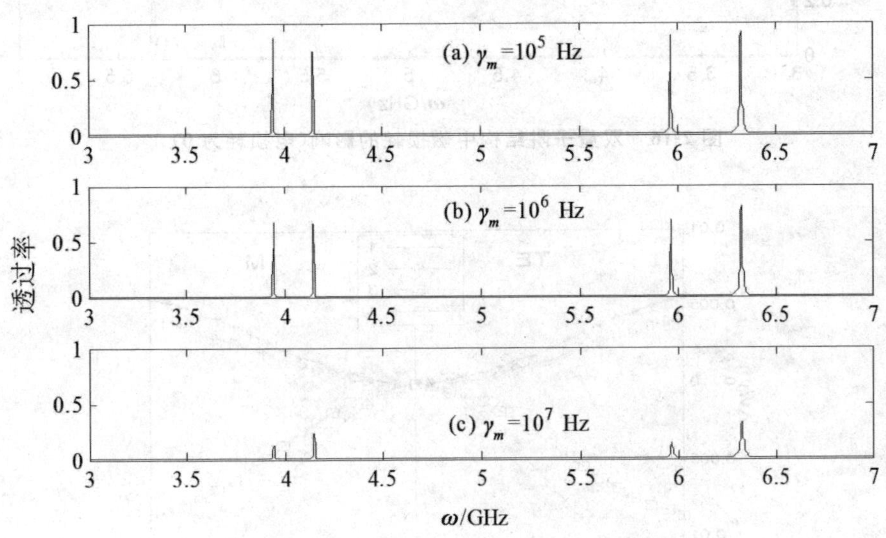

图 2-15　双量子阱结构中电损耗的影响(磁损耗为 0)

2.3.3　不同偏振下入射角对共振峰的影响

在图 2-17 中，研究入射角变化对光子双量子阱结构中共振化透射谱的

影响，为了准确反映共振透射峰在入射角变化时引起的频率移动，定义$\Delta\nu=\nu-\nu_0$，ν_0为正入射时的频率。可以发现，随着入射角的增大，频率较低的模表现为正色散，频率较大的模随着入射角的改变为负色散。从图中可以看到，随入射角的变化，在TE和TM两偏振态中，频率的移动都很小($|\Delta\nu/\nu|<0.015$)。与之相反，在Bragg带隙内，随着入射角的变化，频率的移动却很大。利用单负材料光子双量子阱中透射模对入射角依赖比较弱的性质，可以设置全向多通道滤波器。

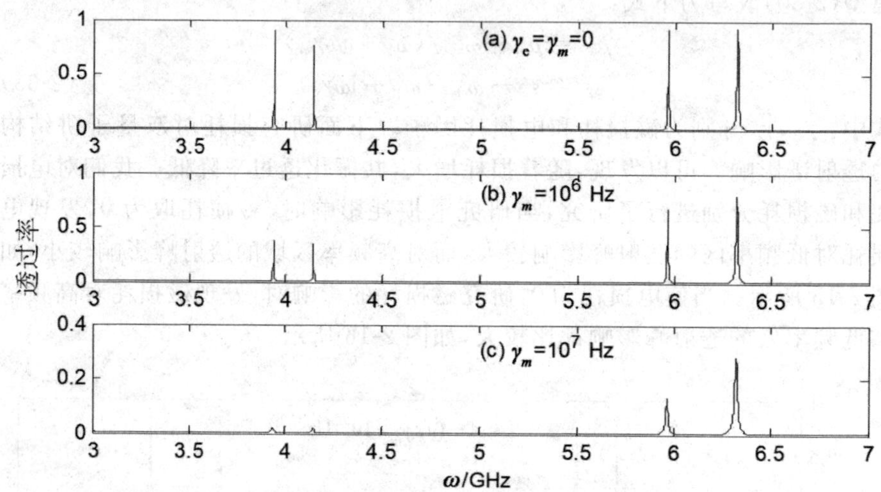

图 2-16　双量子阱结构中磁损耗的影响(电损耗为 0)

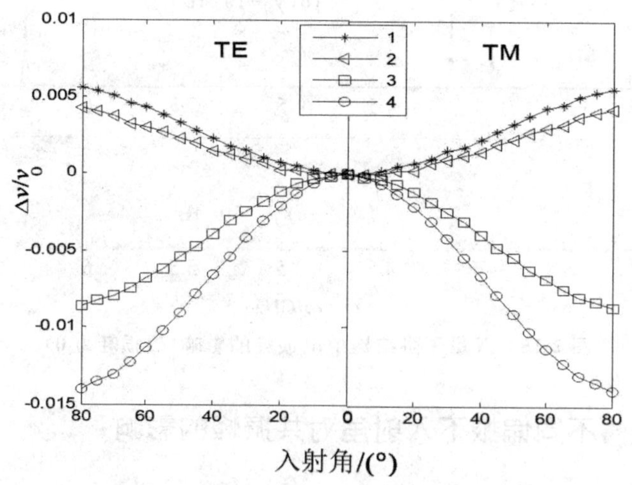

图 2-17　不同偏振下共振峰随入射角的相对移动

2.4 两种单负材料组成的光子多量子阱结构

随着光通讯技术的发展，人们对大容量和高密度光通讯技术提出更高的要求，期望研制出通带非常窄的多通道滤波器；尤其是在光波分复用、发光二极管等技术中，通常都希望在一个比较宽的禁带内出现一个或几个狭窄的透过带。如果我们把两种单负材料组成一维光子晶体的双量子阱结构进行简单的扩展，形成光子多量子阱结构$((AB)_N(CD)_L)^m(AB)_N$，其中，A，C代表MNG材料，B，D代表ENG材料，m，L，N是周期数。其中，$(CD)^m$光子晶体选择ENG和MNG组成共振匹配结构（$d_C=d_D$），可作为量子阱；$(AB)_L$光子晶体选择ENG和MNG组成共振不匹配结构（$d_A/d_B=3$），可作为量子障碍，这样可以用来实现多通道滤波。

2.4.1 两种单负材料组成光子多量子阱结构的透射谱

同样选取材料介电参数和磁导率为式(2-30)Drud模型，材料的结构参数取为：$d_A=12$ mm，$d_B=4$ mm，$d_C=d_D=6$ mm，单负材料组成的多量子阱结构$((AB)_8(CD)_5)^m(AB)_8$正入射时的透射谱如图2-18所示。图中(a)对应周期数$m=1$，(b)对应周期数$m=2$，(c)对应周期数$m=3$。从图中可以发现：在零有效相位带隙(0.5～1.2 GHz)中，出现两套共振透射峰，一套位

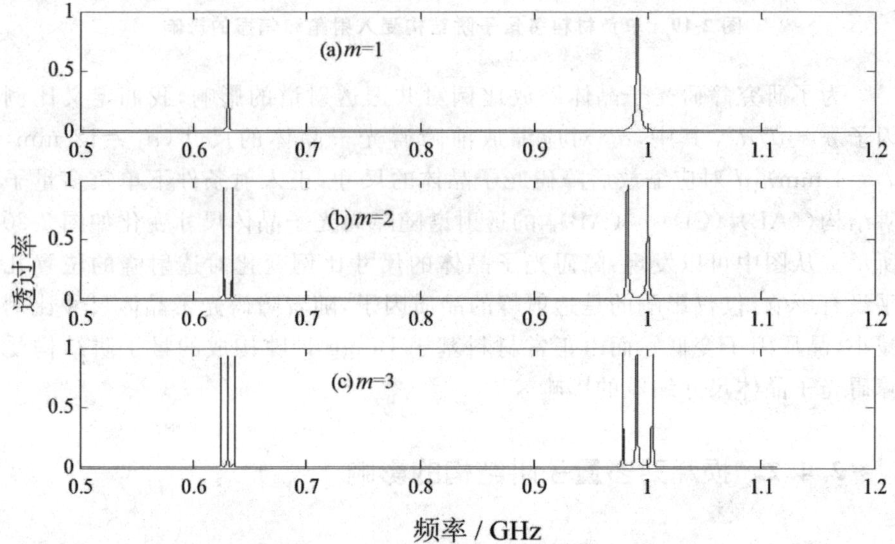

图2-18 单负材料多量子阱结构正入射时的透射谱

于高频，另一套位于低频，并且随着周期数 $m=1,2,3$ 增长，每一套透射谱分裂成1，2，3条，这样我们就可以通过简单的调整周期数 m，产生任意需要的通道数量，来实现多通道滤波。

单负材料组成光子多量子阱结构 $((AB)_8(CD)_5)^3(AB)_8$ 受入射角和偏振的影响如图2-19所示，从图中可以看到，随着入射角从0°～60°变化，无论是TE偏振还是TM偏振，共振隧穿模的位置几乎不变。应用零有效相位带隙内的这种全向模特性，可用来设计全向多通道滤波器。

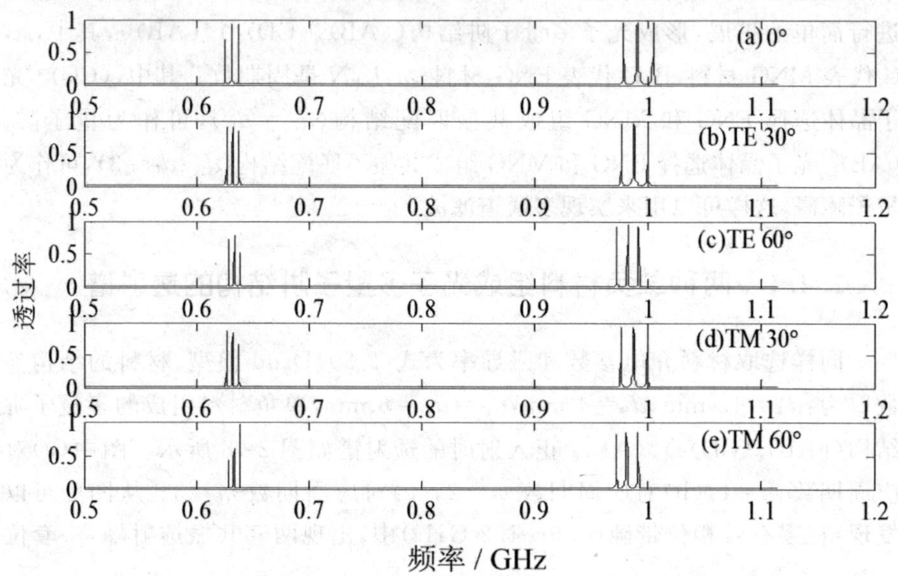

图2-19 单负材料多量子阱结构受入射角和偏振的影响

为了研究障碍光子晶体缩放比例对共振透射谱的影响，我们定义比例因子 $\rho=d/d_0$，其中，d_0 对应缩放前障碍光子晶体的尺寸（$d_1=12$ mm，$d_2=4$ mm），d 对应缩放后障碍光子晶体的尺寸，正入射条件下单负多量子阱结构 $((AB)_8(CD)_5)^3(AB)_8$ 的透射谱随障碍光子晶体尺寸变化如图2-20所示。从图中可以发现：障碍光子晶体的尺寸比例变化对透射峰的位置几乎没有影响，仅仅影响的是透射峰的品质因子，随着障碍光子晶体尺寸比例减小，品质因子变低。而由正常材料基于Bragg带隙构成的量子阱结构受障碍光子晶体尺寸缩放的影响较大[20-23]。

2.4.2 损耗对多量子阱结构的影响

类似单负材料双量子阱结构，在单负材料中，损耗是不可避免的，我们同样研究了损耗对多量子阱结构$((AB)_8(CD)_5)^3(AB)_8$透射谱的影响。考虑损耗时材料参数的 Drud 模型[见式(2-33)]，对电损耗和磁损耗的影响分别进行研究，当研究电损耗影响时，磁损耗取为 0，发现与单负材料组成光子双量子阱结构具有类似的结果，即电损耗对低频率区的透射峰影响较大，而对高频率区域的透射峰影响较小，如图 2-21 所示；当使电损耗为 0，研究磁损耗的影响时，发现磁损耗对高频率和低频率处的透射峰影响都比较大，如图 2-22 所示。

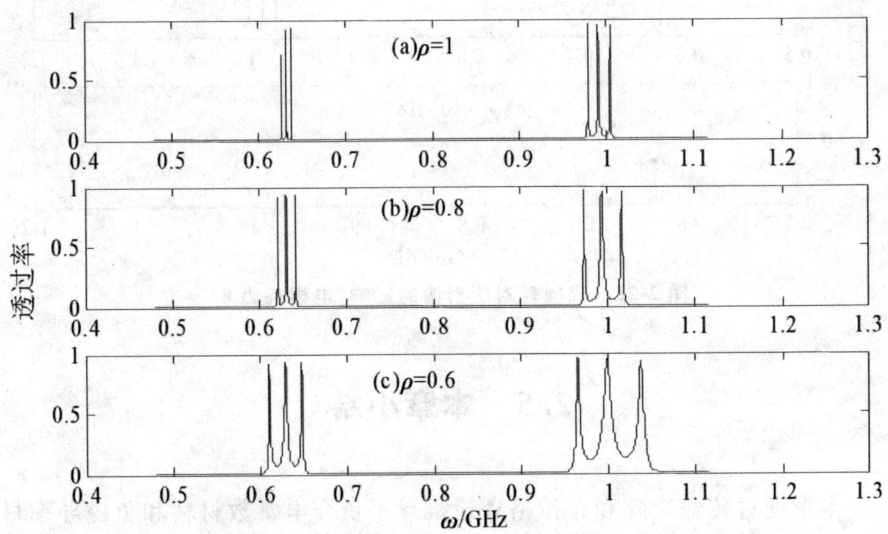

图 2-20　透射谱随障碍光子晶体尺寸变化

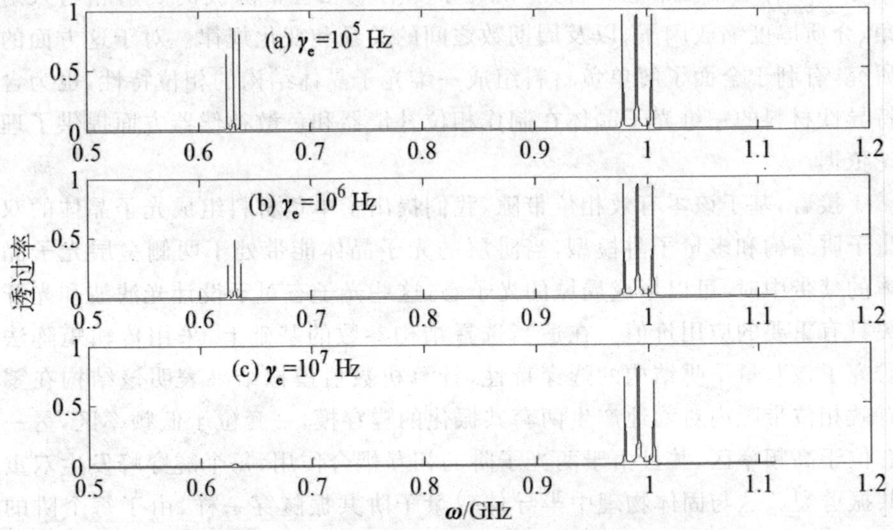

图 2-21　电损耗对透射谱的影响(磁损耗为 0)

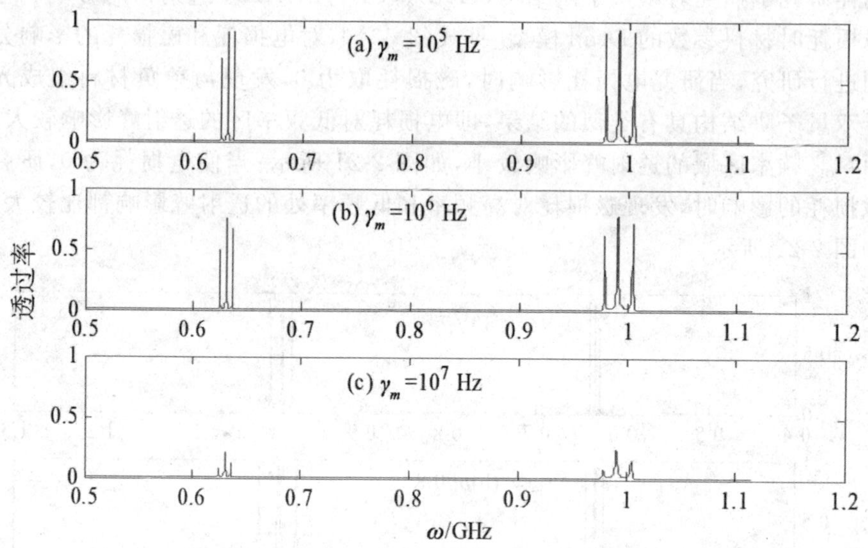

图 2-22 磁损耗对透射谱的影响(电损耗为 0)

2.5 本章小结

本章通过传输矩阵和布拉格理论推导了负介电常数材料和负磁导率材料交替排列组成一维光子晶体的色散关系,得出该结构存在一类单负带隙,又称作零有效相位带隙。首先,研究了零有效相位带隙波的反射相与入射角、介质厚度缩放因子,以及周期数之间的关系和变化规律。对于这方面的研究,有利于全面了解单负材料组成一维光子晶体结构的相位特性,也为含特异性材料的一维光子晶体在制作相位补偿器和色散补偿器方面提供了理论依据。

接着,基于该零有效相位带隙,我们提出了单负材料组成光子晶体的双量子阱结构和多量子阱模型,当阱层的光子晶体能带处于两侧垒层光子晶体的禁带中时,可以形成局域的光子态,这些光子态对于设计光滤波和光开关具有重要的应用价值。在适当选择结构参数的基础上,采用传输矩阵法研究了该双量子阱结构的隧穿特性,计算机数值模拟结果表明该结构在零有效相位带隙内对称地产生两套共振化的隧穿模,一套位于低频率区,另一套位于高频率区,并且由于两光子阱的相互耦合作用,每个隧穿峰发生双重共振劈裂。这与固体物理中半导体双量子阱共振隧穿一样,由于每个阱的本质态发生简并,量子阱中的本证模发生简并,最后导致能级劈裂,表现为共振峰劈裂。对于光子多量子阱结构,研究结果表明该结构能产生全方向的共振隧穿模,共振隧穿模受入射角和障碍光子晶体晶格比例的影响很小。共振模的数量可以通过调节该结构的周期数来改变。

最后,研究了损耗对光子双量子阱结构和多量子阱结构共振隧穿模的影响。我们对电损耗和磁损耗分别进行了研究,发现电损耗对高频处的共振峰影响较大,而磁损耗对高频和低频处的共振隧穿模影响都比较大。

参考文献

[1] Yongqiang Kang, Chunmin Zhang, Tingkui Mu, et al. Resonant modes and inter-well coupling in photonic double quantum well structures with single-negative materials[J]. Optics Communications, 2012, 285(24): 4821-4824.

[2] Yongqiang Kang, Chunmin Zhang. Resonant modes in photonic multiple quantum well structures with single-negative materials[J]. Optik, 2013, 124(22): 5430-5433.

[3] Yongqiang Kang, Chunmin Zhang, Peng Gao, Wenyi Ren. Electromagnetic resonance tunneling in a single-negative sandwich structure[J]. Journal of Modern Optics, 2013, 60(13): 1021-1026.

[4] Yongqiang Kang, Chunmin Zhang, et al. Wannier stark ladder in one-dimensional photonic crystal coupled microcavity containing indefinite metamaterials[J]. Journal of Optics, 2013, 42(4): 335-340.

[5] Yongqiang Kang, Hongmei Liu. Wideband absorption in one dimensional photonic crystalwith graphene-based hyperbolic metamaterials [J]. Superlattices and Microstructures, 2018, 114: 355-360.

[6] Yongqiang Kang, wenyi Ren, Qizhi Cao. Large tunable negative lateral shift from graphene-basedhyperbolic metamaterials backed by a dielectric[J]. Superlattices and Microstructures, 2018, 120: 1-6.

[7] Yongqiang Kang, Yuanjiang Xiang, Chanyou Luo. Tunable enhanced Goos-Hänchen shift of light beam reflectedfrom graphene-based hyperbolic metamaterials[J]. Applied Physics B, 2018, 124: 115.

[8] Yongqiang Kang, Hongmei Liu, Qizhi Cao. Wideband absorption in Thue-Morse quasiperiodic graphene-based hyperbolic metamaterials[J]. Optical Engineering, 2018, 57(3): 037102.

[9] Yongqiang Kang, Hongmei Liu, Qizhi Cao. Enhanced absorption in

heterostructure composed of graphene and a doped photonic crystal[J]. OPTOELECTRONICS AND ADVANCED MATERIALS, 2018, 12: 665-669.

[10] Yongqiang Kang. The absorption properties in heterostructures with the hexagonal boron nitride crystals in the mid-infrared frequency range[J]. Journal of Optical, 2018: 1-4.

[11] Yongqiang Kang, Peng Gao, Hongmei Liu, Jing Zhang. Large Tunable Lateral Shift from Guided Wave Surface Plasmon Resonance[J]. Plasmonics, 2019: 1-5.

[12] Ho K, Chan C, Soukoulis C. Existence of a photonic gap in periodic dielectric structures[J]. Physical review letters, 1990, 65(25): 3152.

[13] Zhang Z, Satpathy S. Electromagnetic wave propagation in periodic structures: Bloch wave solution of Maxwell's equations[J]. Physical review letters, 1990, 65(21): 2650.

[14] Elson JM, Tran P. Dispersion in photonic media and diffraction from gratings: a different modal expansion for the R-matrix propagation technique[J]. JOSA A, 1995, 12(8): 1765-1771.

[15] Elson JM, Tran P. Coupled-mode calculation with the R-matrix propagator for the dispersion of surface waves on a truncated photonic crystal[J]. Physical Review B, 1996, 54(3): 1711.

[16] Wigner E, Eisenbud L. Higher angular momenta and long range interaction in resonance reactions[J]. Physical Review, 1947, 72(1): 29.

[17] Qiu M, He S. A nonorthogonal finite-difference time-domain method for computing the band structure of a two-dimensional photonic crystal with dielectric and metallic inclusions[J]. Journal of Applied Physics, 2000, 87(12): 8268-8275.

[18] Ward A, Pendry J. Calculating photonic Green's functions using a nonorthogonal finite-difference time-domain method[J]. Physical Review B, 1998, 58(11): 7252.

[20] Wu L, He S. Revised finite-difference time-domain algorithm in a nonorthogonal coordinate system and its application to the computation of the band structure of a photonic crystal[J]. Journal of Applied Physics, 2002, 91(10): 6499-6506.

[21] Born M, Wolf E, Bhatia A. Principles of optics: electromagnetic theory of propagation, interference and diffraction of light, 7th(expanded)

ed[M]. Cambridge U Press, Cambridge, UK, 1999: 193-199.

[22]Chan C, Yu Q, Ho K. Order-N spectral method for electromagnetic waves[J]. Physical Review B, 1995, 51(23): 16635.

[23]费宏明.光子晶体量子阱的输运特性[D].山西大学,2009.

[24]Dowling JP, Bowden CM. Anomalous index of refraction in photonic bandgap materials[J]. Journal of Modern Optics, 1994, 41(2): 345-351.

[25]Dowling JP, Scalora M, Bloemer MJ, et al. The photonic band edge laser: A new approach to gain enhancement[J]. Journal of Applied Physics, 1994, 75(4): 1896-1899.

[26]Qiao F, Zhang C, Wan J, et al. Photonic quantum-well structures: Multiple channeled filtering phenomena[J]. Applied physics letters, 2000, 77(23): 3698-3700.

[27]Jiang Y, Niu C, Lin D. Resonance tunneling through photonic quantum wells[J]. Physical Review B, 1999, 59(15): 9981.

[28]Hong-Ming F, Yuan-Kai J, Jiu-Qing L, et al. Transmission spectra through a photonic double quantum well system[J]. Chinese Physics B, 2009, 18(6): 2377.

[29]Lin M, Ouyang Z, Xu J, et al. Omnidirectional and multi-channel filtering by photonic quantum wells with negative-index materials[J]. Optics express, 2009, 17(7): 5861-5866.

[30]Chen Y-H, Dong J, Wang H. Omnidirectional resonance modes in photonic crystal heterostructures containing single-negative materials[J]. JOSA B, 2006, 23(10): 2237-2240.

[31]Chen Y. Frequency response of resonance modes in heterostructures composed of single-negative materials[J]. JOSA B, 2008, 25(11): 1794-1799.

[32]Xiang Y, Dai X, Wen S, et al. Omnidirectional and multiple-channeled high-quality filters of photonic heterostructures containing single-negative materials[J]. JOSA A, 2007, 24(10): A28-A32.

[33]Day D, Chung Y, Webb C, et al. Double quantum well resonant tunnel diodes[J]. Applied physics letters, 1990, 57: 1260.

[34]Dong L, Du G, Jiang H, et al. Transmission properties of lossy single-negative materials[J]. JOSA B, 2009, 26(5): 1091-1096.

[35]Lin W-H, Wu C-J, Chang S-J. Angular dependence of wave re-

flection in a lossy single-negative bilayer[J]. Progress In Electromagnetics Research,2010,107:253-267.

[36] Liu Y, Jiang H, Chen H, et al. Experimental investigation on transmission properties of lossy single-negative metamaterials[J]. The European Physical Journal B,2012,85(1):1-4.

[37]Bloch F. Über die Quantenmechanik der Elektronen in Kristallgittern[J]. Z. Phys,1928,52:555.

第3章 各向异性左手材料和右手材料组成一维光子晶体微腔的 Wannier-Stark 态

在周期性晶格中，电子的本征态是一系列 Bloch 态。当晶格结构在外加电场 F 的作用下，电子的本征态是一系列间隔为 eFd 的分离能级，每一个能级对应一个 Wannier-Stark 态，而这些所有分离的能级就形成 Wannier-Stark ladder。这里 e 是电子电量，d 晶格常数。早在 1928 年，Bloch 就提出电子在一个恒定的外场的作用时，将在一个 Brillioun 区域产生周期性振荡，人们称之为 Bloch 振荡[1-5]。因为其对于产生相干太赫兹源具有重要的应用价值，而且在负微分热导方面具有重要的应用，所以引起人们的广泛关注。Hubert James 在 1949 年证明当存在一个电场时，原来连续的能带将分裂为一系列等间距的能级，而且其能级间隔和电场成正比。随后 Wannier 证明，如果波函数 $\varphi(z)$ 是能量 E_0 薛定谔方程的解，那么 $\varphi(z-na)$ 也是能量为 E_0+NeEa 薛定谔方程的解，其中 N 为整数，a 为 z 方向上周期。这两个证明构成了现在为人们熟悉的 Wannier-stark-ladder。由此可知，Wannier-stark-ladder 是对在直流外场作用下晶格的量子化描述。然而由于 Bloch 震荡周期比电子波包的相干时间长得多，长期以来人们一直未观察到电子的 Bloch 振荡现象。直到 20 世纪 80 年代末，随着半导体超晶格材料的迅速发展，这两种现象通过实验得到验证，从而掀起了进一步研究这两种现象的高潮[6-11]。与电子相比，光子具有更多的优点，如光子不带电且无相互作用，具有较长的相干时间，光子的 Boch 振荡也成为近几年的研究热点。G. Malpuech 等人从理论上研究了光子晶体结构中的光学 Bloch 振荡[5]。此外，人们还从实验上对不同结构中的光学 Bloch 振荡进行研究[12-28]，例如，多孔硅光学超晶格、介质与特异性材料交替排列的准周期结构、Bose-Einstein 凝聚体中、弯曲耦合波导中等。

本章中我们介绍了 Wannier-Stark ladder 和 Bloch 振荡的物理解释和研究动态，研究了一维各向异性左手材料和各向同性右手材料形成的零均值折射带隙，结果表明该带隙是全方向的，受入射角和晶格因子缩放的影响都比较弱。当该光子晶体中插入缺陷时，零均值折射带隙内出现缺陷模的频率也不受入射角和晶格比例缩放的影响。接着，我们设计了含各向异性左手材料和右手材料组成一维光子晶体微腔结构[11]，在这种结构研究表明可以形成两类微带：一类出现在常规的 Bragg 带隙中，另一类出现在零均值折射率带隙内。当腔的厚度发生调制时，两类微带变成两类 Wannier-stark-ladder。最后，研究了当高斯脉冲通过该耦合微腔结构时，透射系数的绝对值随时间的变化行为，结果表明：耦合微腔厚度梯度因子增大时，两类带隙中 Bloch 振荡周期都减小，而且透过率降低。

3.1 电子的 Bloch 振荡理论

固体物理中通过引入有效质量的概念来理解 Bloch 振荡，使之与经典牛顿力学的概念来相对应。晶体中电子在外场作用下，其动量的变化可由牛顿方程表示为：

$$F=\frac{\mathrm{d}p}{\mathrm{d}t}=\frac{\mathrm{d}(hk)}{\mathrm{d}t} \tag{3-1}$$

其中，电场力 $F=-\mathrm{e}E$（E 为电场强度），电子将在这个电场力和晶格势的共同作用下运动，由于晶格势具有正弦函数平方的形式，在势阱底部，势的斜率改变符号（势的斜率正比于电子的群速度），所以电子会做周期性振荡（Bloch 振荡）。其振荡的频率为：

$$\omega_{\mathrm{B}}=\frac{Fa}{\hbar}=-\frac{Eea}{\hbar} \tag{3-2}$$

其中，a 为晶格常数。Bloch 振荡的周期为：

$$T_{\mathrm{B}}=\frac{2\pi}{\omega_{\mathrm{B}}}=-\frac{2\pi\hbar}{Eea} \tag{3-3}$$

由于实际晶体中的电子在运动中不断地受到散射，假定两相邻两次散射的时间间隔为 τ，其经典值约 10^{-13} s。当 $T_{\mathrm{B}}<\tau$ 时，在散射时间内 Bloch 振荡完成了，这样，我们就可以观察到 Bloch 振荡；当 $T_{\mathrm{B}}>\tau$ 时，Bloch 振荡还未完成就被第二次散射所破坏，所以我们不能观察到。所以在相当长时间内，实验中不能观察到 Bloch 振荡，直到超晶格的成功制备，使得晶格常数增加（与普通晶格相比），相应的振荡周期大大缩短（超晶格的典型周期 50～100 Å），它比普通的晶格周期大了约两个数量级，才使实验中观察到 Bloch 振荡。

3.2 各向异性左手材料

实际中，各向同性的左手材料制作起来比较困难，因为人工制备的特异性材料多是由两种子结构（金属谐振环阵列和金属细导线阵列）组合在一起实现负的介电常数和负的磁导率，所以人工制备的左手材料多是各向异性的，或者说是单轴各向异性的。1968 年 Veselogo 在其论文中首先提到各向异性左手材料概念。Smith 对各向异性左手介质进行了系统的描述，并命名主轴上不同符号的介质为不确定媒质(indefinite media)，将各种类型 indefinite media 分为四类，来表征其切向波矢量，从而代表不同的电磁波传播特性，即 Cutoff，anti-off，never-cutoff，always cutoff 四类[18]。各向异性左手材料要描述其介电常数和磁导率需要用张量形式表示[29-46]。相对各向同性左手材料，各向异性左手材料更容易制作。在特定条件下，各向异性左手材料可以代替各向同性左手材料呈现出奇特的电磁特性，包括负折射、负 Goos-Hänchen 位移、完美成像等[47-58]。

3.3 各向异性左手材料和右手材料组成的一维光子晶体

考虑各向异性左手材料和右手材料组成的一维光子晶体结构$(AB)^N$置于空气中，如图 3-1 所示，层 A 为右手材料，厚度为 d_A，层 B 为各向异性左手材料，厚度为 d_B，周期数为 N。

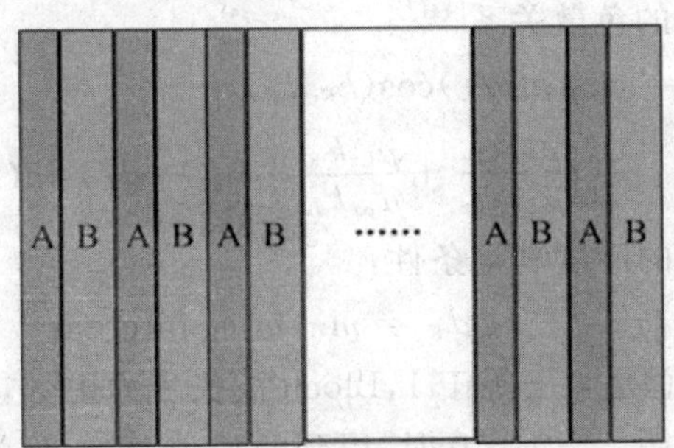

图 3-1 各向异性左手材料和右手材料组成的一维光子晶体结构

对于无损的各向异性介质，介电常数和磁导率的二阶张量可以简化为主轴坐标系下的对角矩阵形式。为了简单起见，描述各向异性左手材料层 B 的介电常数和磁导率具有下列对角化的张量形式[11,18,50]：

$$\varepsilon_B = \begin{pmatrix} \varepsilon_{Bx} & 0 & 0 \\ 0 & \varepsilon_{By} & 0 \\ 0 & 0 & \varepsilon_{Bz} \end{pmatrix}, \mu_B = \begin{pmatrix} \mu_{Bx} & 0 & 0 \\ 0 & \mu_{By} & 0 \\ 0 & 0 & \mu_{Bz} \end{pmatrix} \tag{3-4}$$

假设一单频的电磁波以入射角 θ 沿 z 轴方向入射到各向异性左手材料和右手材料组成的一维光子晶体，对于 TE 偏振波，各向异性左手材料介质

层 B 中，电场和磁场的形式表达为：

$$E_{Ly}=e^{ik_xx}(Ae^{ik_{Lz}z}+Be^{-ik_{Lz}z})$$

$$H_{Lx}=\frac{-k_{Lz}}{\omega\mu_0\mu_B}e^{ik_xx}(Ae^{ik_{Lz}z}-Be^{-ik_{Lz}z})$$

$$H_{Lz}=\frac{k_x}{\omega\mu_0\mu_B}e^{ik_xx}(Ae^{ik_{Lz}z}+Be^{-ik_{Lz}z}) \tag{3-5}$$

对于 TE 偏振波，各向同性右手材料介质层 A 中，电场和磁场的形式表达为：

$$E_{Ry}=e^{ik_xx}(Ce^{ik_{Rz}z}+De^{-ik_{Rz}z})$$

$$H_{Rx}=\frac{-k_{Az}}{\omega\mu_0\mu_A}e^{ik_xx}(Ce^{ik_{Rz}z}-De^{-ik_{Rz}z})$$

$$H_{Rz}=\frac{k_x}{\omega\mu_0\mu_A}e^{ik_xx}(Ce^{ik_{Rz}z}+De^{-ik_{Rz}z}) \tag{3-6}$$

式(3-5)和式(3-6)中，k_{Lz}，k_{Rz} 是波矢在左手介质和右手介质中的 z 分量；k_x 为波矢的 x 分量。通过电磁波平面波解，式(3-5)和式(3-6)可以得到：

$$k_{L,Rz}^2=\omega^2/c^2(\varepsilon_{L,Ry}\mu_{L,Rx}-\mu_{L,Rx}/\mu_{L,Rz}\sin^2\theta) \tag{3-7}$$

电磁场的切向分量连续性条件和 Bloch 理论的周期性边界条件，可以得到入射波矢 TE 偏振波时，由各向同性右手材料和各向异性左手材料组成的一维光子晶体的色散关系[141]：

$$\cos(\beta d)=\cos(k_{Lz}d_L)\cos(k_{Rz}d_R)-\frac{1}{2}\left(\frac{\mu_{Rx}k_{Lz}}{\mu_{Lx}k_{Rz}}+\frac{\mu_{Lx}k_{Rz}}{\mu_{Rx}k_{Lz}}\right)\sin(k_{Lz}d_L)\sin(k_{Rz}d_R) \tag{3-8}$$

当波矢和材料的厚度满足条件：

$$k_{Lz}d_L+k_{Rz}d_R=m\pi(m\in \text{interger}) \tag{3-9}$$

时，式(3-8)的右边总是大于等于 1，Bloch 波矢 β 为虚数，表明禁带发生，电磁波不能在其中传播。当 $m=0$ 时，得到的禁带，我们称为零均值折射带隙(zero-$\bar{n}$ gap)。对于有限维的光子晶体$(AB)^N$，其任意位置 z 和 $z+\Delta z$ 处的电场和磁场可由传输矩阵计算，其传输矩阵元为：

$$T_{L,R}=\begin{bmatrix}\cos(k_{L,Rz}d_{L,R}) & i\frac{\mu_{L,Rx}\omega}{k_{L,Rz}c}\sin(k_{L,Rz}d_{L,R})\\ i\frac{k_{L,Rz}c}{\mu_{L,Rx}\omega}\sin(k_{L,Rz}d_{L,R}) & \cos(k_{L,Rz}d_{L,R})\end{bmatrix} \tag{3-10}$$

式(3-7)中，$k_{L,Rz}^2=\omega^2/c^2(\varepsilon_{L,Ry}\mu_{L,Rx}-\mu_{L,Rx}/\mu_{L,Rz}\sin^2\theta)$；$\varepsilon_{Rx}=\varepsilon_{Ry}=\varepsilon_{Rz}=\varepsilon_R$；$\mu_{Rx}=\mu_{Ry}=\mu_{Rz}=\mu_R$；$\theta$ 为真空到介质的入射角。其中，下角标 L，R 表示各向异性左手材料和各向同性右手材料。

对于 TM 偏振波的情形，在各向异性左手材料中，其电场和磁场可以表示为：

$$H_{Ly} = e^{ik_x x}(Ae^{ik_{Lz}z} + Be^{-ik_{Lz}z})$$

$$E_{Lx} = \frac{-k_{Lz}}{\omega\mu_0\mu_A}e^{ik_x x}(Ae^{ik_{Lz}z} - Be^{-ik_{Lz}z})$$

$$E_{Lz} = \frac{k_x}{\omega\mu_0\mu_A}e^{ik_x x}(Ae^{ik_{Lz}z} + Be^{-ik_{Lz}z}) \tag{3-11}$$

在右手材料中其电场和磁场表示为：

$$H_{Ry} = e^{ik_x x}(Ce^{ik_{Rz}z} + De^{-ik_{Rz}z})$$

$$E_{Rx} = \frac{-k_{Az}}{\omega\mu_0\mu_A}e^{ik_x x}(Ce^{ik_{Rz}z} - De^{-ik_{Rz}z})$$

$$E_{Rz} = \frac{k_x}{\omega\mu_0\mu_A}e^{ik_x x}(Ce^{ik_{Rz}z} + De^{-ik_{Rz}z}) \tag{3-12}$$

对于 TM 波（磁场沿 y 方向）模的情形，根据对偶原理，只需要用 μ_{By} 代替 ε_{By}，ε_{Bx} 代替 μ_{Bx}，ε_{Bz} 代替 μ_{Bz}，就可以得到相应的波矢 $k_{L,R}$，传输矩阵和色散关系：

$$k_{L,Rz}^2 = \omega^2/c^2(\mu_{L,Ry}\varepsilon_{L,Rx} - \varepsilon_{L,Rx}/\varepsilon_{L,Rz}k_x^2) \tag{3-13}$$

对于 TM 波（磁场沿 y 方向）来说，由各向同性右手材料和各向异性左手材料组成的一维光子晶体的色散关系为[141]：

$$\cos(\beta d) = \cos(k_{Lz}d_L)\cos(k_{Rz}d_R) - \frac{1}{2}\left(\frac{\varepsilon_{Rx}k_{Lz}}{\varepsilon_{Lx}k_{Rz}} + \frac{\varepsilon_{Lx}k_{Rz}}{\varepsilon_{Rx}k_{Lz}}\right)\sin(k_{Lz}d_L)\sin(k_{Rz}d_R) \tag{3-14}$$

3.4　有效介质理论

由于材料负折射的频率范围一般处于 GHz 区，所以满足 $k_z d_{L,R} \ll 1$，这样可以应用薄膜近似理论来分析零均值折射带隙。由于 $k_z d_{L,R} \ll 1$，传输矩阵式(3-10) 中，取 $\sin(k_z d_{L,R}) \approx k_z d_{LR}$，$\cos(k_z d_{L,R}) \approx 1$，那么一个周期晶胞中的传输矩阵为：

$$X_{period} = X_L \cdot X_R = \begin{bmatrix} 1 & \dfrac{-\mu_{Lx}\omega d_L}{c} \\ \dfrac{k_{Lz}^2 c d_L}{\mu_{Lx}\omega} & 1 \end{bmatrix} \begin{bmatrix} 1 & \dfrac{-\mu_{Rx}\omega d_R}{c} \\ \dfrac{k_{Rz}^2 c d_R}{\mu_{Rx}\omega} & 1 \end{bmatrix}$$

$$= \begin{bmatrix} 1 & \dfrac{-\mu_{Lx}d_L\omega}{c} \\ \dfrac{\varepsilon_{Ly}\mu_{Lx}\dfrac{\omega^2}{c^2} - \dfrac{\mu_{Lx}}{\mu_{Lz}}k_x^2}{\mu_{Lx}}\dfrac{c}{\omega} & 1 \end{bmatrix} \begin{bmatrix} 1 & \dfrac{-\mu_{Rx}d_R\omega}{c} \\ \dfrac{\varepsilon_{Ry}\mu_{Rx}\dfrac{\omega^2}{c^2} - \dfrac{\mu_{Rx}}{\mu_{Rz}}k_x^2}{\mu_{Rx}}\dfrac{c}{\omega} & 1 \end{bmatrix}$$

$$=\begin{bmatrix} 1 & -(\mu_{Lx}f_L+\mu_{Rx}f_R)\mathrm{d}\dfrac{\omega}{c} \\ \left((\varepsilon_{Ly}f_L+\varepsilon_{Ry}f_R)\dfrac{\omega^2}{c^2}-\left(\dfrac{f_L}{\mu_{Lz}}+\dfrac{f_R}{\mu_{Rz}}\right)k_x^2\mathrm{d}\dfrac{c}{\omega}\right) & 1 \end{bmatrix} \tag{3-15}$$

式中，$f_L=d_L/d$；$f_R=d_R/d$。

如果把由各向异性左手材料和右手材料组成的一维光子晶体一个周期的晶胞等效为一个厚度为 $d_{\text{eff}}=d_1+d_2$ 的单轴各向异性材料，其介电常数和磁导率为对角化形式：

$$\varepsilon_{\text{eff}}=\begin{bmatrix}\varepsilon_{\text{eff}x} & 0 & 0\\ 0 & \varepsilon_{\text{eff}y} & 0\\ 0 & 0 & \varepsilon_{\text{eff}z}\end{bmatrix},\mu_{\text{eff}}=\begin{bmatrix}\mu_{\text{eff}x} & 0 & 0\\ 0 & \mu_{\text{eff}y} & 0\\ 0 & 0 & \mu_{\text{eff}z}\end{bmatrix} \tag{3-16}$$

类似等式(3-13)有效波矢定义为：

$$k_{\text{eff}z}^2=\omega^2/c^2(\mu_{\text{eff}y}\varepsilon_{\text{eff}x}-\varepsilon_{\text{eff}x}/\varepsilon_{\text{eff}z}k_x^2) \tag{3-17}$$

有效传输矩阵定义为：

$$X_{\text{eff}}=\begin{bmatrix} 1 & -\mu_{\text{eff}x}\mathrm{d}\dfrac{\omega}{c} \\ \left(\varepsilon_{\text{eff}y}\dfrac{\omega^2}{c^2}-\dfrac{k_x^2}{\mu_{\text{eff}z}}\right)\mathrm{d}\dfrac{c}{\omega} & 1\end{bmatrix} \tag{3-18}$$

比较式(3-15)和式(3-17)，对于 TE 波，能容易得到：

$$\begin{gathered}\varepsilon_{\text{eff}y}=\varepsilon_{Ly}f_L+\varepsilon_{Ry}f_R\\ \mu_{\text{eff}x}=\mu_{Lx}f_L+\mu_{Rx}f_R\\ \mu_{\text{eff}z}=\frac{\mu_{Lz}\mu_{Rz}}{\mu_{Lz}f_R+\mu_{Rz}f_L}\end{gathered} \tag{3-19}$$

显然，如果两种介质都是各向异性介质，此结果也适用。这里所取得右手介质是各向同性的，所以 $\varepsilon_{Ry}=\varepsilon_R$，$\mu_{Rx}=\mu_{Rz}=\mu_R$。

对于 TM 波的情况，只需要将介电常数和磁导率互换，类似的有：

$$\begin{gathered}\mu_{\text{eff}y}=\mu_{Ly}f_L+\mu_{Ry}f_R\\ \varepsilon_{\text{eff}x}=\varepsilon_{Lx}f_L+\varepsilon_{Rx}f_R\\ \varepsilon_{\text{eff}z}=\frac{\varepsilon_{Lz}\varepsilon_{Rz}}{\varepsilon_{Lz}f_R+\varepsilon_{Rz}f_L}\end{gathered} \tag{3-20}$$

有效波矢为：

$$k_{\text{eff}z}^2=\omega^2/c^2(\varepsilon_{\text{eff}y}\mu_{\text{eff}x}-\mu_{\text{eff}x}/\mu_{\text{eff}z}k_x^2) \tag{3-21}$$

同样，等式(3-20)也适用于两种介质都是各向异性材料。如右手材料为各向同性介质，$\mu_{Ry}=\mu_R$，$\varepsilon_{Rx}=\varepsilon_{Rz}=\varepsilon_R$。

3.5　零均值折射率带隙

同济大学的江海涛小组研究表明：由各向同性左右手材料交替排列组成的一维光子晶体存在一个零均值折射率带隙，又称单负带隙。这种带隙是全方位带隙，其不受入射角和偏振的影响，也不容易受晶格常数涨落的影响[19]。各向异性左手材料的某一方向具有负的介电常数或负的磁导率特性，有研究表明在某些条件下，各向异性左手材料可以代替各向同性左手材料呈现负折射特性[11,50]。下面通过计算机模拟表明各向异性左手材料和各向同性右手材料交替排列组成的一维光子晶体$(AB)^N$也具有类似的零均值折射率带隙。

在计算中，选取右手材料的介电常数和磁导率分别为$\varepsilon_A = 4, \mu_A = 1$，各向异性左手材料的介电常数和磁导率取为传输线模型，TE 偏振波为：

$$\varepsilon_{By} = 1 - 100/\omega^2, \mu_{Bx} = 1.21 - 100/\omega^2, \mu_{Bz} = 2 \tag{3-22}$$

TM 偏振波为：

$$\mu_{By} = 1 - 100/\omega^2, \varepsilon_{Bx} = 1.21 - 100/\omega^2, \varepsilon_{Bz} = 2 \tag{3-23}$$

式中，$\omega = 2\pi f$为角频率，所取的结构参数为$d_A = 6$ mm，$d_B = 12$ mm。当满足条件：

$$k_{Lz} d_L + k_{Rz} d_R = 0 \tag{3-24}$$

时，等式(3-14)的右边总是大于等于 1，Bloch 波矢β为虚数，表明禁带发生，零有效相位带隙出现。图 3-2 所示为在不同入射角下，由右手材料和各向异性左手材料组成一维光子晶体的传输谱。从图中我们可以看到，在大约 1 GHz 附近出现了一个特殊的带隙，其随入射角从 0°～60°的变化非常弱，因为其满足$\bar{n} = (n_A d_A + n_B d_B)/(d_A + d_B) = 0$，故称其零均值折射带隙。而位于 6 GHz 左右的布拉格带隙，不论是 TE 模，还是 TM 模，随着入射角 0°～60°的变化都向高频方向移动。

图 3-3 为不同入射角和偏振下，由右手材料和各向异性左手材料组成一维光子晶体的能带投影图。图中黑色区域对应禁带，而白色区域对应允许的带，由图可以看到，入射角在 0°～80°变化时，无论 TE 偏振还是 TM 偏振，位于低频处的零均值折射带的位置受影响较弱，而位于高频处的 Bragg 带隙，随着入射角的变化都向高频方向移动。

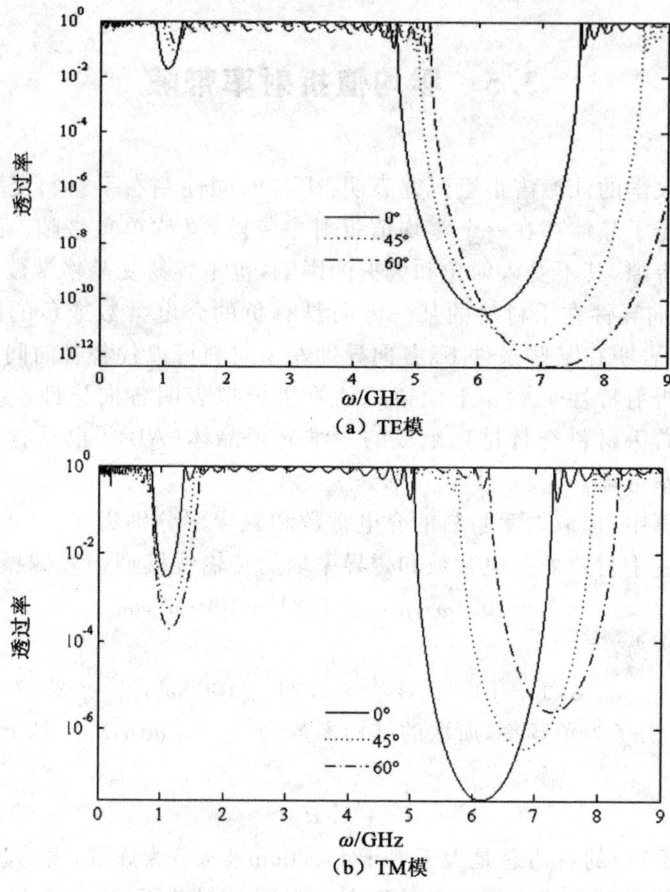

图 3-2　传输谱受入射角的影响

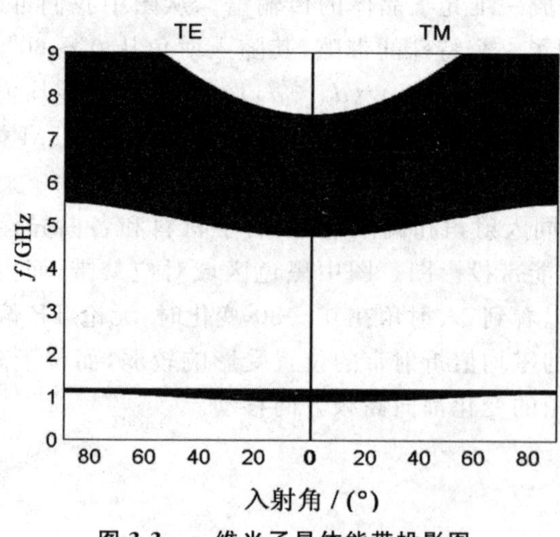

图 3-3　一维光子晶体能带投影图

接着，研究由各向异性左手材料和右手材料组成的一维光子晶体零均值折射带隙随着晶格比例的变化，定义晶格常数 $d = d_A + d_B$，取 $d_0 = 6 + 12 = 18$ mm，研究晶格常数为 $d = 0.75d_0$，d_0 和 $1.2d_0$ 时，对零均值折射带隙的影响，如图 3-4 所示，由图可以看到，随着晶格常数的增长，零均值折射带隙不受影响，而布拉格带隙随着晶格常数的增长，都向低频方向移动。

如果在由各向异性左手材料和右手材料组成的一维光子晶体$(AB)^N$中，插入一个右手材料缺陷层C，则该结构为$(AB)^N C(AB)^N$，这样在相应的带隙中会出现一条缺陷模。设缺陷层的相对折射率 $n_C = 2$，材料的厚度选取 $d_A = 7.2$ mm，$d_B = 14.4$ mm，$d_C = 43$ mm。研究缺陷模受入射角的影响情况，如图 3-5 所示，图(a)TE，图(b)TM。由图可以看到，左包含缺陷的一维光子晶体结构中，零均值折射带隙和 Bragg 带隙中各出现一条缺陷模，位于低频零均值折射带隙中的缺陷模，几乎不受入射角影响，而位于高频处 Bragg 带隙中的缺陷模，随着入射角的增大，向高频移动。利用零均值带隙中缺陷模的这种特性，可以设计全方向滤波器。

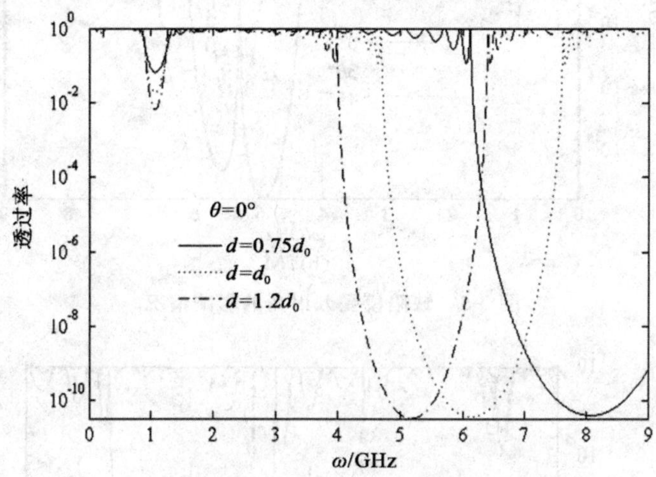

图 3-4　一维光子晶体的传输谱受晶格比例的影响(入射角为 0)

最后，研究含缺陷层的各向异性左手材料和右手材料组成的一维光子晶体零均值折射带隙内缺陷模随着晶格比例的变化。定义 $d = d_A + d_B + d_C$，取 $d_0 = 7.2 + 14.4 + 2 = 18$ mm，研究晶格常数为 $d = d_0$，$1.2d_0$，和 $1.5d_0$ 时，对零均值折射带隙内缺陷模的影响，如图 3-6 所示。由图可以看到，随着晶格常数的增长，零均值折射带隙内缺陷模几乎不受影响，而布拉格带隙内的缺陷模随着晶格常数的增长，向低频方向移动。

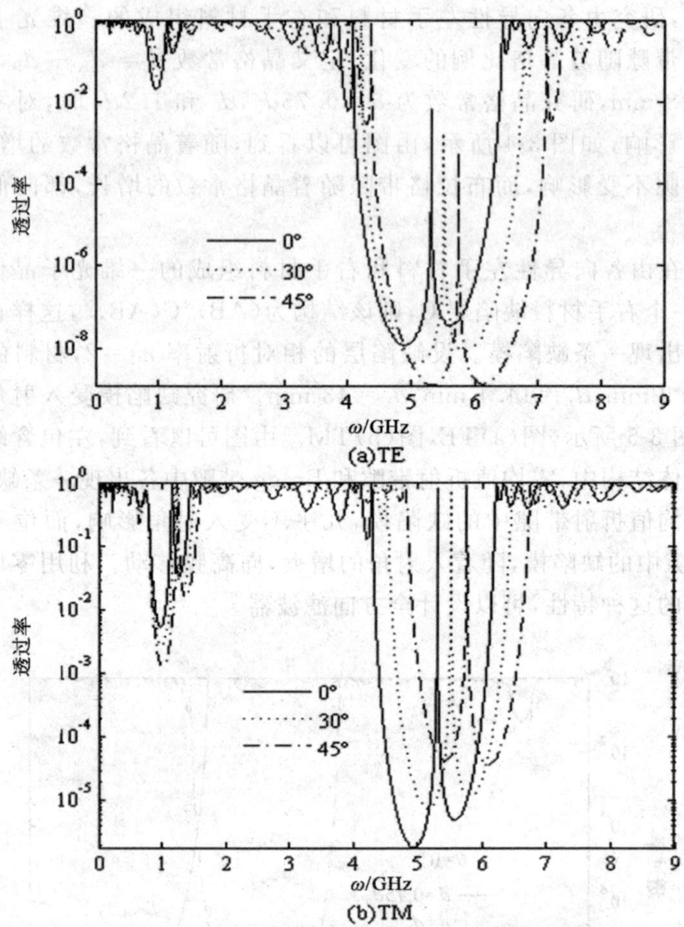

图 3-5　缺陷模受入射角的影响情况

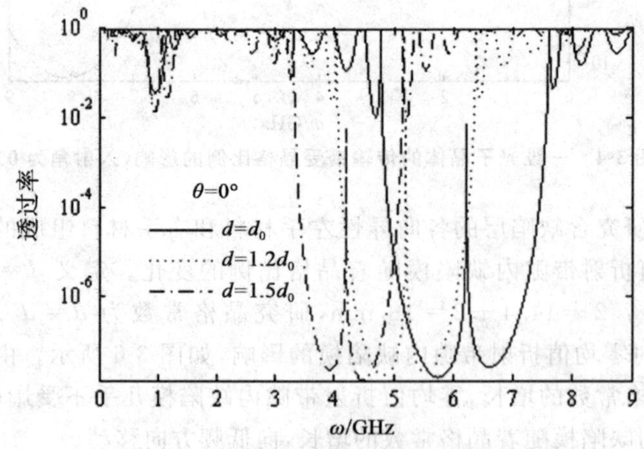

图 3-6　一维光子晶体受晶格比例影响

3.6 各向异性左手材料和右手材料组成光子晶体耦合微腔

电子晶体在晶格周期势和外加电场的共同作用下，电子在晶体中会形成一系列等能量间隔的分离的电子态，这些电子态构成了晶格中外加电场作用下的 Wannier-Stark ladder。在光子晶体中，由于光子不带电，人们无法对光子施加外加电场，所以在光子系统中要产生 Wannier-Stark Ladder，就需要我们构造一系列局域的态。光子系统最常见的局域态是腔模式。一般腔模的构造包括腔壁和腔体，腔的谐振频率由腔壁的反射相位和和腔的光学厚度来决定：

$$\varphi_L - \varphi_R + 2k_C d_C = 2m\pi (m = 0, \pm 1, \pm 2, \cdots) \quad (3\text{-}25)$$

其中，φ_L 和 φ_R 为左右腔体侧壁的反射相，$k_C d_C$ 为腔体的光学厚度。当腔膜和腔体的材料确定后，可以通过调节腔体的厚度来调整谐振腔的腔模频率。

各向异性左手材料在某一方向具有负的折射率或负的电磁响应特性。我们知道在普通的光子晶体中，如果含有一个缺陷，在它的带隙中会出现一个透射峰，如果光子晶体中包含一系列相等的微腔，它的禁带中会出现一系列透射峰，形成微带[11,50]。由此可以猜测，由正常材料和各向异性左手材料组成的一维光子晶体中周期性地插入一系列微腔，由于存在两个带隙，一个是零均值折射带隙，另一个是 Bragg 带隙，所以会在这两个带隙中同时出现一系列微带。如图 3-7 所示，是我们设计的一维光子晶体耦合微腔结构示意图，其中，A 为正常材料，B 为各向异性左手材料，C 为正常材料，且和材料 A 具有相同的介电常数和磁导率，但是厚度不同。这样光子晶体 BABA 和微腔 C 交替排列，整个结构可以表示成 $(B(AB)^m C)^n B(AB)^m$，m 和 n 表示光子晶体和微腔的周期数。

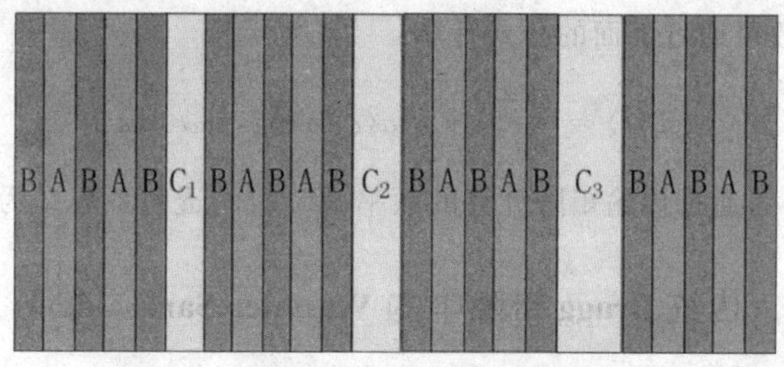

图 3-7　一维光子晶体耦合微腔结构示意图

假设电磁波由真空垂直入射到一维光子晶体耦合微腔$(B(AB)^mC)^nB(AB)^m$,材料层 A 和材料层 B 的介电常数和磁导率分别为 ε_A,μ_A 和 ε_B,μ_B,材料 A 电介质参数和磁导率为 $\varepsilon_A=4$,$\mu_A=1$,材料层 C 和材料层 A 有相同的介电常数和磁导率,各向异性左手材料的电介质参数和磁导率的态矢量用传输线模型描述[140],TE 偏振为:

$$\varepsilon_{By}=1-100/\omega^2,\mu_{Bx}=1.21-100/\omega^2,\mu_{Bz}=2 \tag{3-26}$$

TM 偏振为:

$$\mu_{By}=1.21-100/\omega^2,\varepsilon_{Bx}=1-100/\omega^2,\varepsilon_{Bz}=2 \tag{3-27}$$

式中,$\omega=2\pi f$ 为角频率。所取的结构参数为 $d_A=6$ mm,$d_B=12$ mm,$d_C=36$ mm。在我们设计研究的光子晶体耦合微腔中,材料 C 的厚度变化满足 $d_{C_{n+1}}=\delta d_{C_n}$,$\delta$ 为厚度变化的梯度因子。对于厚度梯度因子 $\delta=1$ 时,无厚度梯度调制,这时整个结构可以看作由正常材料和各向异性左手材料组成的一维光子晶体与一系列等厚的微腔交替排列。

从式(3-26)可以发现,对于 TE 模,当 $f<1.43$ GHz 时,材料参数 ε_{By},μ_{Bx} 是负的;当 $f>1.591\ 5$ GHz 时,材料参数是正值。对于 TM 模,材料参数 ε_{Bx},μ_{By} 也类似。在图 3-6 中我们曾提到由正常材料和各向异性左手材料组成的一维光子晶体中存在两类带隙:一类是普通的布拉赫带大约出现在 6 GHz 附近;另一类为单负零平均折射率带隙大约出现在 1 GHz 附近,此单负带隙在入射角从 0°~60°范围内变化时,受入射角和偏振的影响非常小,如图 4-3 所示。这里只考虑 TE 波的情形,即电场 E 沿 y 方向,对于 TM 波的情形,只需通过对偶原理,简单的代换就可以得到。

为了得到光学 Bloch 谐振,我们研究高斯脉冲通过该光子晶体耦合微腔的动力学行为,该高斯脉冲的谱函数形式为[144]:

$$g(\omega)=\frac{1}{\sqrt{\pi}\,\Delta\omega}\exp\left[-\frac{1}{2}\left(\frac{\omega-\omega_0}{\Delta\omega}\right)^2\right] \tag{3-28}$$

式中,$\Delta\omega$ 为脉冲宽度;ω_0 为脉冲的中心频率。实验中通常通过测量高斯脉冲在光子晶体耦合多微腔中传输时的透射系数来证明光学的 Bloch 谐振存在,透射系数可通过下面的公式计算:

$$T(t)=\frac{1}{2\pi}\int_{-\infty}^{+\infty}g(\omega)a(\omega)\exp(-\mathrm{i}\omega t)\,\mathrm{d}\omega \tag{3-29}$$

式中,$a(\omega)$ 为通过传输矩阵计算的频率为 ω 时的透射系数;t 为时间。

3.6.1 传统 Bragg 带隙中的 Wannier-Sark-ladder

先研究频率范围为 4.65~4.8 GHz,此带隙位于 Bragg 带隙中,我们通过传输矩阵法计算的光子晶体耦合多微腔的散射态图(电磁波在传播方向上对应不同频率的电场分布)和传输谱如图 3-8 所示,一维光子晶体耦合微腔($B(AB)^m C)^n B(AB)^m$ 的周期数取 $m = 6$, $n = 5$。其中,图(a)和图(b)为厚度梯度 $\delta = 1.0$ 的散射态图和对应的透射谱。从图(b)我们发现有 5 条传输峰位于 Bragg 带隙中,并且 5 条传输峰的最大值近似相等,进一步可以发现传输谱中透射峰的数目等于结构中微腔的数目。图(a)中的亮线是 5 条透射峰对应的散射态图。图(c)和图(d)是厚度梯度 $\delta = 1.005$ 的散射态图和对应的透射谱。为了使透射峰清楚,在图(d)中将传输谱取对数表示。可以发现图(d)中的传输谱相对图(b)中的传输谱发生了明显的变化,在透射谱中,中间的传输峰值明显高于两边的传输峰值。

图 3-9 给出了通过式(3-29)计算出的 Bragg 带隙内高斯光束通过光子晶体耦合微腔时透射系数的绝对值随时间的变化,图(a)微腔厚度梯度 $\delta = 1.002$;图(b)微腔厚度梯度 $\delta = 1.007$;图(c)微腔厚度梯度 $\delta = 1.009$;取高斯脉冲的中心频率 $\omega_0 = 4.75$ rad/s,高斯脉冲宽度取为 $\Delta\omega = 0.015$ rad/s。从图 3-9 中可以发现,随着微腔厚度梯度的增加,Bloch 振荡的周期缩短,并且随着耦合微腔厚度梯度的增加透过率减小。

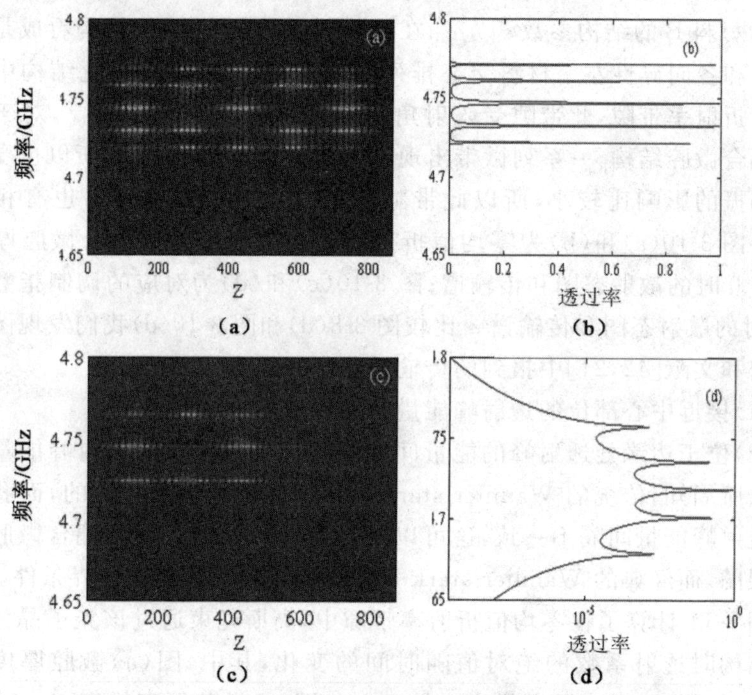

图 3-8 Bragg 带隙内光子晶体耦合微腔的电场分布和透射谱

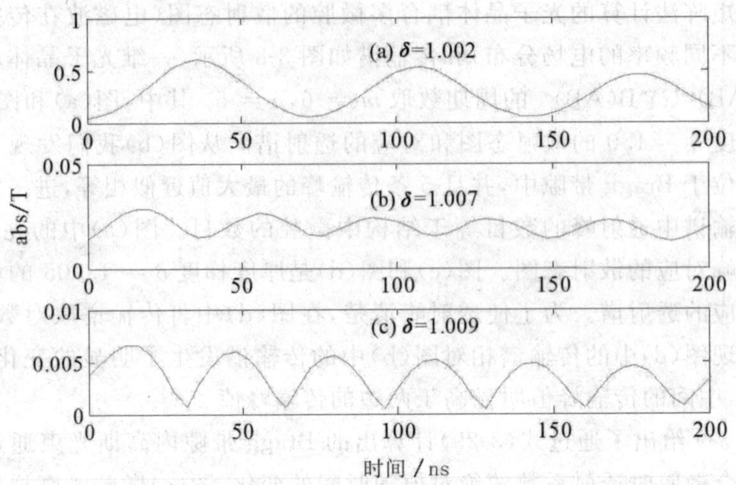

图 3-9　高斯光束通过光子晶体耦合微腔时透射系数随时间的变化

3.6.2　零平均折射带隙中的 Wannier-Stark-ladder

研究位于零平均折射带隙 0.75～1.1 GHz 范围内的 Wannier-stark-ladder，材料 B 的结构参数 ε_{By}，μ_{Bx} 在此范围内是负值，整个结构看成是由正常材料和各向异性左手材料交替排列的一维光子晶体结构，此结构中存在零均值折射率带隙，此带隙受入射角和偏振的影响比较小[47-50]，对于光子晶体耦合微腔结构，一系列微带出现在零均值折射率带隙中，所以也受入射角和偏振的影响比较小，所以此带隙中 Wannier-stark-ladder 也有相似的特性。图 3-10(a)和(b)为零均值折射率带隙内光子晶体耦合微腔厚度梯度 $\delta=0$ 时的散射态图和传输谱；图 3-10(c)和(d)为对应的调制指数 $\delta=1.12$ 时的散射态图和传输谱。比较图 3-8(d)和图 3-10(d)我们发现图中的透射谱和文献[12,21]中报到的传输谱非常相似：

(1)接近中心部位的透射峰能量间隔近似相等。

(2)位于边缘处透射峰的能量间隔明显比中心部位的透射峰能量间隔大。众所周知，传统的 Wannier-stark-ladder 能量间隔是相等的，而我们得到的透射峰能量间隔不一致，这可以解释为我们的光子晶体耦合微腔结构是有限的，而经典的 Wannier-stark-ladder 要求满足周期性边界条件。

图 3-11 计算了在零均值折射率带隙中，高斯光束通过该光子晶体耦合微腔结构时透射系数的绝对值随时间的变化，其中，图(a)微腔厚度梯度 $\delta=1.12$；图(b)微腔厚度梯度 $\delta=1.15$；图(c)微腔厚度梯度 $\delta=1.2$。计算中取高斯脉冲的中心频率 $\omega_0=0.861$ rad/s，高斯脉冲宽度取为 $\Delta\omega=$

0.015 rad/s。从图中我们同样可以看出，随着微腔厚度梯度因子的增加，Bloch 振荡的周期缩短，并且透过率减少。这个特性与传统的 Bragg 带隙内的 Bloch 振荡一致。这是我们预料之中的，因为光子晶体微腔厚度梯度

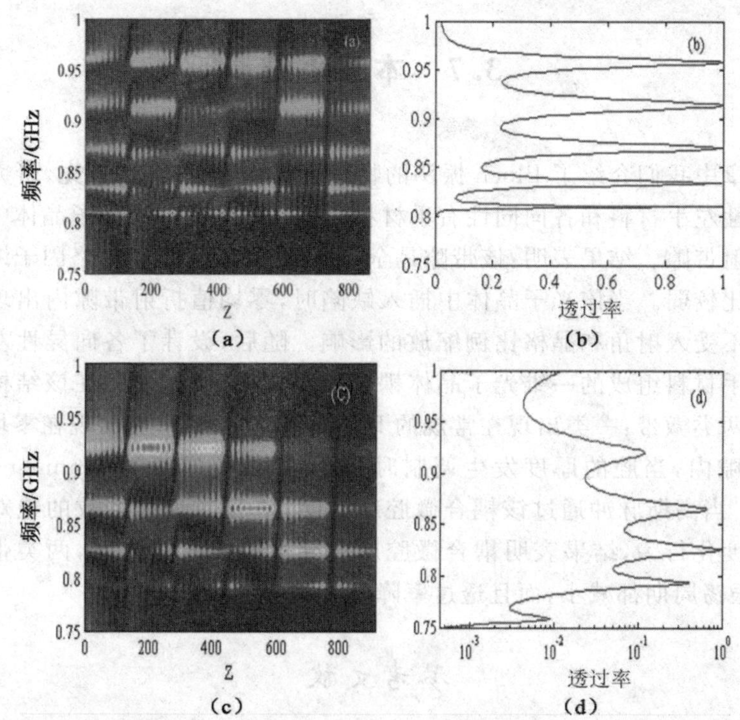

（a）　（b）

（c）　（d）

图 3-10　零均值折射率带隙内光子晶体耦合微腔的电场分布和透射谱

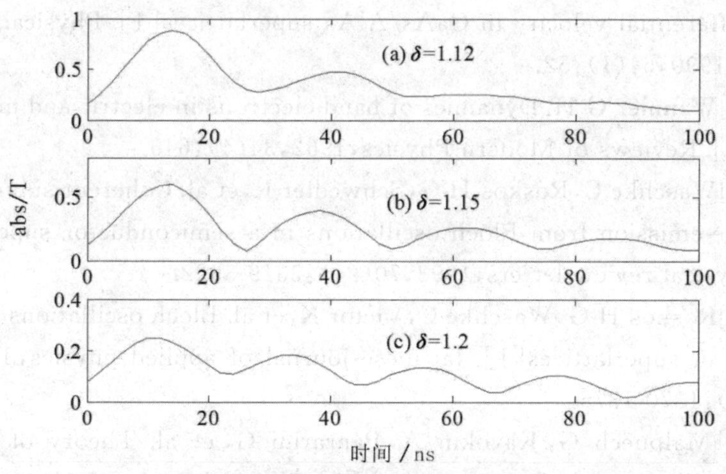

图 3-11　零均值折射率带隙中高斯光束通过光子晶体耦合微腔时透射系数随时间的变化

调制类似于超晶格中直流电场调制，在超晶格中，随着外部直流电场的增大，Bloch 振荡的周期减小。这样论证了 Bloch 谐振能发生在我们设计的右手材料和各向异性左手材料组成一维光子晶体的耦合微腔中。

3.7 本章小结

本章中我们介绍了 Bloch 振荡的物理解释和研究动态，首先，研究了由各向异性左手材料和各向同性右手材料交替排列组成一维光子晶体中的零均值折射带隙。结果表明：该带隙是全方向的，受入射角和晶格因子缩放的影响都比较弱。当该光子晶体中插入缺陷时，零均值折射带隙内出现的缺陷模也不受入射角和晶格比例缩放的影响。随后，设计了各向异性左手材料和右手材料组成的一维光子晶体耦合微腔结构，研究表明在该结构中可以形成两类微带：一类出现在常规的 Bragg 带隙中；另一类出现在零均值折射率带隙内，当腔的厚度发生调制时，两类微带变成两类 Wannier-stark-ladder。当高斯脉冲通过该耦合微腔结构时，研究了透射系数的绝对值随时间的变化行为，结果表明耦合微腔厚度梯度因子的增大时，两类带隙中 Bloch 振荡周期都减小，而且透过率降低。

参考文献

[1]Sibille A, Palmier J, Wang H, et al. Observation of Esaki-Tsu negative differential velocity in GaAs/AlAs superlattices[J]. Physical review letters, 1990, 64(1): 52.

[2]Wannier G H. Dynamics of band electrons in electric and magnetic fields[J]. Reviews of Modern Physics, 1962, 34(4): 645.

[3]Waschke C, Roskos H G, Schwedler R, et al. Coherent submillimeter-wave emission from Bloch oscillations in a semiconductor superlattice [J]. Physical review letters, 1993, 70(21): 3319-3322.

[4]Roskos H G, Waschke C, Victor K, et al. Bloch oscillations in semiconductor superlattices[J]. Japanese journal of applied physics, 1995, 34 (part 1): 1370-1375.

[5]Malpuech G, Kavokin A, Panzarini G, et al. Theory of photon Bloch oscillations in photonic crystals[J]. Physical Review B, 2001, 63(3): 035108.

[6]Agarwal V, Del Río J, Malpuech G, et al. Photon Bloch oscillations in porous silicon optical superlattices[J]. Physical review letters, 2004, 92(9):097401.

[7] Davoyan AR, Shadrivov IV, Sukhorukov AA, et al. Plasmonic Bloch oscillations in chirped metal-dielectric structures[J]. Applied physics letters, 2009, 94(16):555.

[8]Davoyan AR, Sukhorukov AA, Shadrivov IV, et al. Beam oscillations and curling in chirped periodic structures with metamaterials[J]. Physical Review A, 2009, 79(1):11662.

[9]Kolovsky AR, Korsch HJ, Graefe E-M. Bloch oscillations of Bose-Einstein condensates: Quantum counterpart of dynamical instability[J]. Physical Review A, 2009, 80(2):2554-2558.

[10]Zheng M, Xiao J, Yu K. Controllable optical Bloch oscillation in planar graded optical waveguide arrays[J]. Physical Review A, 2010, 81(3):537-542.

[11]康永强. 含各向异性左手材料一维光子晶体微腔的 Wannier-Stark 态[J]. 发光学报, 2018, 39(4):541-546.

[12]Wang T-B, Liu N-H, Deng X-H, et al. Bloch oscillations in one-dimensional coupled multiple microcavities containing negative-index materials[J]. Journal of Optics, 2011, 13(9):095705.

[13]Smith D, Schurig D. Electromagnetic wave propagation in media with indefinite permittivity and permeability tensors[J]. Physical review letters, 2003, 90(7):077405.

[14]Smith DR, Schurig D, Rosenbluth M, et al. Limitations on subdiffraction imaging with a negative refractive index slab[J]. Applied physics letters, 2003, 82(10):1506-1508.

[15]Smith D, Pendry J, Wiltshire M. Metamaterials and negative refractive index[J]. Science, 2004, 305(5685):788-792.

[16]Smith DR, Kolinko P, Schurig D. Negative refraction in indefinite media[J]. JOSA B, 2004, 21(5):1032-1043.

[17]Smith DR, Schurig D, Mock JJ, et al. Partial focusing of radiation by a slab of indefinite media[J]. Applied physics letters, 2004, 84(13):2244-2246.

[18]Xiang Y, Dai X, Wen S, et al. Properties of omnidirectional gap and defect mode of one-dimensional photonic crystal containing indefinite

metamaterials with a hyperbolic dispersion[J]. Journal of Applied Physics,2007,102(9):077405.

[19]Wang S,Gao L. Omnidirectional reflection from the one-dimensional photonic crystal containing anisotropic left-handed material[J]. The European Physical Journal B-Condensed Matter and Complex Systems, 2005,48(1):29-36.

[20]Wang T-B,Yin C-P,Liang W-Y,et al. Bloch oscillations in one-dimensional photonic crystal coupled microcavity composed of single-negative materials[J]. Physics Letters A,2009,373(45):4197-4200.

[21]Kang X,Wang Z. Optical Bloch oscillation and resonant Zener tunneling in one-dimensional quasi-period structures containing single negative materials[J]. Optics communications,2009,282(3):355-359.

[22]Kavokin A,Malpuech G,Di Carlo A,et al. Photonic Bloch oscillations in laterally confined Bragg mirrors[J]. Physical Review B, 2000, 61(7):4413.

[23]Caloz C,Itoh T. Electromagnetic metamaterials:transmission line theory and microwave applications[M]:John Wiley & Sons,2005.

[24]Monsivais G,del Castillo-Mussot M,Claro F. Stark-ladder resonances in the propagation of electromagnetic waves[J]. Physical review letters,1990,64(12):1433.

[25]De Sterke CM,Bright J,Krug PA,et al. Observation of an optical Wannier-Stark ladder[J]. PHYSICAL REVIEW-SERIES E-, 1998, 57: 2365-2370.

[26]Feldmann J,Leo K,Shah J,et al. Optical investigation of Bloch oscillations in a semiconductor superlattice[J]. Physical Review B,1992, 46(11):7252.

[27]Sapienza R,Costantino P,Wiersma D,et al. Optical analogue of electronic Bloch oscillations[J]. Physical review letters, 2003, 91(26): 263902.

[28]Yeh D-W,Wu C-J. Analysis of photonic band structure in a one-dimensional photonic crystal containing single-negative materials[J]. Optics express,2009,17(19):16666-16680.

[29]Xu G,Su L,Pan T,et al. Group delay in indefinite media[J]. Physica B Physics of Condensed Matter,2008,403(19):3417-3423.

[30]Schurig D,Smith D R,Kolinko P. Negative refraction in indefi-

nite media[J]. Journal of the Optical Society of America B,2004,21(5):1032.

[31]Ma Z,Wang P,Cao Y,et al. Linear polarizer made of indefinite media[J]. Applied Physics B,2006,84(1-2):261-264.

[32]Degiron A,Smith D R,Mock J J,et al. Negative index and indefinite media waveguide couplers[J]. Applied Physics A,2007,87(2):321-328.

[33]Naman O T,New-Tolley M R,Lwin R,et al. Indefinite Media Based on Wire Array Metamaterials for the THz and Mid-IR[J]. Advanced Optical Materials,2013,1(12):971-977.

[34]Liu H,Lv Q,Luo H,et al. Focusing of vectorial fields by a slab of indefinite media[J]. Journal of Optics A Pure & Applied Optics,2009,11(10):105103.

[35]Yi X,Liu J,Du Q. Transformation properties of an indefinite media slab for paraxial beams[J]. Journal of Modern Optics,2009,56(11):1234-1239.

[36]Tang T,He X,Liu W. Large lateral shift in a multi-layer waveguide with indefinite media[J]. Optik-International Journal for Light and Electron Optics,2014,125(21):6459-6461.

[37]Wei Y,Shen L,Ran L,et al. Surface modes at the interfaces between isotropic media and indefinite media[J]. Journal of the Optical Society of America A Optics Image Science & Vision,2007,24(2):530.

[38]Adamashvili G T. Surface optical solitons of self-induced transparency in indefinite media[J]. Physics Letters A,2008,373(1):156-159.

[39]Topa A L,Paiva C R,Barbosa A M. Frequency dispersion in indefinite media waveguides[C]//Electrical & Electronics Engineers in Israel,IEEE Convention of,2010.

[40]Shen M,Pang S,Zheng J,et al. Nonlinear surface polaritons in indefinite media[J]. Journal of the Optical Society of America B Optical Physics,2012,29(2):197-202.

[41]Topa A L,Paiva C R,Barbosa A M. Dispersion diagrams of waveguides involving indefinite media[C]//Eurocon-international Conference on Computer As A Tool,2011.

[42]Marshall S,Amirkhizi A V,Nematnasser S. Focusing and negative refraction in anisotropic indefinite permittivity media[C]//Society of

Photo-optical Instrumentation Engineers,2009.

[43]Rui W,Sun J,Ji Z. Indefinite permittivity in uniaxial single crystal at infrared frequency[J]. Applied Physics Letters,2010,97(3):509.

[44]Cermak-Sassenrath D, Martin M, Gavin J, et al. Making cake, swearing,and the indefinite meaning of media[C]//Australasian Conference on Interactive Entertainment:Matters of Life & Death,2013.

[45]Wang X, Shen M, Jiang A. Modulation of guided and surface modes in asymmetric indefinite medium waveguides[J]. Journal of the Optical Society of America B,2012,29(9):2397.

[46]Tang S,Fang Y,Liu Z,et al. Tubular optical microcavities of indefinite medium for sensitive liquid refractometers[J]. Lab on A Chip, 2015,16(1):182.

[47]Yongqiang Kang,Chunmin Zhang,Tingkui Mu,Peng Gao. Resonant modes and inter-well coupling in photonic double quantum well structures with single-negative materials[J]. Opt. Commun, 2012, 285(24), 4821-4824.

[48]Yongqiang Kang,Chunmin Zhang. Resonant modes in photonic multiple quantum well structures with single-negative materials[J]. Optik,2013,124(22):5430-5433.

[49]Yongqiang Kang,Chunmin Zhang,Peng Gao,Wenyi Ren. Electromagnetic resonance tunneling in a single-negative sandwich structure [J]. Journal of Modern Optics,2013,60(13):1021-1026.

[50]Yongqiang Kang,Chunmin Zhang,et al. Wannier stark ladder in one-dimensional photonic crystal coupled microcavity containing indefinite metamaterials[J]. Journal of Optics,2013,42(4):335-340.

[51]Yongqiang Kang,Hongmei Liu. Wideband absorption in one dimensional photonic crystalwith graphene-based hyperbolic metamaterials [J]. Superlattices and Microstructures,2018,114:355-360.

[52]Yongqiang Kang,wenyi Ren,Qizhi Cao,Large tunable negative lateral shift from graphene-basedhyperbolic metamaterials backed by a dielectric[J]. Superlattices and Microstructures,2018,120:1-6.

[53]Yongqiang Kang, Yuanjiang Xiang, Chanyou Luo. Tunable enhanced Goos-Hänchen shift of light beam reflectedfrom graphene-based hyperbolic metamaterials[J]. Applied Physics B,2018,124:115.

[54]Yongqiang Kang,Hongmei Liu,Qizhi Cao. Wideband absorption

in Thue-Morse quasiperiodic graphene-based hyperbolic metamaterials[J]. Optical Engineering, 2018, 57(3): 037102.

[55]Yongqiang Kang, Hongmei Liu, Qizhi Cao. Enhanced absorption in heterostructure composed of graphene and a doped photonic crystal[J]. OPTOELECTRONICS AND ADVANCED MATERIALS, 2018, 12: 665-669.

[56]Yongqiang Kang. The absorption properties in heterostructures with the hexagonal boron nitride crystals in the mid-infrared frequency range[J]. Journal of Optical, 2018: 1-4.

[57]Yongqiang Kang, Peng Gao, Hongmei Liu, Jing Zhang. Large Tunable Lateral Shift from Guided Wave Surface Plasmon Resonance[J]. Plasmonics, 2019(24): 1-5.

[58]康永强，高鹏，刘红梅，等.单负材料组成一维光子晶体双量子阱结构的共振模[J].物理学报，2015，64(6)：64207-064207.

第4章 含色散单负材料三层简单结构的共振隧穿

电磁波在不透明介质中共振隧穿现象越来越引起人们的研究兴趣[1-11]。其中包括金属、单负材料。Alù 等人研究了由单负介电常数材料和单负磁导率材料组成的双层结构,发现满足阻抗匹配和相位匹配条件时,在隧穿频率下,该结构存在零反射,电磁波变的完全透明。最近,电磁波在三层结构中的共振隧穿现象也引起了人们的重视。同济大学的研究小组通过理论和微波实验研究了电磁波通过 ENG/air/MNG(MNG/air/ENG)的共振隧穿现象,研究结果表明:选择适合的参数,电磁波能隧穿通过该装置长度数百倍的距离,该成果有望在无线通讯上取得应用。Zhou Lei 等报道了电磁波通过三层结构 DPS/SNG/DPS 的共振隧穿,并在微波频率范围进行了实验验证,实验与模拟结果取得了很好的一致。G. Castaldi 研究报到了电磁波通过三层结构 SNG/DPS/DPS 的共振隧穿。E. Cojocaru 理论研究了电磁波通过含有无损耗的单负超材料排列组成的三层结构,在一定条件下,同样能发生共振隧穿现象。

本章研究了损耗型单负材料组成双层结构在不同入射角时的反射率和偏振度;研究了损耗和单负材料双层结构厚度变化对反射率和偏振度的影响。结果表明损耗型单负材料双层结构与损耗型介电材料的反射率和偏振度具有完全不同的性质。

此外,还研究了 TE 电磁波通过色散性单负材料组成的三层对称结构 ENG/MNG/ENG 共振隧穿时所需要的条件和满足的特征方程;并对电磁波通过该三层结构的共振隧穿特性进行了数值研究。结果表明:对于单负材料三层结构,当满足耦合匹配三层条件时,共振隧穿峰发生吞并。当单负材料厚度比率保持不变时,共振峰的隧穿频率保持不变。当单负材料厚度同比例增大时,仅仅影响共振透射峰的品质因子,共振隧穿峰受入射角的影响而与偏振无光。接着,研究了色散单负材料组成三层结构的电场分布特征,结果表明对于耦合匹配单负三层结构,电场分布主要布局域在两种介质的分界面处,但考虑损耗时,两种损耗(电损耗和磁损耗)都导致电场分布的对称性受到破坏,透过率降低,而且电损耗相对磁损耗有较大的影响。对于非耦合匹配单负三层结构,电损耗和磁损耗对低频处的透射峰影响明显高于位于高频处的透射峰,其电场分布同样局域在两种介质的分界面,并且在两种介质分界面处达到最强。不论哪种损耗,对低频处电场分布的对称性影响较大,而对高频处电场分布对称性影响较弱。根据麦克斯韦方程的对偶性,对于 TM 波在对偶结构(MNG/ENG/MNG)中的共振隧穿特性,能够获得相似的结果。

4.1　损耗型单负材料双层结构的反射率及偏振度

4.1.1　理论模型

设损耗型单负材料组成的双层结构 AB,沿 z 方向排列,其厚度分别为 d_1 和 d_2,其中,A 表示负介电常数材料,B 表示负磁导率材料,周围是空气介质包围,其界面平行于 x-z 平面,如图 4-1 所示。

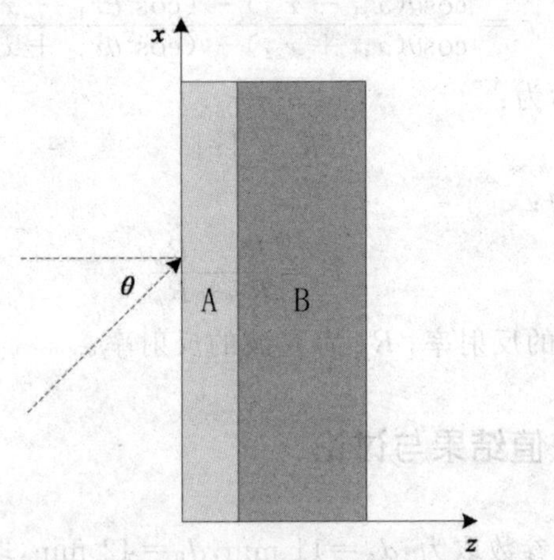

图 4-1　负介电常数材料和负磁导率材料组成的双层结构,$d_A = 11$ mm,$d_B = 42$ mm

损耗型单负材料的介电参数和磁导率通常取为 Drud 模型。负磁导率材料($\mu < 0, \varepsilon > 0$)表示为:

$$\varepsilon_1 = 3, \mu_1 = 1 - \frac{\omega_{mp}^2}{\omega^2 + i\omega\gamma_m} \tag{4-1}$$

负介电常数材料 ($\varepsilon < 0, \mu > 0$) 表示为:

$$\varepsilon_2 = 1 - \frac{\omega_{ep}^2}{\omega^2 + i\omega\gamma_e}, \mu_2 = 3 \tag{4-2}$$

式中,$\omega_{ep} = \omega_{mp} = 10$ GHz 是电等离子频率和磁等离子频率;ω 是角频率。

γ_e，γ_m 是电损耗因子和磁损耗因子。从式(4-1)和式(4-2)可以看到，当 ω 在某一频率范围内时，μ_1，ε_2 是负值，构成单负材料。

假定一单色平面波沿正 z 方向以入射角 θ 从空气入射到单负材料组成的双层结构 AB，其中 A 表示负介电常数材料 ($\varepsilon<0,\mu>0$)，B 表示负磁导率材料 ($\varepsilon>0,\mu<0$)。对于每一层，相应的传输矩阵为：

$$M_j(\Delta z,\omega)=\begin{bmatrix}\cos(k_z^j\Delta z)/i/q_j\sin(k_z^j\Delta z)\\ iq_j\sin(k_z^j\Delta z)/\cos(k_z^j\Delta z)\end{bmatrix}\tag{4-3}$$

式中，$k_z^j=\omega/c\sqrt{\varepsilon_j}\sqrt{\mu_j}\sqrt{1-(\sin^2\theta/\varepsilon_j\mu_j)}$ 是 z 方向，任意一层对应的波矢，c 是真空中的光速。对于 s 波(TE 偏振模)，$q_j=\sqrt{\varepsilon_j}/\sqrt{\mu_j}\sqrt{1-(\sin^2\theta/\varepsilon_j\mu_j)}$，对于 p 波(TM 偏振模)，$q_j=\sqrt{\mu_j}/\sqrt{\varepsilon_j}\sqrt{1-(\sin^2\theta/\varepsilon_j\mu_j)}$。可以得到该单负双层结构总的传输矩阵公式为：

$$X_2=\prod_{j=1}^{2}M_j(d_j,\omega)\tag{4-4}$$

由传输矩阵得到反射系数可以表示为：

$$r=\frac{\cos\theta(x_{11}-x_{22})-(\cos^2\theta x_{12}-x_{21})}{\cos\theta(x_{11}+x_{22})-(\cos^2\theta x_{12}+x_{21})}\tag{4-5}$$

则反射率 R 表示为：

$$R=|r|^2\tag{4-6}$$

定义偏振度 P 为：

$$P=\frac{R_s-R_p}{R_s+R_p}\tag{4-7}$$

式中，R_s 为 s 波的反射率；R_p 为 p 波的反射率。

4.1.2 数值结果与讨论

材料的结构参数取为：$d_A=11$ mm，$d_B=42$ mm，取频率 $f=1$ GHz，图 4-2 给出了电损耗 $\gamma_e=0.8$ GHz 保持不变，损耗型单负材料双层结构在四种不同磁损耗下，不同入射角时的 s 波反射率 R_s，p 波反射率 R_p 及偏振度 P。其中，图 4-2(a) $\gamma_m=0$，图 4-2(b) $\gamma_m=0.4$ GHz，图 4-2(c) $\gamma_m=0.6$ GHz。图 4-2(d) $\gamma_m=0.8$ GHz。从图 4-2(a)可以看到，正入射时($\theta=0°$)，s 波反射率和 p 波反射率都为 0.47，p 波的反射率随着入射角的增大而增大，s 波的反射率随着入射角的增大，先减小后增大；并且发现除了入射角为 0°和 90°，p 波的反射率大于 s 波反射率，这一点不同于常规损耗型介电材料(在常规损耗型介电材料 $R_s>R_p$)。在偏振度 P 的最低点为 $P=-0.184$，此时入射角对应等效布儒斯特角(大约 70°)。从图 4-2(b)看到，

磁损耗 γ_m =0.4 GHz,正入射时,p 波反射率和 s 波反射率减小为 0.26;随着磁损耗增大,p 波反射率和 s 波反射率进一步减小,如图 4-2(c)磁损耗 γ_m=0.6 GHz,正入射时,p 波反射率和 s 波反射率减小为 0.2,如图 4-2(d) γ_m =0.8 GHz 时,正入射时,p 波反射率和 s 波反射率减小为 0.18,进一步发现 p 波反射率和 s 波反射率重合。由此可以得出结论:随着磁损耗增大,p 波反射率和 s 波反射率的差异减小,直到重合,即在高损耗的单负材料中,其反射波不受偏振度影响。

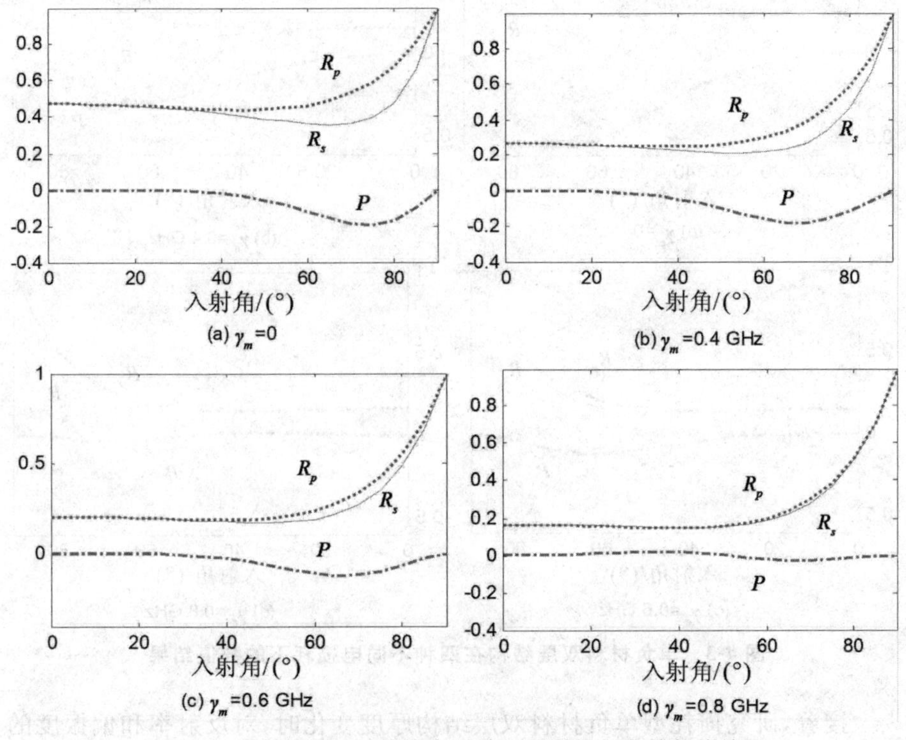

图 4-2　单负材料双层结构在四种不同磁损耗下的数值结果

图 4-3 为保持磁损耗 γ_m =0.8 GHz 不变,单负材料双层结构在不同电损耗下,不同入射角时的 s 波反射率 R_s,p 波反射率 R_p 及偏振度 P。其中,图 4-3(a) γ_e = 0, 图 4-3(b)γ_e=0.4 GHz,图 4-3(c)γ_e=0.6 GHz,图4-3(d) γ_e=0.8 GHz。从图 4-3(a)同样可以看到, p 波的反射率随着入射角的增大而增大,s 波的反射率随着入射角的增大,先减小后增大;同样发现除了入射角为 0°和 90°,p 波的反射率大于 s 波反射率,这一点性质与图 4-2(a)中相同。而与图 4-2(a)不同的是,发现图 4-3(a)中偏振度 P 变化幅度更大,偏振度的最低点为 −0.542,此时入射角对应等效布儒斯特角(大约

65°)，这一点主要由于材料 B 的厚度大于材料 A 的厚度，磁损耗主要对材料 B 反射率有影响。从图 4-3(b)，(c)，(d)看到，随着电损耗增大，p 波反射率和 s 波反射率的差异减小，最后，p 波反射率和 s 波反射率重合，这一性质也与图 4-2 中增大磁损耗类似。

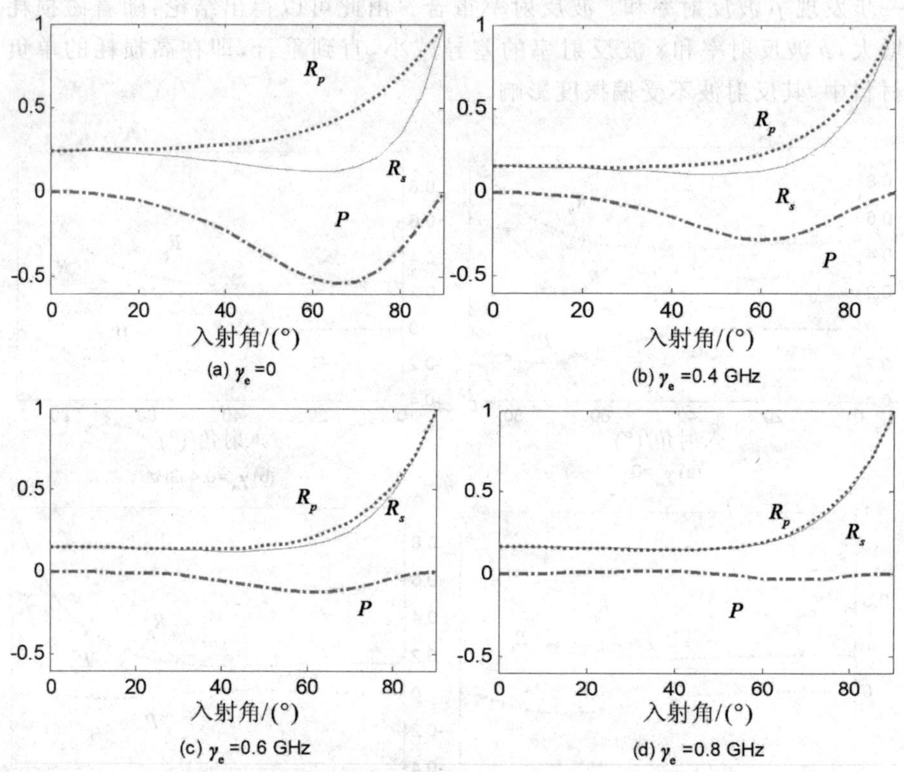

图 4-3　单负材料双层结构在四种不同电损耗下的数值结果

接着，研究损耗型单负材料双层结构厚度变化时，对反射率和偏振度的影响。先保持 ENG 材料厚度 $d_1=11$ mm 不变，电损耗和磁损耗 $\gamma_e=\gamma_m=0.4$ GHz，改变 MNG 材料厚度 $d_2=6$ mm，11 mm，21 mm，在不同入射角时，单负材料双层结构反射率和偏振度变化如图 4-4 所示。从图 4-4 可以看到，厚度变化不影响 $R_p>R_s$ 的性质。由图 4-4(a)可知，$d_2=6$ mm，在入射角小于 40°时，s 波反射率 R_s 和 p 波反射率 R_p 都很小，表明此时损耗型单负双层结构有很大的透过率。随着入射角的增大，s 波反射率 R_s 和 p 波反射率 R_p 都增大，即透过率降低。从图 4-4(b)和图 4-4(c)看到，随着 MNG 材料厚度 d_2 的增大，偏振度 P 的变化幅度减小，偏振度 P 的最低点向右移动，对应的有效布儒斯特角增大。

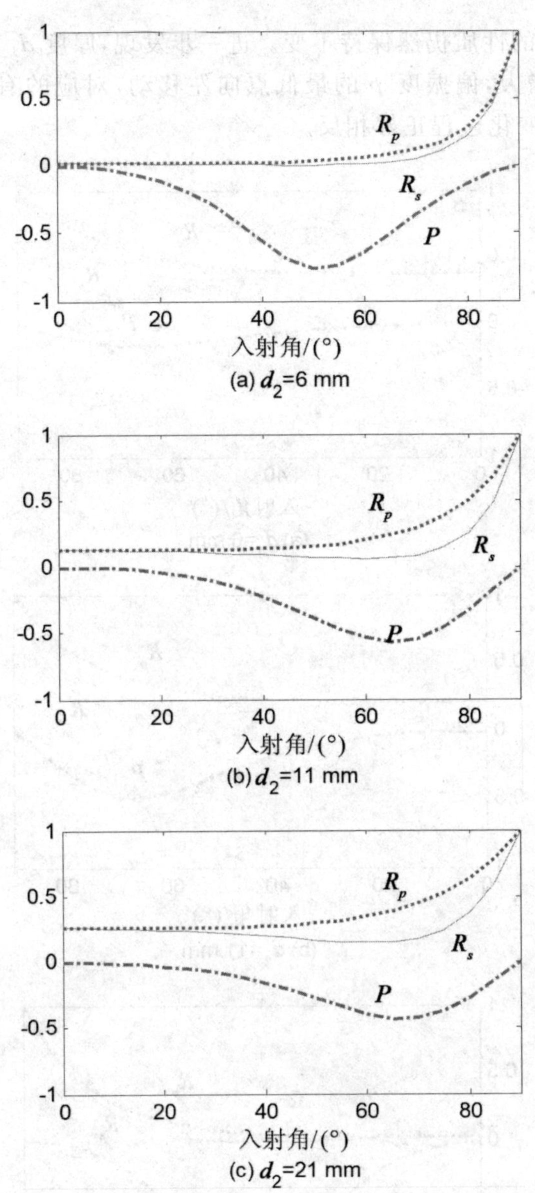

图 4-4　不同厚度 d_2，反射率和偏振度随入射角的变化

最后，保持 MNG 材料厚度 $d_1 = 16$ mm 不变，改变 ENG 材料厚度 $d_2 =$ 6 mm，11 mm，21 mm，电损耗和磁损耗 $\gamma_e = \gamma_m = 0.4$ GHz，如图 4-5 所示。从图 4-5 可知，厚度 d_1 增大，在正入射时，p 波反射率 R_p 和 s 波反射率 R_s 逐渐变小[例如图 4-5(a)中，正入射时，$R_p = R_s = 0.41$；图 4-5(b)中，正入射时，$R_p = R_s = 0.24$；图 4-5(c)，正入射时，$R_p = R_s = 0.08$]，即透过率增

大，但 $R_p > R_s$ 的性质仍然保持不变。进一步发现，厚度 d_1 增大时，偏振度 P 的变化幅度增大，偏振度 p 的最低点向左移动，对应的有效布儒斯特角减小，与图 4-4 变化过程正好相反。

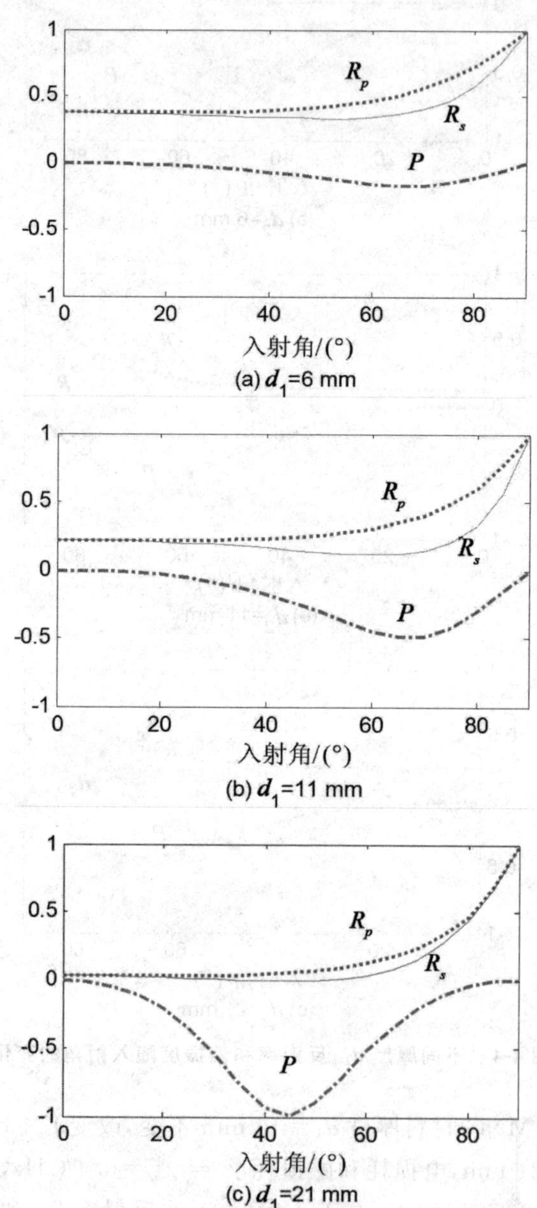

图 4-5　不同厚度 d_1，反射率和偏振度随入射角的变化

总之，我们对损耗型单负材料组成双层结构的 s 波反射率、p 波反射率和偏振度进行了研究，结果表明该结构显著不同于常规损耗介电材料性质是 $R_p > R_s$。随着损耗(电损耗和磁损耗)的增大，s 波反射率和 p 波反射率同时减小，偏振度变化幅度减小，最后，s 波反射率和 p 波反射率重合，偏振度变为 0。损耗型单负材料双层结构，MNG 层厚度增大时，偏振度变化幅度减小，偏振度 P 的最低点对应的有效布儒斯特角增大，而 ENG 层厚度增大，偏振度变化过程恰恰相反。

4.2　由单负材料构成的三明治结构 ENG/MNG/ENG

设一单负材料组成的三明治结构 ENG/MNG/ENG，沿 z 方向排列，周围是空气介质包围，其界面平行于 x-z 平面。如图 4-6 所示。设一单色平面波从空气中以入射角 θ 入射到单负材料构成的三层结构 ENG/MNG/ENG。

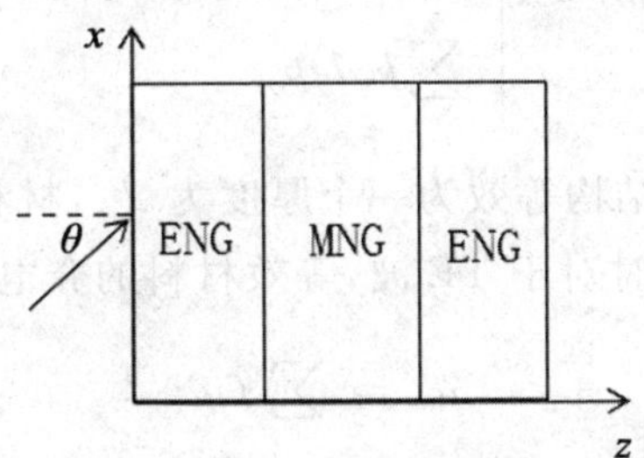

图 4-6　由 ENG 和 MNG 材料组成的单负三层结构

应用传输矩阵方法[12-25]，每一层的矩阵形式可以写为：

$$M_j(\omega) = \begin{pmatrix} \cos(k_z^j d_j) & \dfrac{i}{q_j}\sin(k_z^j d_j) \\ iq_j \sin(k_z^j d_j) & \cos(k_z^j d_j) \end{pmatrix} \tag{4-8}$$

其中，波矢的 z 分量 $k_z^j = \omega/c\sqrt{\varepsilon_j \mu_j}\cos\theta_j$，$j$ 为层数，取整数。对于 TE 偏振波，$q_j = \cos\theta_j/\eta_j$；对应 TM 偏振波 $q_j = \eta_j\cos\theta_j$。每一层中的波阻抗为 $\eta_j = \sqrt{\mu_j}/\sqrt{\varepsilon_j}$，$\theta_j$ 是入射电磁波在每一层中的折射角，可由 Snell 定律得到。三层结构的总传输矩阵可以表示为[12-17]：

$$X_3(\omega) = \prod_{j=1}^{3} M_j \tag{4-9}$$

由传输矩阵可以计算得到的反射参数和传输参数为[18-25]：

$$r=\frac{\cos\theta(x_{11}-x_{22})-(\cos^2\theta x_{12}-x_{21})}{\cos\theta(x_{11}+x_{22})-(\cos^2\theta x_{12}+x_{21})}$$

$$t=\frac{2\cos\theta}{\cos\theta(x_{11}+x_{22})-(\cos^2\theta x_{12}+x_{21})} \tag{4-10}$$

如果不考虑吸收损耗，电磁波发生完全隧穿的条件为 $T=|t^2|=1$，$|r|=0$。

4.3 等效介质近似

如果单负三层结构满足 $k_z d_{L,R}\ll 1$，这样可以应用薄膜近似理论来分析，由于 $k_z d_{L,R}\ll 1$，传输矩阵式(4-8)中，可以取 $\sin(k_z^j d_j)\approx k_z^j d_j$，$\cos(k_z^j d_j)\approx 1$，那么单负三层结构的传输矩阵近似为：

$$X(\omega)\approx\begin{bmatrix}1 & i\sum_{j=1}^{3}k_z^j d_j/p_j\\ i\sum_{j=1}^{3}k_z^j d_j p_j & 1\end{bmatrix} \tag{4-11}$$

如果把单负三层结构等效为一个厚度为 d_{eq}，材料电介质参数为 ε_{eq}，磁导率为 μ_{eq} 的单层，这时对于 TE 波，等效材料的介电常数和磁导率满足：

$$\mu_{eq}=\sum_{j=1}^{3}f_j\mu_j$$

$$\varepsilon_{eq}=\sum_{j=1}^{3}f_j\varepsilon_j-\sin^2\theta\left(\sum_{j=1}^{3}\frac{f_j}{\mu_j}-\frac{1}{\sum_{j=1}^{3}f_j\mu_j}\right) \tag{4-12}$$

对于 TM 波，等效介电常数和磁导率满足：

$$\varepsilon_{eq}=\sum_{j=1}^{3}f_j\varepsilon_j$$

$$\mu_{eq}=\sum_{j=1}^{3}f_j\mu_j-\sin^2\theta\left(\sum_{j=1}^{3}\frac{f_j}{\varepsilon_j}-\frac{1}{\sum_{j=1}^{3}f_j\varepsilon_j}\right) \tag{4-13}$$

其中，$f_j=\dfrac{d_j}{d_{eq}}$。

电磁波通过单负薄三层发生完全隧穿的条件可由式(4-10)得到：

$$x_{12}\cos^2\theta-x_{21}=0 \tag{4-14}$$

电磁波正入射时 $\theta=0$，对于 TE 模，式(4-11)变为：

$$X=\begin{bmatrix} 1 & i\dfrac{\omega}{c}\sum_{j=1}^{3}\mu_j d_j \\ i\dfrac{\omega}{c}\sum_{j=1}^{3}\varepsilon_j d_j & 1 \end{bmatrix} \tag{4-15}$$

在式(4-8)中，应用单负三层完全隧穿条件式(4-14)可以得到：

$$\sum_{j=1}^{3} d_j\mu_j = 0$$
$$\sum_{j=1}^{3} d_j\varepsilon_j = 0 \tag{4-16}$$

4.4　ENG/MNG/ENG 完全隧穿的条件

采用通用的 Drud 模型来描述各向同性单负材料的介电常数和磁导率，ENG 材料为：

$$\varepsilon_1 = 1-\frac{\omega_{ep}^2}{\omega^2+\mathrm{i}\omega\gamma_e},\mu_1 = a \tag{4-17}$$

MNG 材料为：

$$\varepsilon_2 = b,\mu_2 = 1-\frac{\omega_{mp}^2}{\omega^2+\mathrm{i}\omega\gamma_m} \tag{4-18}$$

在式(4-17)和式(4-18)中，ω_{ep} 和 ω_{mp} 分别为电等离子频率和磁等离子频率，γ_e 和 γ_m 分别为电损耗因子和磁损耗因子。设单负三层对称结构 ENG/MNG/ENG 的厚度分别为 d_1,d_2,d_1。对于单负材料对称三层结构，垂直入射时总传输矩阵的各个矩阵元为：

$$x_{11} = x_{22} = \cos2k_1 d_1\cos k_2 d_2 - \frac{1}{2}\left(\frac{\eta_1}{\eta_2}+\frac{\eta_2}{\eta_1}\right)\sin2k_1 d_1\cos k_2 d_2 \tag{4-19}$$

$$\begin{aligned}
x_{12} &= i\left(\frac{1}{\eta_1}\sin2k_1 d_1\cos k_2 d_2+\frac{1}{\eta_2}\cos^2 k_1 d_1\sin k_2 d_2-\frac{\eta_2}{\eta_1^2}\sin^2 k_1 d_1\sin k_2 d_2\right)\\
&= i\left(\frac{1}{\eta_1}\sin2k_1 d_1\cos k_2 d_2+\frac{1}{\eta_2}\frac{1+\cos2k_1 d_1}{2}\sin k_2 d_2-\frac{\eta_2}{\eta_1^2}\frac{1-\cos2k_1 d_1}{2}\sin k_2 d_2\right)\\
&= i\left[\frac{1}{\eta_1}\sin2k_1 d_1\cos k_2 d_2+\left(\frac{1}{2\eta_2}-\frac{\eta_2}{2\eta_1^2}\right)\sin k_2 d_2+\left(\frac{1}{2\eta_2}+\frac{\eta_2}{2\eta_1^2}\right)\cos2k_1 d_1\sin k_2 d_2\right]
\end{aligned}$$

$$\begin{aligned}
x_{21} &= i\left(\eta_1\sin2k_1 d_1\cos k_2 d_2+\eta_2\cos^2 k_1 d_1\sin k_2 d_2-\frac{\eta_1^2}{\eta_2}\sin^2 k_1 d_1\sin k_2 d_2\right)\\
&= i\left(\eta_1\sin2k_1 d_1\cos k_2 d_2+\eta_2\frac{1+\cos2k_1 d_1}{2}\sin k_2 d_2-\frac{\eta_1^2}{\eta_2}\frac{1-\cos2k_1 d_1}{2}\sin k_2 d_2\right)
\end{aligned}$$

$$=i\left[\eta_1\sin 2k_1d_1\cos k_2d_2+\left(\frac{\eta_2}{2}-\frac{\eta_1^2}{2\eta_2}\right)\sin k_2d_2+\left(\frac{\eta_2}{2}+\frac{\eta_1^2}{2\eta_2}\right)\cos 2k_1d_1\sin k_2d_2\right] \tag{4-20}$$

电磁波通过单负三层对称结构的完全隧穿条件为式(4-10)中 $|r|=0$,即

$$x_{12}-x_{21}=0 \tag{4-21}$$

将式(4-19)和式(4-20)代入式(4-21),经化简可以得到:

$$\left(\frac{1}{\eta_1}-\eta_1\right)2\tan(k_1d_1)+\left(\frac{1}{\eta_2}-\eta_2\right)\tan(k_2d_2)$$
$$-\left(\frac{\eta_2}{\eta_1^2}-\frac{\eta_1^2}{\eta_2}\right)\tan^2(k_1d_1)\tan(k_2d_2)=0 \tag{4-22}$$

可以发现,要使式(4-22)成立,需要满足两个条件,即

$$\eta_1=\eta_2 \tag{4-23}$$

和

$$k_2d_2=2k_1d_1 \tag{4-24}$$

我们称式(4-23)和式(4-24)为使单负材料对称三层结构发生完全隧穿的耦合匹配三层条件。此类似于单负双层结构 ENG/MNG 发生共振隧穿的阻抗和相位条件。从等式(4-23)和式(4-24)还可以得到等式:

$$\frac{2d_1}{d_2}=\frac{\varepsilon_2}{\varepsilon_1}=\frac{\mu_2}{\mu_1}$$

在长波长极限条件下 $(k_id_i\to 0)$,等式(4-22)的第三项为高阶项,可以略去,此等式化简为有效介质理论条件:

$$2\varepsilon_1d_1+\varepsilon_2d_2=0$$
$$2\mu_1d_1+\mu_2d_2=0 \tag{4-25}$$

此式与等效介质近似式(4-25)结果一致。

4.4.1 无损耗时单负三层 ENG/MNG/ENG 隧穿谱和电场分布

先考虑无损耗时的情况,即在等式(4-17)和等式(4-18)取 $\gamma_e=\gamma_m=0$。在数值模拟计算中取 $a=b=3$,$\omega_{mp}=\omega_{ep}=10$ GHz。阻抗匹配条件等式(4-24)成立时,通过计算可以得出 $\nu_0=0.795\ 8$ GHz 称为阻抗匹配频率,将阻抗匹配频率 ν_0 代入相位匹配条件(4-24),可以计算得到 $d_2/d_1=2$。

图 4-7 所示为正入射时无损耗的单负材料三层结构中共振隧穿模随中间层(MNG 材料)厚度 d_2 的变化,ENG 单负材料层的厚度取为 $d_1=20$ mm。从图 4-7(a)中,可以看到,尽管每一层单负材料中的波矢为纯虚数(不考虑损耗),在单负三层结构中,仍然有共振隧穿现象。共振隧穿分别发

送在频率 $\nu_1=0.588\ 9$ GHz，和频率 $\nu_2=1.098$ GHz 处。共振隧穿发生是倏逝波的相互作用，主要是由于局域界面模的共振耦合机制。随着中间层厚度 d_2 的增长，两个共振隧穿模的距离越来越近，这可以解释为随着中间层厚度的增长，两隧穿模的相互作用减弱。由图 4-7(b)可见，当 d_2 增长到 40 mm 时，两个共振模在中心频率 $\nu_0=0.795\ 8$ GHz 发生吞并，此与我们理论计算的阻抗匹配条件式(4-24)的阻抗匹配频率一致。该中心频率 $\nu_0=0.795\ 8$ GHz，也可由有效介质理论式(4-25)得到，即由单负材料周期排列组成的多层结构，共振隧穿发生在零均值介电常数 ε 和零均值磁导率 μ 处。进一步从图 4-7(c)和(d)可以发现，当 d_2 的厚度大于 40 mm 时，共振峰逐渐降低，直至消失。

为了理解图 4-7 中共振峰的特性，我们计算了在单负三层结构 ENG/MNG/ENG 中，取不同的中间层 MNG 厚度(d_2)，频率为 $\nu_0=0.795\ 8$ GHz 时的电场分布。图 4-8(a)、(b)和(c)分别对应中间层 MNG 厚度 $d_2=40$ mm，$d_2=60$ mm 和 $d_2=80$ mm，两边界 ENG 的厚度取 $d_1=20$ mm 时的电场分布。从图 4-8(a)可以看到，当 $d_2=40$ mm，电场在单负介质的两分界面处达到最大，并且在两介质分界面处电场的最大值相等。当中间层 MNG 厚度大于 40 mm，两介质分界面处电场同样达到极值，但是随着中间层介质 MNG 厚度的增大，两界面处场强极值的差值增大，不对称性增强，导致了图 4-7(c)和(d)中共振隧穿模透过率减小，直至消失，透过率为 0。

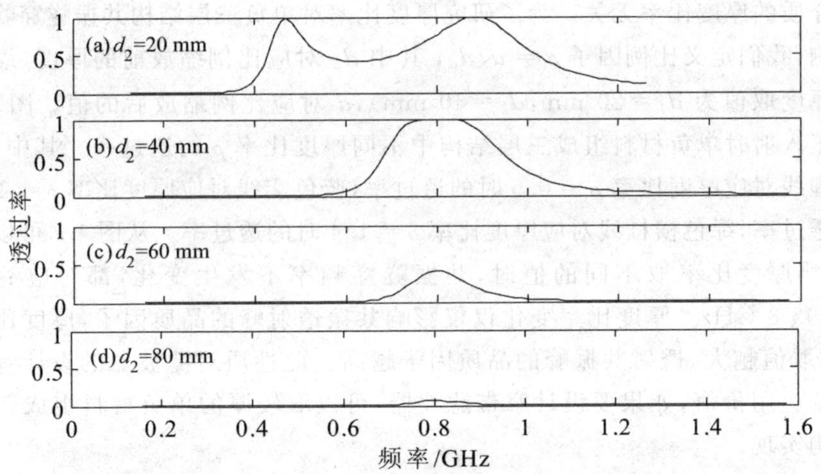

图 4-7　无损耗的三层结构中正入射时共振隧穿模随中间厚度 d_2 的变化

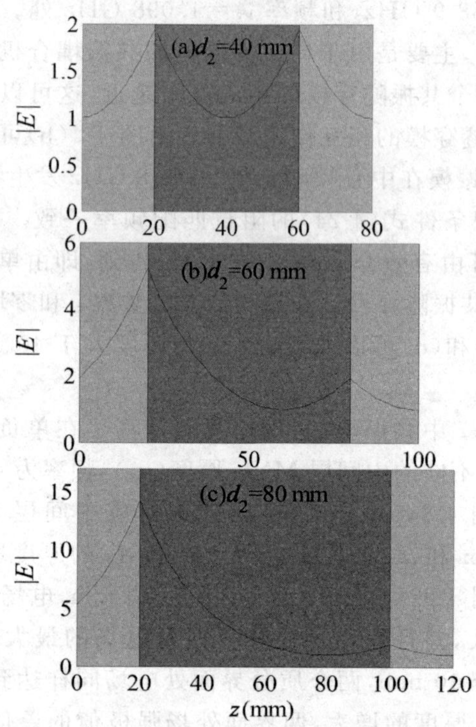

图 4-8 单负三层结构 ENG/MNG/ENG 不同中间层厚度 d_2 的电场分布

由匹配三层完全隧穿的条件式(4-19)可以看到,共振隧穿频率与两单负介质的厚度比率无关。为了研究厚度比率对单负三层结构共振隧穿峰的影响,我们定义比例因子 $\rho=d/d_0$,其中 d_0 对应比例缩放前的厚度(缩放前厚度取值为 $d_1=20$ mm,$d_2=40$ mm),d 对应比例缩放后的值。图 4-9 为正入射时单负材料组成三层结构中不同厚度比率 ρ 的透过率。其中,红色虚线对应厚度比率 $\rho=0.6$ 时的透过率,蓝色实线对应厚度比率 $\rho=1$ 时的透过率,绿色横杠线对应厚度比率 $\rho=1.4$ 时的透过率。从图 4-9 可以发现,当厚度比率取不同的值时,共振隧穿频率不发生变化,都对应 $\nu_0=0.7958$ GHz。厚度比率变化仅仅影响共振透射峰的品质因子,厚度比率 ρ 的取值越大,透射共振峰的品质因子越高。此性质对滤波器的设计有潜在的应用价值,如果要设计窄带滤波器,可以取较厚的单负材料组成三层结构实现。

图 4-10 所示为 TE 偏振波,不考虑损耗的单负三层结构共振透射峰受入射角的影响,由图可以发现,随着入射角从 0°～80°的增长,共振透射峰发生劈裂。这是由于随着入射角的增长,耦合匹配三层条件等式(4-17)和等

式(4-18)不能满足,因此共振透射峰发生劈裂。对于 TM 偏振波,其透射谱与 TE 波类似,由于我们所取得材料参数 $\varepsilon_1 = \mu_2$,$\varepsilon_2 = \mu_1$,这样利用单负三层结构的这种特性可以设计不受偏振影响的滤波器。

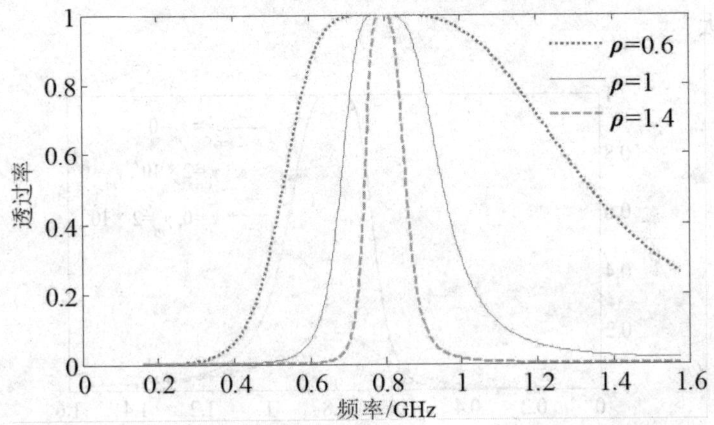

图 4-9　正入射时单负三层结构中不同厚度比率 ρ 的透过率

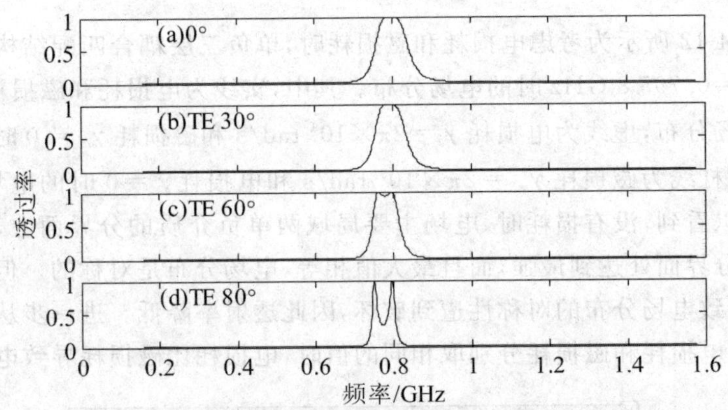

图 4-10　TE 偏振时单负三层结构中共振透射峰受入射角的影响($d_1=20$ mm,$d_2=40$ mm)

4.4.2　损耗对单负三层 ENG/MNG/ENG 的影响

在上面的数值模拟计算中,没有考虑损耗的影响,下面分别考虑电损耗和磁损耗对共振透射谱的影响。

图 4-11 所示,电磁波为正入射时考虑材料损耗影响,单负三层结构 ENG/MNG/ENG 匹配结构的透射谱,其中,实线为电损耗 γ_e 和磁损耗 γ_m 都为 0 时的透射谱,虚线为电损耗 $\gamma_e = 2\pi\times10^9$ rad/s,磁损耗 $\gamma_m = 0$ 时的

透射谱，横杠线为磁损耗 $\gamma_m = 2\pi\times10^9$ rad/s，电损耗 $\gamma_e = 0$ 时的透射谱。材料厚度取为 $d_1 = 20$ mm，$d_2 = 40$ mm。由图中模拟结果可以看到，不论是电损耗还是磁损耗，都使得电磁波通过耦合匹配三层结构时的透过率降低，而且从图中还可以发现，电损耗和磁损耗取相等的值时，电损耗对透射峰的影响更大。

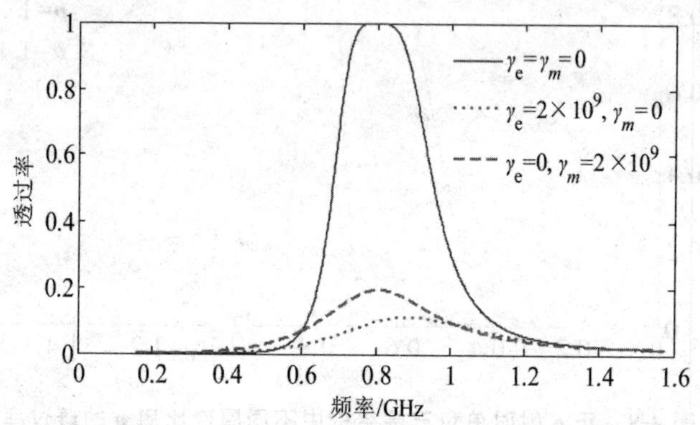

图 4-11　单负三层结构 ENG/MNG/ENG 匹配结构的透射谱

图 4-12 所示为考虑电损耗和磁损耗时，单负三层耦合匹配结构在共振频率 $\nu_0 = 0.7958$ GHz 时的电场分布。其中，实线为电损耗和磁损耗都为 0 时的电场分布，虚线为电损耗 $\gamma_e = 2\pi\times10^9$ rad/s 和磁损耗 $\gamma_m = 0$ 时的电场分布，横杠线为磁损耗 $\gamma_m = 2\pi\times10^9$ rad/s 和电损耗 $\gamma_e = 0$ 时的电场分布。由图可以看到，没有损耗时，电场主要局域两单负介质的分界面上，并且在两介质分界面处达到最强，而且最大值相等，电场分布是对称的。但考虑损耗时，导致电场分布的对称性遭到破坏，因此透射率降低。进一步从图可以看到，当电损耗和磁损耗分别取相同的值时，电损耗比磁损耗导致电场分布

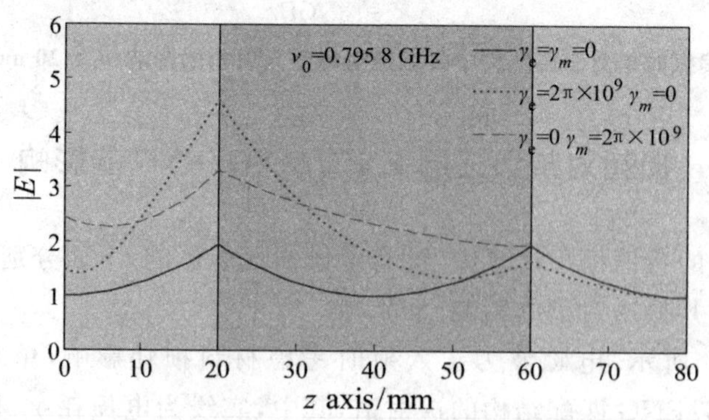

图 4-12　共振频率 $\nu_0 = 0.7958$ GHz 时电场分布

的不对称性程度更大，所以电损耗较磁损耗对透射峰的影响较大，但是电场的最大值仍然局域在两单负介质的分界面处。

在非耦合匹配三层结构，即 $d_2/d_1 \neq 2$，取单负材料的厚度 $d_1 = 20$ mm，$d_2 = 20$ mm，如图 4-13 所示，在透射谱中出现两个透射峰，分别位于频率 $\nu_1 = 0.588\,9$ GHz 和频率 $\nu_2 = 1.098$ GHz。由图 4-13 可以看到，电损耗和磁损耗对低频处的透射峰影响明显高于位于高频处的透射峰，而且仔细观察可以发现，低频处的透射峰受磁损耗的影响大，而高频处的透射峰受电损耗影响大。为了更详细的研究其物理机制，分别模拟了在频率 $\nu_1 = 0.588\,9$ GHz和频率 $\nu_2 = 1.098$ GHz 时的电场分布图，如图 4-14 所示。由图 4-14(a)考虑损耗影响时，在频率 $\nu_1 = 0.588\,9$ GHz 时的单负三层结构电场

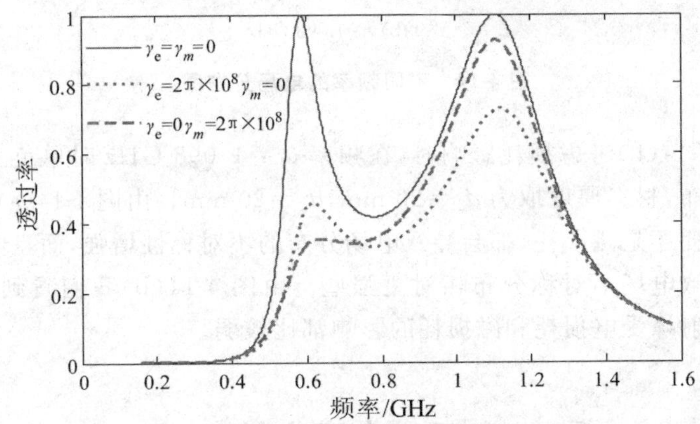

图 4-13　非耦合匹配单负三层结构中的透射谱（$d_1 = 20$ mm，$d_2 = 20$ mm）

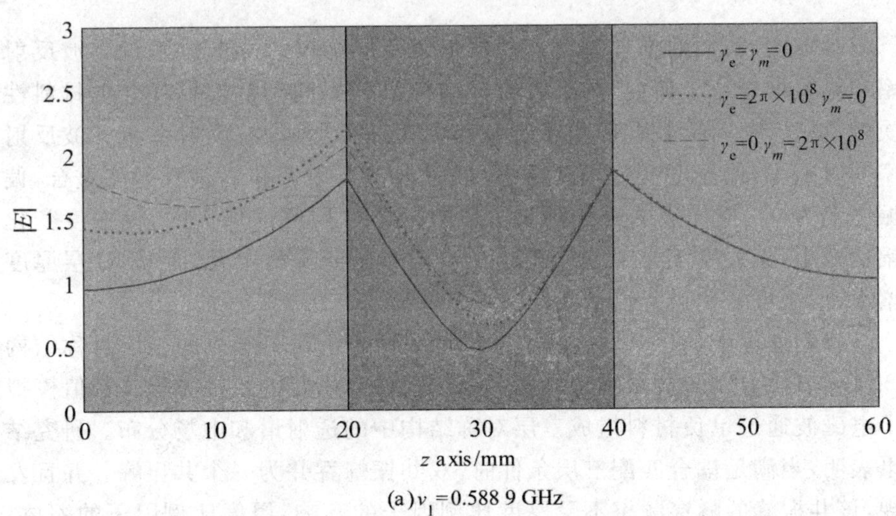

(a) $\nu_1 = 0.588\,9$ GHz

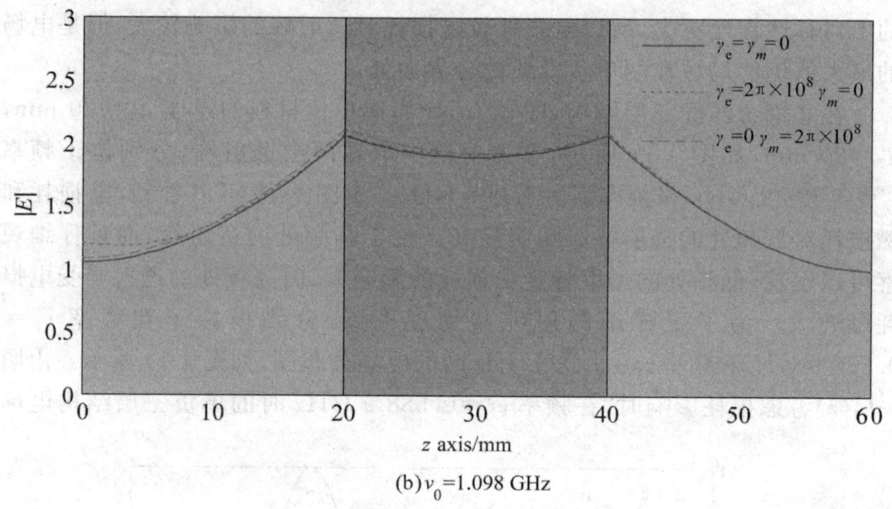

(b) v_0=1.098 GHz

图 4-14　不同频率的电场分布图

分布；图 4-14(b)考虑损耗影响时，在频率 $\nu_2=1.098$ GHz 时单负三层结构的电场分布，材料厚度取为 $d_1=20$ mm，$d_2=20$ mm。由图 4-14(a)看到，不论是电损耗还是磁损耗，都会导致电场分布的不对称性增强，而且电损耗比磁损耗导致电场不对称分布相对更强些。由图 4-14(b)我们看到，位于高频处的透射峰受电损耗和磁损耗的影响都比较弱。

4.5　本章小结

本章中，我们对损耗型单负材料组成双层结构的 s 波反射率、p 波反射率和偏振度进行了研究，结果表明该结构显著不同于常规损耗介电材料性质是 $R_p>R_s$。随着损耗(电损耗和磁损耗)的增大，s 波反射率和 p 波反射率同时减小，偏振度变化幅度减小，最后，s 波反射率和 p 波反射率重合，偏振度变为 0。损耗型单负材料双层结构，MNG 层厚度增大时，偏振度变化幅度减小，偏振度 P 的最低点对应的有效布儒斯特角增大，而 ENG 层厚度增大，偏振度变化过程恰恰相反。

我们理论推导了 TE 电磁波通过色散性单负材料组成的三层对称结构 ENG/MNG/ENG 共振隧穿时所需要的条件和满足的特征方程。数值模拟了电磁波通过单负材料组成三层对称结构中的透射谱和电场分布。研究结果表明，当满足耦合匹配三层条件时，双共振峰吞并为一个共振峰。并且发现，该共振峰的隧穿频率不受厚度比例因子的影响，厚度比例因子的缩放，仅仅改变该共振峰的品质因子，厚度比例因子增大，共振峰变细，品质因子增高。随着入射角的增大，该共振峰由于不满足耦合匹配双层条件，又逐渐发生分裂。当考虑损耗时，不论电损耗还是磁损耗，仅仅改变透射峰的强度，隧穿频率不发生变化。不论电损耗还是磁损耗，都对高频处的透射峰影响较弱。

本章还研究了单负材料组成三层对称结构ENG/MNG/ENG的电场分布，结果表明对于耦合匹配三层结构，电场分布主要布局域在两种介质的分界面处，并且都是在两介质的分界面处达到最大。但考虑损耗时，两种损耗（电损耗和磁损耗）都导致电场分布的对称性受到破坏，并且损耗越大，不对称性越强，透过率越低，而且电损耗相对磁损耗有较大的影响。对于非耦合匹配单负三层结构，其电场分布同样局域在两种介质的分界面，并且在两介质分界面处达到最强，不论哪种损耗，均使电场在两界面分布的对称性受到破坏，而且在低频处电场分布的对称性影响较大，高频处电磁分布对称性影响较弱，因此导致高频处的透射峰受两种损耗的影响较弱。对于TM波，在对偶结构（MNG/ENG/MNG）中的共振隧穿特性和电场分布，可以根据麦克斯韦方程的对偶性，获得相似的结果。

参考文献

[1]Lin W-H，Wu C-J，Yang T-J，et al. Analysis of Dependence of Resonant Tunneling on Static Positive Parameters in a Single-Negative Bilaye[J]. Progress In Electromagnetics Research，2011，118：151-165.

[2]Lin W-H，Wu C-J，Chang S-J. Analysis of angle-dependent unusual transmission in lossy single-negative(SNG)materials[J]. Solid State Communications，2010，150(37)：1729-1732.

[3]Kang Y，Zhang C，Gao P，et al. Electromagnetic resonance tunneling in a single-negative sandwich structure[J]. Journal of Modern Optics，2013，60(13)：1021-1026.

[4]Kohmoto M，Sutherland B，Tang C. Critical wave functions and a Cantor-set spectrum of a one-dimensional quasicrystal model[J]. Physical Review B，1987，35(3)：1020.

[5]Chang L L，Esaki L，Tsu R. Resonant tunneling in semiconductor double barriers[J]. Applied Physics Letters，1974，24(12)：593-595.

[6]Jauho A P，Wingreen N S，Meir Y. Time-dependent transport in interacting and noninteracting resonant-tunneling systems[J]. Physical

Review B Condensed Matter,1994,50(8):5528.

[7]CHEN L Y,TING,et al. Theoretical investigation of noise characteristics of double-barrier resonant-tunneling systems[J]. Phys Rev B Condens Matter,1991,43(5):4534-4537.

[8]Sollner T C L G,Goodhue W D,Tannenwald P E,et al. Resonant tunneling through quantum wells at frequencies up to 2.5 THz[J]. Appl. phys. lett,1983,43(6):588-590.

[9]Ng T K,Lee P A. On-site Coulomb repulsion and resonant tunneling[J]. Physical Review Letters,1988,61(15):1768.

[10]Ricco B,Azbel M Y. Physics of resonant tunneling. The one-dimensional double-barrier case[J]. Phys. rev. b,1984,29(4):1970-1981.

[11]Coon D D,Liu H C. Frequency limit of double barrier resonant tunneling oscillators[J]. Applied Physics Letters,1986,49(2):94-96.

[12]Kang Y,Zhang C,Xue C,et al. Wannier stark ladder in one-dimensional photonic crystal coupled microcavity containing indefinite metamaterials[J]. Journal of Optics,2013,42(4):335-340.

[13]康永强,孙祝,康占成. 单负材料光子晶体异质结构的双缺陷模特性[J]. 山西大同大学学报(自然科学版),2016,32(3):27-29.

[14]康永强,高鹏,刘红梅,等. 含各向异性左手材料的一维 Thue-Mores 准周期结构的反射带隙[J]. 光子学报,2015,44(3):319004-0319004.

[15]康永强. 单负材料组成一维光子晶体的反射相特性[J]. 激光与光电子学进展,2015,52(6):203-208.

[16]康永强,高鹏,刘红梅,等. 单负材料组成一维光子晶体双量子阱结构的共振模[J]. 物理学报,2015,64(6):64207-064207.

[17]康永强. 损耗型单负材料双层结构的反射率及偏振度[J]. 发光学报,2016,37(3):353-357.

[18]Boyd S, Balakrishnan V, Kabamba P. A bisection method for computing the H∞ norm of a transfer matrix and related problems[J]. Mathematics of Control Signals & Systems,1989,2(3):207-219.

[19]Cave R J, Newton M D. Generalization of the Mulliken-Hush treatment for the calculation of electron transfer matrix elements[J]. Chemical Physics Letters,1996,249(1-2):15-19.

[20]Li Z Y, Lin L L. Photonic band structures solved by a plane-wave-based transfer-matrix method[J]. Phys Rev E Stat Nonlin Soft Matter Phys,2003,67(4 Pt 2):046607.

[21]Chilwell J, Hodgkinson I. Thin-films field-transfer matrix theory of planar multilayer waveguides and reflection from prism-loaded waveguides[J]. Journal of the Optical Society of America A, 1984, 1(7): 742-753.

[22]Kawai H, Kawamoto N, Mogami T, et al. Transfer matrix formalism for two-dimensional quantum gravity and fractal structures of space-time[J]. Physics Letters B, 1993, 306(1-2): 19-26.

[23]Suzuki M. Transfer-matrix method and Monte Carlo simulation in quantum spin systems[J]. Physical Review B Condensed Matter, 1985, 31(5): 2957.

[24]Katsidis C C, Siapkas D I. General transfer-matrix method for optical multilayer systems with coherent, partially coherent, and incoherent interference[J]. Applied Optics, 2002, 41(19): 3978-87.

[25]Lüscher M. Construction of a selfadjoint, strictly positive transfer matrix for euclidean lattice gauge theories[J]. Communications in Mathematical Physics, 1977, 54(3): 283-292.

第5章 含石墨烯基双曲超材料光子晶体的宽带吸收

近年来，宽带高吸收效率在太阳能电池、等离子体探测器、高效热发射体等各种技术应用中受到广泛关注[1-6]。石墨烯是一种二维蜂窝状单层结构，具有多种优异的光学和电子性能[3,5,6]。研究表明，未掺杂石墨烯片的吸收率仅为2.3%。越来越多的人关注于增强石墨烯在中红外和THz频率范围内的吸收[7-10]。Deng等人证明，由于强光子定位[11]，石墨烯基异质结构缺陷层可以实现完美的THz吸收。Zhang等人提出了在THz频率[12]下石墨烯极化调制超材料吸收体。然而，这些结果表明吸收带宽非常窄，吸收率较低。

近二十年来，人们对含有金属、半导体和超材料等多种材料的光子晶体(PC)进行了研究[13,14]。双曲超材料(HMM)是一种具有色散关系双曲形状的各向异性介质[15-24]，在负折射、光波导和成像超透镜等方面有着广泛的应用前景[25-29]。Xiang提出的临界耦合共振结构代替吸收薄膜获得完美的光吸收[9]，是双曲材料的一种新颖设计。然而，据笔者所知，基于石墨烯双曲超材料(GHMM)一维光子晶体(1DPC)的宽带吸收的研究很少。本章的目的是从理论上研究基于石墨烯双曲超材料(GHMM)一维光子晶体在中红外波段的宽带吸收特性。

5.1 石墨烯的电导特性

石墨烯片电导率可由Kubo公式计算[9,18]。石墨烯的表面电导率可以表示为带内项和带间项之和：

$$\sigma_{\mathrm{intra}} = \frac{ie^2 k_B T}{\pi \hbar^2 (\omega + i/\tau)}\left(\frac{E_f}{k_B T} + 2\ln(e^{-\frac{E_f}{k_B T}} + 1\right), \tag{5-1}$$

$$\sigma_{\mathrm{inter}} = \frac{ie^2}{4\pi \hbar}\ln\left|\frac{2E_f - \hbar(\omega + i/\tau)}{2E_f + \hbar(\omega + i/\tau)}\right|, \tag{5-2}$$

式中，ω 为辐射频率；h 普朗克简化常数；k_B 玻尔兹曼常数；e 电子电荷；T 温度；E_f 为费米能量；τ 为电子声子弛豫时间。假设石墨烯片的电子带结构不受相邻片的影响，因此石墨烯的有效介电常数可以写成[19]：

$$\varepsilon_{\mathrm{G}} = 1 + i\,\frac{\sigma}{d_{\mathrm{G}}\omega\varepsilon_0}, \tag{5-3}$$

式中，d_{G} 为石墨烯片厚度；ε_0 为空气中的介电常数。

5.2　石墨烯基双曲超材料等效介电常数

所设计的多层结构属于有效介质近似。利用有效介质理论研究电磁波在各向异性 GHMM 中的传播，GHMM 具有以下单轴介质张量分量[9,20,31-37]：

$$\varepsilon = \begin{pmatrix} \varepsilon_x & & \\ & \varepsilon_y & \\ & & \varepsilon_z \end{pmatrix}, \tag{5-4}$$

式中，$\varepsilon_x = \varepsilon_y = \varepsilon_{\parallel}$，$\varepsilon_z = \varepsilon_{\perp}$。根据等效介质近似理论，$\varepsilon_{\parallel}$ 和 $\varepsilon_{\perp}$ 分别是相对介点常数的平行和垂直分量，可以表示为：

$$\varepsilon_{\parallel} = \frac{d_{\mathrm{G}}\varepsilon_{\mathrm{G}} + d_{\mathrm{C}}\varepsilon_{\mathrm{C}}}{d_{\mathrm{G}} + d_{\mathrm{C}}},$$

$$\varepsilon_{\perp} = \frac{\varepsilon_{\mathrm{G}}\varepsilon_{\mathrm{C}}(d_{\mathrm{G}} + d_{\mathrm{C}})}{d_{\mathrm{G}}\varepsilon_{\mathrm{C}} + d_{\mathrm{C}}\varepsilon_{\mathrm{G}}}, \tag{5-5}$$

式中，ε_c 为介电常数；d_{C} 为介电厚度。对于结构中的 TM 波传播，给出的空间色散曲线为：

$$\frac{k_z^2}{\varepsilon_x} + \frac{k_x^2}{\varepsilon_z} = k_0^2, \tag{5-6}$$

式中，k_0 为自由空间波矢量；k_x 和 k_z 分别为结构中沿 x 和 z 方向的波矢量。由式(5-6)可知，色散曲线为双曲线时，这种石墨烯-介电层状结构称为石墨基双曲超材料。

5.3　含石墨烯基双曲超材料光子晶体的宽带吸收[23]

考虑空气中具有周期结构$(\mathrm{AQ})^N$ 的一维光子晶体结构，如图 5-1(a)所示，其中 A 和 Q 分别为有损耗介质层和 GHMM，其厚度分别为 d_{A} 和 d_{Q}。N 是周期数。在该结构上以一定角度入射空气中的平面波。层的界面平行于 x-y 平面，z 轴垂直于结构。图 5-1(b)描绘了一个由介电 C(氯化铯铅：$\mathrm{CsPbCl_3}$)和石墨烯组成的石墨烯基双曲超材料结构单元。

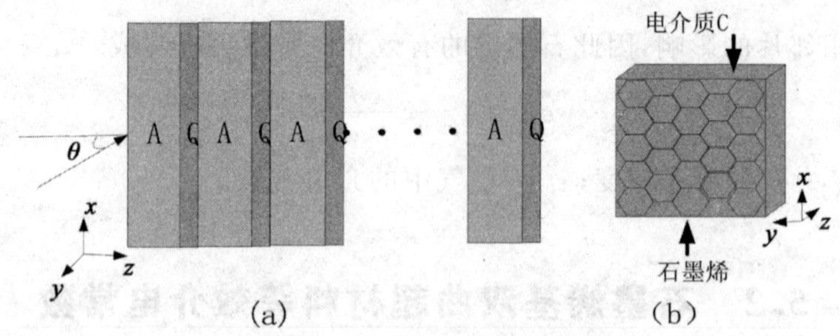

图 5-1　一维光子晶体结构示意图

5.3.1　石墨烯费米能影响

采用传输矩阵法研究了含有石墨烯基双曲超材料的一维光子晶体$(AQ)^N$结构的吸收特性。传输矩阵方法在之前的文献[9,10,21－23]中已经给出。吸收系数(A)可以用公式$A=1-|r|^2-|t|^2$计算,其中r和t分别为反射系数和透射系数。结构参数选取如下:$\varepsilon_A=2.8+0.09i$[3,10,24],$\mu_A=1, d_A=5.4\ \mu m, \varepsilon_C=14.3, \mu_C=1, d_G=0.35\ nm, \mu_G=1$。图 5-2(a)和图 5-2(b)分别给出了不同费米能量作为频率函数的实部。实部随频率的增加而由负变正,随费米能量的增加而迅速减小。实部对所有感兴趣的频率都是正的,并且随着频率的增加变化缓慢,而随着费米能量的增加则略有下降。

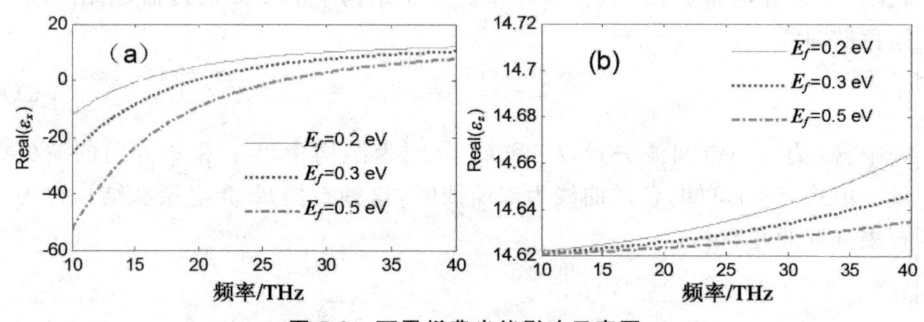

图 5-2　石墨烯费米能影响示意图

5.3.2　石墨烯基双曲超材料介质厚度影响

图 5-3(a)～(b)分别为不同介电层厚度d_C作为频率函数的ε_x实部和ε_z实部。随着频率增加,实部ε_x也从负到正改变,并随着增加介质 C 的厚度迅速增加。实部ε_z在所有感兴趣的频率内都为正值,几乎不受频率变化的影响,而随介质 C 厚度的增加,略有下降。

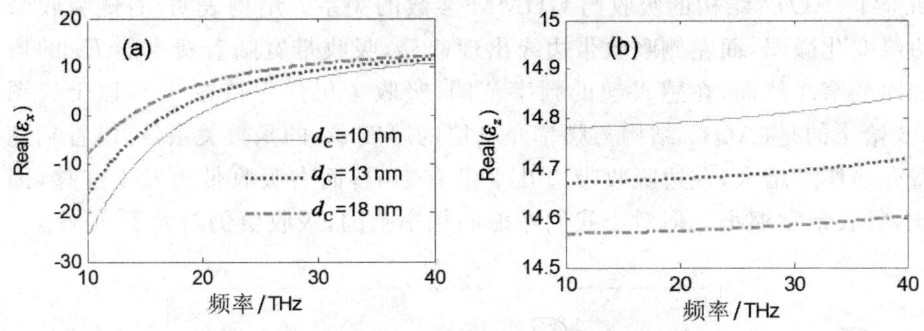

图 5-3　石墨烯基双曲超材料介质厚度影响示意图

图 5-4 所示，分析了不同入射角频率下$(AQ)^N$结构的反射、透射和吸收，发现在 17～31 THz 频率范围内实现了 90%左右的宽带吸收。图 5-5

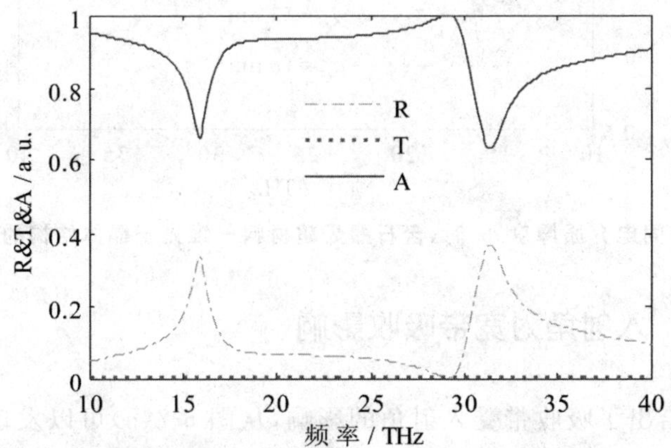

图 5-4　含石墨烯双曲超材料结构的反射、透射和吸收系数

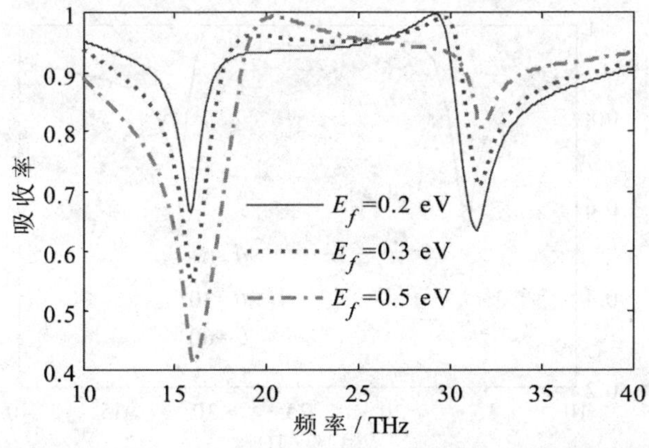

图 5-5　不同费米能时，含石墨烯超材料一维光子晶体结构的吸收系数

研究了$(AQ)^N$结构的吸收与GHMM参数的关系。结构表明,右侧吸收带边缘变化微弱,而左侧吸收带边缘出现蓝移,吸收带宽随着费米能E_f的增加而变窄。然而,在感兴趣的频率范围,吸收率仍然保持在90%以上。图5-6给出的是$(AQ)^N$结构与频率介电层的厚度d_C的函数关系,可以看到随着介质厚度增大,左边吸收带边几乎没有影响,而右吸收带边发生红移,因此,吸收带宽缩小。但对于我们考虑的频率范围,吸收值仍然大于90%。

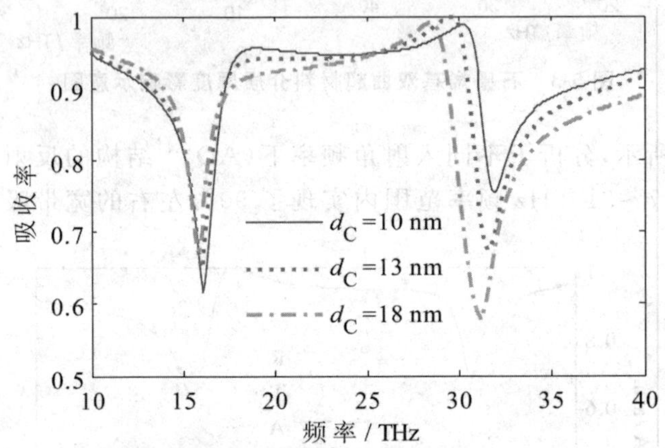

图5-6　不同电介质厚度d_C时,含石墨烯超材料一维光子晶体结构的吸收系数

5.3.3　入射角对宽带吸收影响

图5-7给出了吸收带受入射角的影响,从图5-7(a)可以发现,对于TM模式,吸收值降低,吸收带随着入射角从0到60°的变化,呈现逐渐的蓝移。当入射角增加到60°,吸收显著降低。这是预期的,如果入射角增加,进入

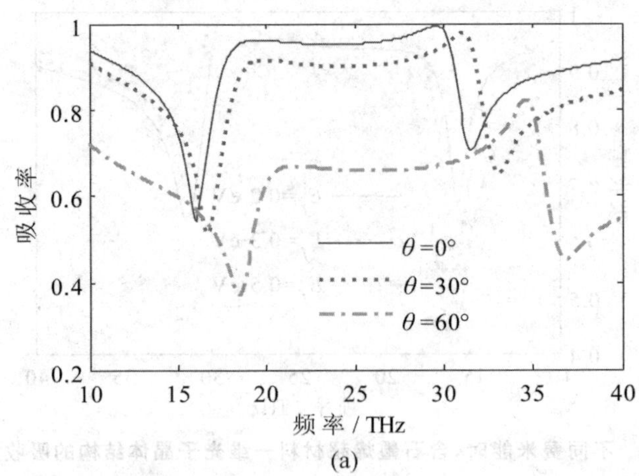

(a)

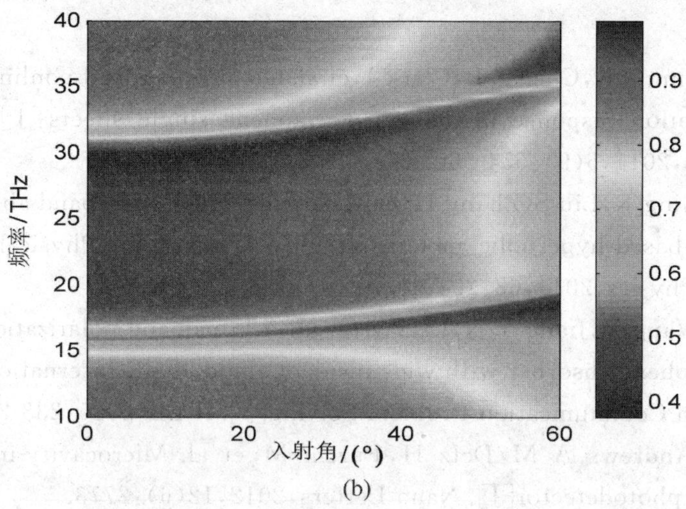

图 5-7　不同入射角时,含石墨烯超材料一维光子晶体结构的吸收

结构的入射光子就会减少。入射角与吸收率的关系可以用微腔理论理解释 $\omega \propto 1/\cos\theta$[11,30],其中 ω 和 θ 分别为入射光的谐振频率和入射角。如果入射角增加,则 $\cos\theta$ 减小,吸收带向更高的频率移动。图 5-7(b)给出了吸收带与入射光频率及入射角的关系。结果表明,在 TM 模式下,吸收带逐渐的蓝移,吸收大幅度减小,与图 5-7(a)的结果一致。

5.4　本章小结

综上所述,我们研究了由损耗介质层和石墨烯基双曲超材料组成的一维光子晶体结构的宽带吸收特性。结果表明,石墨烯基双曲超材料的有效介电常数可以通过费米能量和介质厚度来调节。吸收带宽可以通过介质厚度和费米能量进行调制。随着入射角的增大,吸收值逐渐减小,吸收带逐渐发生蓝移。与之前的一些报道[10,25,28-29]相比,该结构在中红外频率范围内具有更大的带宽和吸收。研究宽带吸收技术,对红外隐身和宽带光电探测器的研制具有重要的价值。

参考文献

[1]Carsten Rockstuhl,Falk Lederer. Perfect absorbers on curved surfaces and their potential applications[J]. Optics Express,2012,20:18370-

18376.

[2]Lim G K,Chen Z L,Clark J,et al. Giant broadband nonlinear optical absorption response in dispersed graphene single sheets[J]. Nature Photonics,2011,5(9):554-560.

[3]Ning R,Liu S,Zhang H,et al. A wide-angle broadband absorber in graphene-based hyperbolic metamaterials[J]. European Physical Journal Applied Physics,2014,68:20401.

[4]Wang Y,Jiang Y N,Li S M,et al. A broadband polarization insensitive graphene absorber with wide incident angle,IEEE International Conference on Communication Problem-Solving[J]. IEEE,2015:233-235.

[5]Andrews A M, Detz H, Furchi M, et al. Microcavity-integrated graphene photodetector[J]. Nano Letters,2012,12(6):2773.

[6]Peng J,Gao W,Gupta B K,et al. Graphene quantum dots derived from carbon fibers[J]. Nano Letters,2012,12(2):844.

[7]El-Naggar S A. Tunable terahertz omnidirectional photonic gap in one dimensional graphene-based photonic crystals[J]. Optical and Quantum Electronics,2015,47(7):1-10.

[8]Singh B K,Pandey P C. Effect of temperature on terahertz photonic and omnidirectional band gaps in one-dimensional quasi-periodic photonic crystals composed of semiconductor Insb[J]. Applied Optics, 2016, 55(21):5684.

[9]Xiang Y,Dai X,Guo J,et al. Critical coupling with graphene-based hyperbolic metamaterials[J]. Scientific Reports,2014,4:5483.

[10]Ning R,Liu S,Zhang H,et al. Wideband absorption in fibonacci quasi-periodic graphene-based hyperbolic metamaterials[J]. Journal of Optics,2014,16:125108.

[11]Deng X H,Liu J T,Yuan J,et al. Tunable thz absorption in graphene-based heterostructures[J]. Optics Express, 2014, 22(24): 30177-30183.

[12]Zhang Y,Feng Y,Zhu B,et al. Graphene based tunable metamaterial absorber and polarization modulation in terahertz frequency[J]. Optics Express 2014,22(19):22743-22752.

[13]Kang Y,Zhang C,Xue C,et al. Wannier stark ladder in one-dimensional photonic crystal coupled microcavity containing indefinite metamaterials[J]. Journal of Optics,2013,42(4):335-340.

[14]Kang Y, Zhang C, Mu T, et al. Resonant modes and inter-well coupling in photonic double quantum well structures with single-negative materials[J]. Optics Communications, 2012, 285(24): 4821-4824.

[15] Smith D R, Schurig D. Electromagnetic wave propagation in media with indefinite permittivity and permeability tensors[J]. Physical Review Letters, 2002, 90(7): 077405.

[16]Othman M A, Guclu C, Capolino F. Graphene-based tunable hyperbolic metamaterials and enhanced near-field absorption[J]. Optics Express, 2013, 21(6): 7614-32.

[17]Jiao Z, Ning R, Xu Y, et al. Tunable angle absorption of hyperbolic metamaterials based on plasma photonic crystals[J]. Physics of Plasmas, 2016, 23(6): 077405-1865.

[18]Mikhailov S A, Ziegler K. New Electromagnetic Mode in Graphene[J]. Phys. Rev. lett, 2007, 99(1): 016803.

[19]Vakil A, Engheta N. Transformation optics using graphene[J]. Science, 2011, 332(6035): 1291-4.

[20]Dasilva A M, Chang Y C, Norris T, et al. Enhancement of photonic density of states in finite graphene multilayers[J]. Physical Review B, 2013, 88(19): 5326-5333.

[21]Moretti L, Mocella V. Two-dimensional photonic aperiodic crystals based on Thue-Morse sequence[J]. Optics Express, 2007, 15(23): 15314-15323.

[22]Ma T, Liang C, Wang L G, et al. Electronic band gaps and transport in aperiodic graphene superlattices of Thue-Morse sequence[J]. Applied Physics Letters, 2012, 100(25): 666-181.

[23]Yongqiang Kang, Hongmei Liu, Wideband absorption in one dimensional photonic crystalwith graphene-based hyperbolic metamaterials [J]. Superlattices and Microstructures, 2018, 114, 355-360.

[24]Zhu W, Xiao F, Kang M, et al. Tunable terahertz left-handed metamaterial based on multi-layer graphene-dielectric composite[J]. Applied Physics Letters, 2014, 104(5): 051902-051902-4.

[25]Liu J T, Liu N H, Wang L, et al. Gate-tunable nearly total terahertz absorption in graphene with resonant metal back reflector[J]. EPL, 2013 104(5): 298-304.

[26]Andryieuski A, Lavrinenko A V. Graphene metamaterials based

tunable terahertz absorber: effective surface conductivity approach[J]. Opt. Express,2013,21(7):9144-9155.

[27]Janaszek,B. Tyszka-Zawadzka,A. and Szczepański,P. Control of gain/absorption in tunable hyperbolic metamaterials[J]. Opt. Express, 2017,25,13153-13162.

[28]Ma Y,Chen Q,Grant J,et al. A terahertz polarization insensitive dual band metamaterial absorber[J]. Optics Letters,2011,36(6):945-947.

[29]Lim G K,Chen Z L,Clark J,et al. Giant broadband nonlinear optical absorption response in dispersed graphene single sheets[J]. Nature Photonics, 2011,5(9):554-560.

[30]Born M,Wolf E. Principles of Optics Electromagnetic Theory of Propagation, Interference and Diffraction of Light[J]. Physics Today, 2000,53(10):77-78.

[31]Yongqiang Kang,Chunmin Zhang,Peng Gao,et al. Electromagnetic resonance tunneling in a single-negative sandwich structure[J]. Journal of Modern Optics,2013,60(13):1021-1026.

[32]Yongqiang Kang,wenyi Ren,Qizhi Cao. Large tunable negative lateral shift from graphene-basedhyperbolic metamaterials backed by a dielectric[J]. Superlattices and Microstructures,2018,120:1-6.

[33]Yongqiang Kang,Yuanjiang Xiang,Chanyou Luo. Tunable enhanced Goos-Hänchen shift of light beam reflectedfrom graphene-based hyperbolic metamaterials[J]. Applied Physics B,2018,124:115.

[34]Yongqiang Kang,Hongmei Liu,Qizhi Cao. Wideband absorption in Thue-Morse quasiperiodic graphene-based hyperbolic metamaterials[J]. Optical Engineering,2018,57(3):037102.

[35]Yongqiang Kang,Hongmei Liu,Qizhi Cao. Enhanced absorption in heterostructure composed of graphene and a doped photonic crystal[J]. OPTOELECTRONICS AND ADVANCED MATERIALS,2018,12:665-669.

[36]Yongqiang Kang. The absorption properties in heterostructures with the hexagonal boron nitride crystals in the mid-infrared frequency range[J]. Journal of Optical,2018:1-4.

[37]Yongqiang Kang,Peng Gao,Hongmei Liu,et al. Large Tunable Lateral Shift from Guided Wave Surface Plasmon Resonance[J]. Plasmonics,2019(24):1-5.

第6章 含氮化硼异质结构的吸收特性

近年来，强吸收光的人工微结构得到了广泛的研究[1-3]，因为它在太阳能电池、光辐射探测器、高效热发射体等许多有前途的应用中都具有非常重要的意义[4,5]。关于完全吸收的研究大多集中在宽带和广角上。例如，Pu等人提出了一种基于等离子体结构[6]的红外波段广角完美吸收器的设计方法。Xiang等提出了一种基于石墨烯的双曲超材料作为吸收薄膜，实现了近红外波段[7]的完美吸收。众所周知，中红外波段的完美吸收在各种应用中都是非常重要的，特别是在传感、安全和防御应用[8]中。因此，有必要研制出更适用于中红外频率的高吸收结构。

六方氮化硼(hBN)是一种有趣的光学材料，由于其优异的光学性能和其他性质，如自然双曲行为[9]、高温稳定性和较大的负电子亲和力等，引起了光学领域的广泛关注[10-21]。例如，Wu等人报道了石墨烯-石墨烯超晶可以在红外波段[10]进行可调谐的完美吸收。Xu等将hBN作为染料敏化太阳能电池的催化材料，研究其潜在应用价值[11]。更重要的是，hBN的相对介电常数张量三个分量中的一个分量在红外波长范围内具有不同于其他两个分量的符号[12]，它具有双曲或不确定色散等奇异光子性质。由于hBN晶体具有天然双曲性质，它的发现将使原子尺度双曲超材料的设计成为可能。然而，关于一维光子晶体和hBN晶体的异质结构吸收的研究还很少。

本章我们从理论上研究了由各向同性介质和hBN组成的周期结构的吸收特性[17]，结果表明，hBN晶体在Ⅱ型色散体系中具有几乎完美的吸收。此外，我们还指出，电介质材料厚度可以调节吸收特性。与以往的一些传统吸收体相比[13,14]，我们提出的结构在中红外频率范围内具有更大的带宽和吸收，因此，它在红外隐身和宽带光电探测器中具有潜在的应用前景。

6.1 理论模型

考虑的异质结构是由电介质材料A、B和氮化硼G组成的，结构示意图为$(ABG)^N$，如图6-1所示，其中A和B分别代表五氧化二钽和二氧化硅。G表示hBN。N是周期数。在后面的计算中，我们选择的结构参数如下：$N=10$，$\varepsilon_A=5.7121$，$d_A=10\ \mu m$，$\varepsilon_B=2.6244$，$d_B=20\ \mu m$，$d_G=5\ \mu m$[13]。

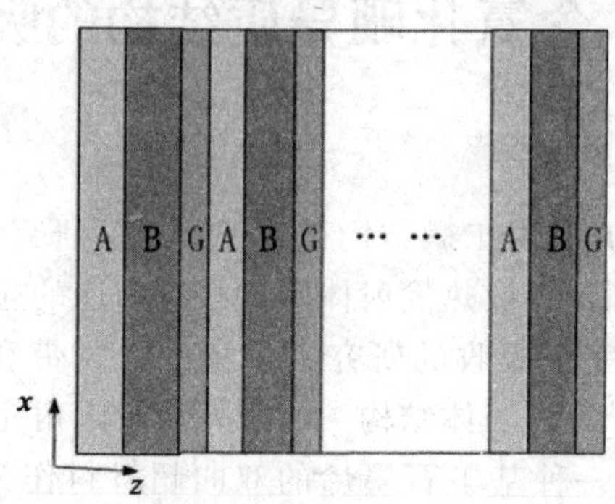

图 6-1　由五氧化二钽(A)、二氧化硅(B)和 hBN(G)组成的一维周期结构示意图

hBN 是一种范德华晶体，具有两种与双曲性相关的红外声子模：(1)平面外具有 $\omega_{TO}=780\ cm^{-1}$ 和 $\omega_{LO}=830\ cm^{-1}$ 的 A_{2u} 声子模；(2)平面内具有 $\omega_{TO}=1\,370\ cm^{-1}$ 和 $\omega_{LO}=1\,610\ cm^{-1}$ 的 E_{1u} 声子模[10−13]。这些性质导致了两个截然不同的 Reststrahlen(RS)波段，其中低频 RS 波段对应于Ⅰ类双曲性 ($\varepsilon_x=\varepsilon_y>0$，$\varepsilon_z<0$)，而上端 RS 波段对应于Ⅱ类双曲性 ($\varepsilon_x=\varepsilon_y<0$，$\varepsilon_z>0$)。hBN 介电常数表示为：

$$\varepsilon_u=\varepsilon_{\infty,u}\left[1+\frac{(\omega_{LO,u})^2-(\omega_{TO,u})^2}{(\omega_{TO,u})^2-\omega^2-i\omega\gamma_u}\right] \tag{6-1}$$

假设 $u=x$，y 表示横向(a，b 晶面)，$u=z$ 表示 z(c 晶轴)。ε_∞ 和 γ 分别为高频介电常数和阻尼常数，$\varepsilon_{\infty,x}=\varepsilon_{\infty,z}=4.87$，$\gamma_x=\gamma_y=5$，$\varepsilon_{\infty,z}=2.95$ 和$\gamma_z=4\ cm^{-1}$。

图 6-2 显示了Ⅰ型和Ⅱ型双曲型 hBN 的介电常数随波数的函数。由

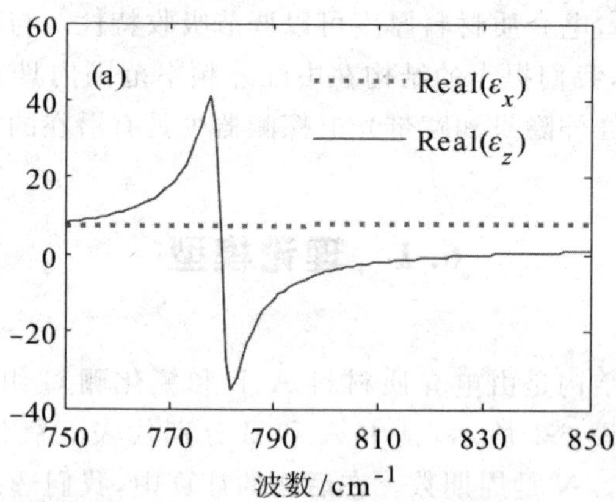

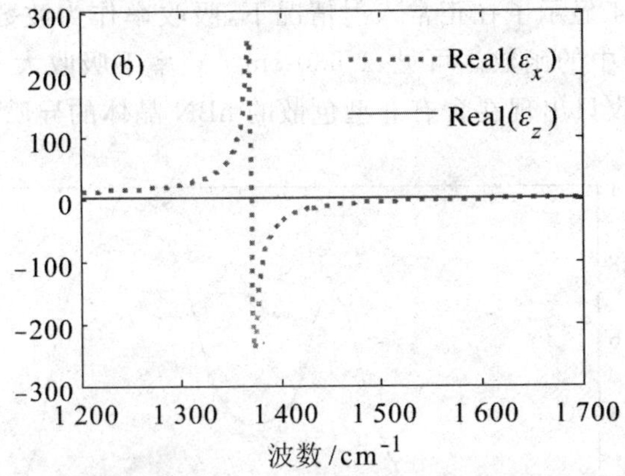

图 6-2　Ⅰ型和Ⅱ型双曲型 hBN 的介电常数随波数的函数

图 6-2(a)可知,在 780～850 cm^{-1}频率范围内,ε_x 实部为总是正的,ε_z 实部为负的。当频率为 1 370～1 650 cm^{-1}时,ε_z 实部为正,ε_x 实部为负,如图 6-2(b)所示。因为 ε_x 和 ε_z 的符号是相反的,我们把这个 hBN 材料叫做双曲材料。

6.2　含六方 hBN 晶体异质结构的吸收特性

我们利用转移矩阵法[22-32]讨论含六方 hBN 晶体异质结构的吸收特性[17]。在图 6-3 中,我们绘制了在正常入射情况下,Ⅰ型双曲度(较低的 RS 频段)中吸收率作为波数的函数。结果发现,吸收率非常小,最大吸收率只

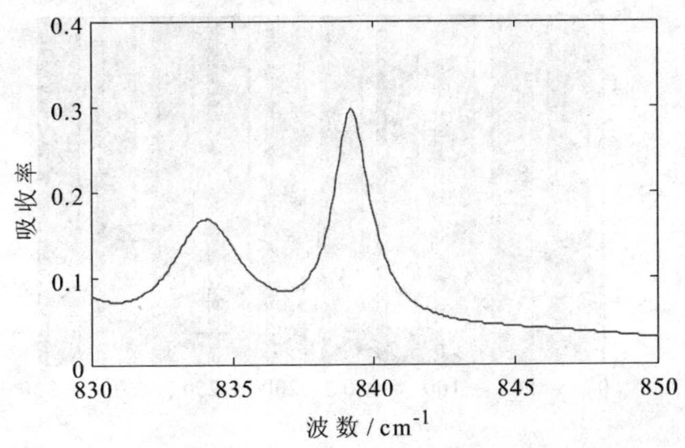

图 6-3　氮化硼Ⅰ类双曲型时,吸收率作为波数的函数

有 30%。图 6-4 显示了在正常入射情况下，吸收率作为波数在第二类双曲型(上频段 RS)中的函数。可见，1 630 cm^{-1} 频率下吸收大于 90%。因此，近乎完美的吸收只出现在含有Ⅱ型色散的 hBN 晶体的异质结构中。

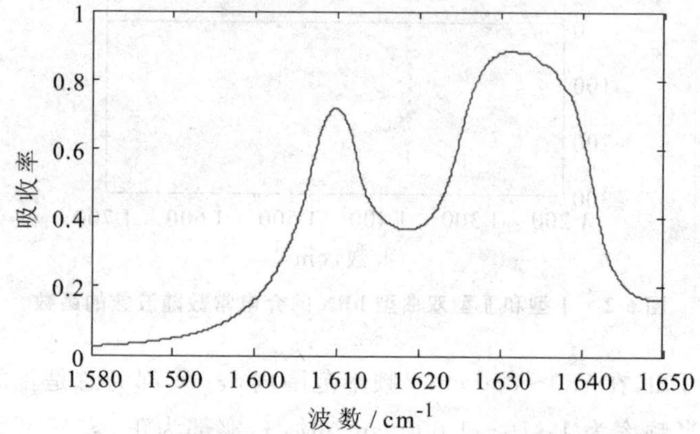

图 6-4 氮化硼Ⅱ类双曲型时，吸收率作为波数的函数

6.3 含六方氮化硼异质结构的磁场分布

为了了解Ⅰ型和Ⅱ型双曲型 hBN 晶体结构的吸收特性，我们绘制了层状结构内部在 840 cm^{-1} 和 1 630 cm^{-1} 波数下的磁场分布，如图 6-5 和图 6-6 所示。可以看出，由于全反射作用，磁场在异质结构中是倏逝光波，而在介电材料晶体和 hBN 晶体的界面处，磁场的局域性很强。从图 6-5 和图 6-6

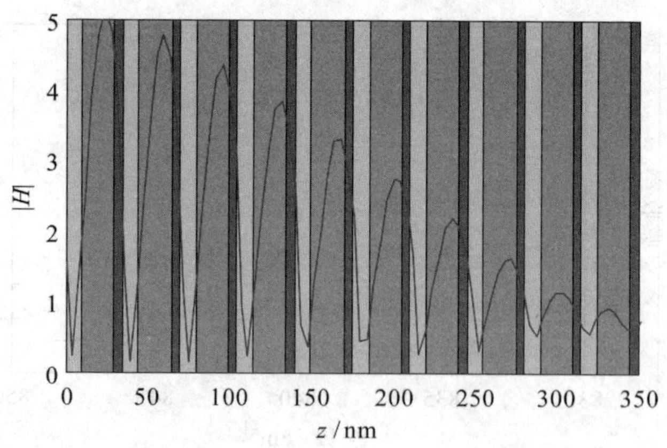

图 6-5 在波数为 840 cm^{-1} 时，层状结构内的磁场分布

可以看出，840 cm^{-1} 频率的磁场比 1 630 cm^{-1} 频率的磁场弱。这就可以解释为什么在 840 cm^{-1} 频率的吸收弱于 1 630 cm^{-1} 频率的吸收。

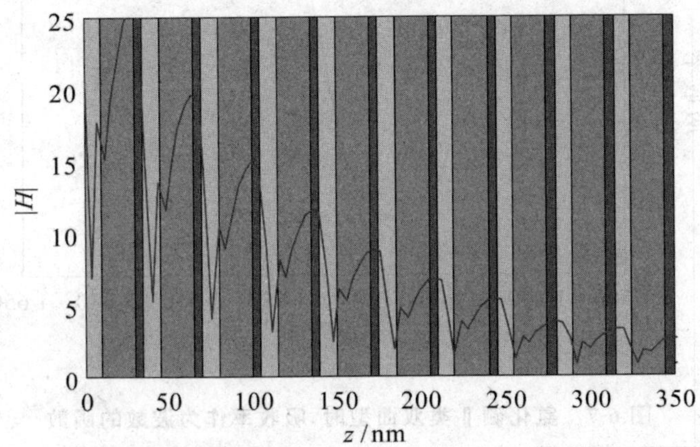

图 6-6　在波数为 1 630 cm^{-1} 时，层状结构内的磁场分布

6.4　介质材料厚度对吸收的影响

最后我们研究了介质材料厚度对 hBN 晶体异质结构在Ⅱ型双曲型中吸收的影响。在图 6-7(a)中，五氧化二钽厚度 $d_A = 5\ \mu m$、$10\ \mu m$、$15\ \mu m$ 时，吸收随波数的变化。可见，随着五氧化二钽厚度的增加，吸收增强，吸收峰向短波长方向移动。图 6-7(b)为二氧化硅厚度 $d_B = 10\ \mu m$、$20\ \mu m$ 和 30 μm 时吸收和波数的函数。可以看到，随着二氧化硅厚度的增加，吸收逐渐减小，吸收带宽也逐渐减小。

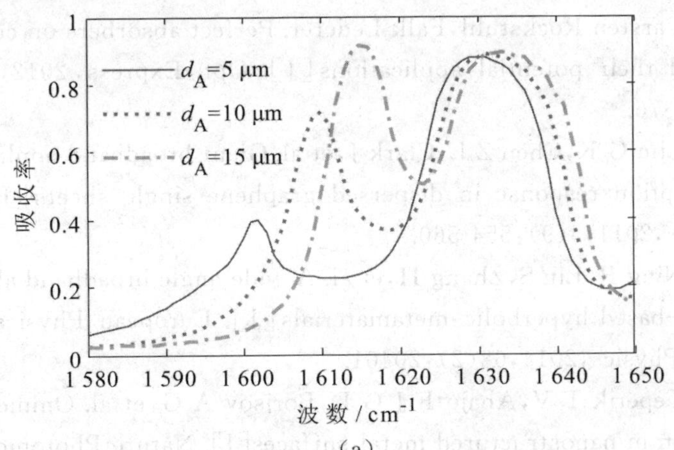

(a)

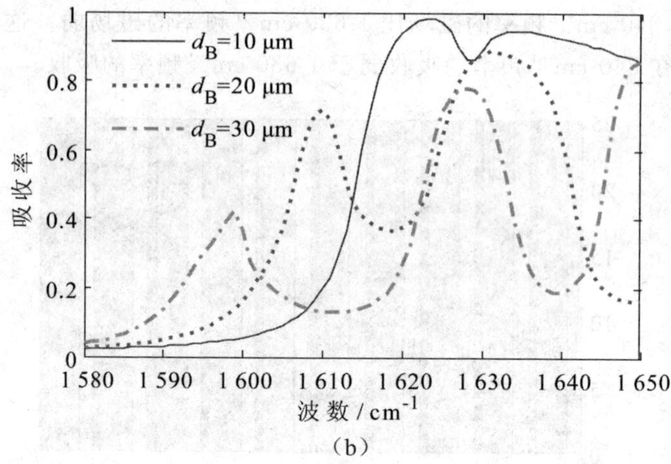

(b)

图 6-7 氮化硼Ⅱ类双曲型时,吸收率作为波数的函数

6.5 本章小结

综上所述,本章我们研究了由介质和六方氮化硼晶体组成的异质结构的吸收特性。结果表明,几乎完全吸收只出现在含有Ⅱ型色散 hBN 晶体的异质结构中。吸收可以通过介电材料厚度来调节。我们相信,由于在光学器件和生物传感器器件中具有潜在的应用前景,研究中红外波段近乎完美的吸收将是非常有趣的。

参考文献

[1]Carsten Rockstuhl,Falk Lederer. Perfect absorbers on curved surfaces and their potential applications[J]. Opt. Express, 2012, 20(16): 18370-18376.

[2]Lim G K,Chen Z L,Clark J,et al. Giant broadband nonlinear optical absorption response in dispersed graphene single sheets[J]. Nature Photonics,2011,5(9):554-560.

[3]Ning R,Liu S,Zhang H,et al. A wide-angle broadband absorber in graphene-based hyperbolic metamaterials[J]. European Physical Journal Applied Physics,2014,68(2):20401.

[4]Teperik T V,Abajo F J G D,Borisov A G,et al. Omnidirectional absorption in nanostructured metal surfaces[J]. Nature Photonics,2008,2

(5):299-301.

[5]Liu N,Mesch M,Weiss T,et al. Infrared perfect absorber and its application as plasmonic sensor[J]. Nano Letters,2010,10(7):2342.

[6]Pu M,Hu C,Wang M,et al. Design principles for infrared wide-angle perfect absorber based on plasmonic structure[J]. Optics Express,2011,19(18):17413-20.

[7]Xiang Y,Dai X,Guo J,et al. Critical coupling with graphene-based hyperbolic metamaterials[J]. Scientific Reports,2014,4:5483.

[8]Law S,Adams D C,Taylor A M,et al. Mid-infrared designer metals[J]. Optics Express,2012,20(11):12155.

[9]Dai S,Fei Z,Ma Q,et al. Tunable phonon polaritons in atomically thin van der waals crystals of boron nitride[J]. Science,2014,343(6175):1125.

[10]Wu J,Guo J,Jiang L,et al. Tunable perfect absorption at infrared frequencies by a graphene-hbn hyper crystal[J]. Optics Express,2016,24(15):17103.

[11]Xu S J,Luo Y F,Zhong W,et al. Investigation of hexagonal boron nitride for application as counter electrode in dye-sensitized solar cells[J]. Advanced Materials Research,2012,515:242-245.

[12]Kumar A,Low T,Fung K H,et al. Tunable light-matter interaction and the role of hyperbolicity in graphene-hbn system[J]. Nano Letters,2015,15(5):3172.

[13]Ning R,Liu S,Zhang H,et al. Tunable absorption in graphene-based hyperbolic metamaterials for mid-infrared range[J]. Physica B Condensed Matter,2015,457:144-148.

[14]Wu J,Wang H,Jiang L,et al. Critical coupling using the hexagonal boron nitride crystals in the mid-infrared range[J]. Journal of Applied Physics,2016,119(20):74-846.

[15]Brasse G,Maine S,Pierret A,et al. Optoelectronic studies of boron nitride nanotubes and hexagonal boron nitride crystals by photoconductivity and photoluminescence spectroscopy experiments[J]. Physica Status Solidi,2010,247(11-12):3076-3079.

[16]Ambrosio A,Tamagnone M,Chaudhary K,et al. Selective excitation and imaging of ultraslow phonon polaritons in thin hexagonal boron nitride crystals[J]. Light Science & Applications,2018,7(1):27.

[17]Yongqiang Kang. The absorption properties in heterostructures with the hexagonal boron nitride crystals in the mid-infrared frequency range[J]Journal of Optical,2018:1-4.

[18]Wu J,Wang H,Jiang L,et al. Critical coupling using the hexagonal boron nitride crystals in the mid-infrared range[J]. Journal of Applied Physics,2016,119(20):203107.

[19]Azizi A,Alsaud M A,Alem N. Controlled Growth and Atomic-scale Characterization of Two-dimensional Hexagonal Boron Nitride Crystals[J]. Journal of Crystal Growth,2018,496-497:S0022024818302380.

[20]Watanabe K,Taniguchi T,Kuroda T,et al. Effects of deformation on band-edge luminescence of hexagonal boron nitride single crystals [J]. Applied Physics Letters,2006,89(14):2561.

[21]Zunger A. A molecular calculation of electronic properties of layered crystals. I. Truncated crystal approach for hexagonal boron nitride [J]. Journal of Physics C Solid State Physics,2001,7(1):76.

[22]Yongqiang Kang,Chunmin Zhang,Tingkui Mu,et al. Resonant modes and inter-well coupling in photonic double quantum well structures with single-negative materials[J]. Opt. Commun,2012,285(24):4821-4824.

[23]Yongqiang Kang,Chunmin Zhang. Resonant modes in photonic multiple quantum well structures with single-negative materials[J]. Optik,2013,124(22):5430-5433.

[24]Yongqiang Kang,Chunmin Zhang,Peng Gao,et al. Electromagnetic resonance tunneling in a single-negative sandwich structure[J]. Journal of Modern Optics,2013,60(13):1021-1026.

[25]Yongqiang Kang,Chunmin Zhang,et al. Wannier stark ladder in one-dimensional photonic crystal coupled microcavity containing indefinite metamaterials[J]. Journal of Optics,2013,42(4),335-340.

[26]Yongqiang Kang,Hongmei Liu. Wideband absorption in one dimensional photonic crystalwith graphene-based hyperbolic metamaterials [J]. Superlattices and Microstructures,2018,114:355-360.

[27]Yongqiang Kang,Wenyi Ren,Qizhi Cao. Large tunable negative lateral shift from graphene-basedhyperbolic metamaterials backed by a dielectric[J]. Superlattices and Microstructures,2018,120:1-6.

[28]Yongqiang Kang,Yuanjiang Xiang,Chanyou Luo. Tunable en-

hanced Goos-Hänchen shift of light beam reflectedfrom graphene-based hyperbolic metamaterials[J]. Applied Physics B,2018,124:115.

[29]Yongqiang Kang,Hongmei Liu,Qizhi Cao. Wideband absorption in Thue-Morse quasiperiodic graphene-based hyperbolic metamaterials[J]. Optical Engineering,2018,57(3):037102.

[30]Yongqiang Kang,Hongmei Liu,Qizhi Cao. Enhanced absorption in heterostructure composed of graphene and a doped photonic crystal[J]. OPTOELECTRONICS AND ADVANCED MATERIALS,2018,12:665-669.

[31]Yongqiang Kang,Peng Gao,Hongmei Liu,et al. Large Tunable Lateral Shift from Guided Wave Surface Plasmon Resonance[J]. Plasmonics,2019(24):1-5.

[32]康永强,高鹏,刘红梅,等.单负材料组成一维光子晶体双量子阱结构的共振模[J].物理学报,2015,64(6):64207-064207.

第 7 章　掺杂光子晶体组成异质结构增强吸收

自从 1987 年 John 和 Yablonovitch 提出光子晶体以来，光子晶体的研究越来越引起人们的关注[1-3]。由于光子晶体中存在光子带隙(Photonic band gap)，使得光子晶体具有重要的应用[4-6]。如光子晶体光纤、光子晶体滤波器、光子晶体反射镜等。在光子晶体中引入缺陷，可使得光子局域化，如果缺陷是耗散介质，由于光子局域化，会使得吸收率增强。但是，仅仅通过增强缺陷介质的耗散系数，并不能使得吸收增强。这是因为随着缺陷介质耗散系数增大，当阻抗不匹配时，会使得反射系数增大，从而导致缺陷处光子局域减弱，吸收率减小。

通常，增强吸收的方法主要通过在微结构中实现各种共振机制[7-9]，其中包括腔共振[7]、等离子体共振[8,9]、腔模和表明模的耦合等增强吸收[10]。受到第三种共振机制的启发，我们提出金属和掺杂光子晶体组成异质结构，通过金属和光子晶体的界面模和掺杂光子晶体中的缺陷模耦合，增强了吸收，从而达到完全吸收。

7.1　掺杂光子晶体的吸收特性

金属和掺杂光子晶体组成的异质结构表示为 $M(BC)^N D(BC)^N$，N 表示周期数，如图 7-1 所示。其中 M 表示金属膜，B 和 C 分别表示高低折射指数介质，D 表示缺陷层，其对应的厚度分别为 d_M，d_B，d_C 和 d_D。介质的折射率表示为 $n_j = n_{rj} + k_j i$，$j = B, C, D$，其中 n_{rj} 是折射率的实部，k_j 是折射率虚部且与材料的吸收系数成比例。金属膜 M 的介电常数取 Drude 模型：

$$\varepsilon = 1 - \frac{\omega_p^2}{\omega^2 + i\gamma\omega} \tag{7-1}$$

式中，$\omega_p = 1.4 \times 10^{16}$ rad/s 是等离子频率；γ 是耗散系数。为了说明耦合机制，取金属的耗散系数 $\gamma = 0$。

在计算中取 $n_{rB} = n_{rD} = 3.5$，$n_{rC} = 1.456$，$k_B = k_C = 0.000\,07$，$d_C = 80$ nm，$d_D = 3.141 d_B$，且介质 B 和 C 折射率满足 $n_{rB} d_B = n_{rC} d_C$。应用传输

矩阵方法[10-12]，可以计算出正入射时，一维掺杂光子晶体的吸收率随入射波长 λ 和缺陷介质的耗散系数 k_D 的变化关系如图 7-2 所示。可以看到吸收率随着缺陷耗散吸收 k_D 非单调地变化，当 $k_D=0.005$ 时，位于波长 $\lambda=605\ \mu m$ 的吸收率最大，最大吸收率为 0.45。这是由于随着缺陷耗散系数 k_D 增大，导致掺杂光子晶体阻抗与空气不匹配，使得反射率增大，即进入该结构的光子数减少，最后导致吸收率降低。因此，可以得出，仅仅通过增大缺陷的耗散系数，不能增强结构吸收率。

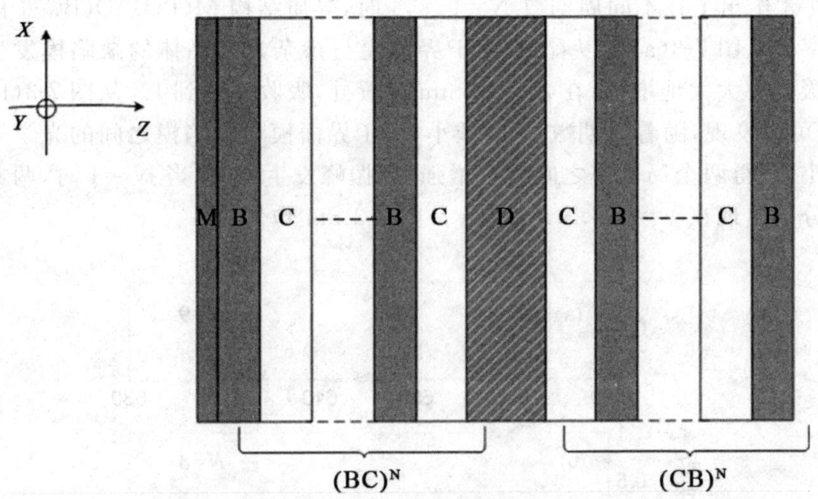

图 7-1　金属与一维掺杂光子晶体组成的异质结构

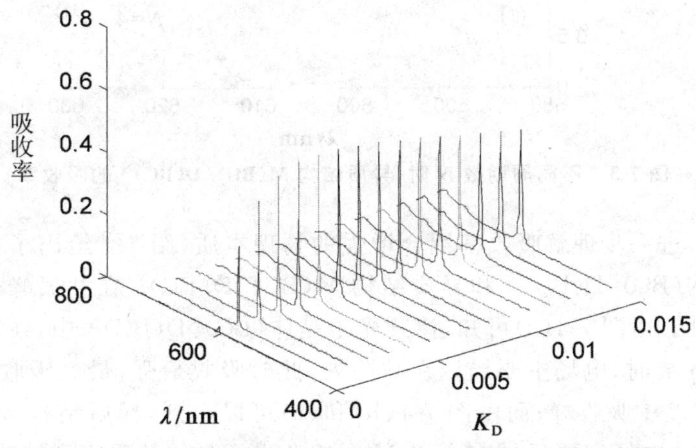

图 7-2　一维掺杂光子晶体 $(BC)^N D(BC)^N$ 的吸收率随入射波长 λ 和缺陷介质的耗散系数 k_D 的变化

7.2 金属和掺杂光子晶体的耦合增强吸收

为了能使得更多的光子进入结构，使得吸收率增强，设计了异质结构 $M(BC)^N D(BC)^N$。由于金属膜 M 和光子晶体 $(BC)^N$ 能形成界面模，在适当的材料参数，界面模与掺杂光子晶体的缺陷模发生耦合，使得吸收增强。图 7-3 给出了在不同周期数 $N=9,8,4$ 时，异质结构 $M(BC)^N D(BC)^N$ 的吸收率。从图 7-3(a)可以看到，由于界面模与掺杂光子晶体的缺陷模发生耦合吸收率大大地增强，在 $\lambda=602$ nm 位置处，吸收率达到 1。从图 7-3(b)和(c)可以发现，随着周期数 N 的减小，由于界面模与缺陷模之间的光学厚度减小，使得两个局域模之间耦合增强，共振峰发生劈裂，当 $N=4$ 时，两共振峰分别出现在 $\lambda=596.3$ nm 和 $\lambda=616.3$ nm 位置处。

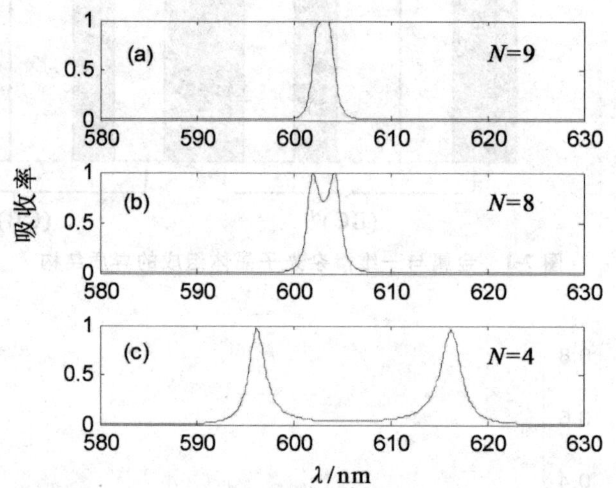

图 7-3 不同周期数 N 时，异质结构 $M(BC)^N D(BC)^N$ 的吸收率

为了进一步理解吸收率耦合增强的物理本质，图 7-4 给出了掺杂光子晶体结构 $(BC)^N D(BC)^N$ 和异质结构 $M(BC)^N D(BC)^N$ 在共振峰处的电场分布特性。由图 7-4(a)可知，掺杂光子晶体 $(BC)^N D(BC)^N$ 中，在入射波长 $\lambda=605\ \mu m$ 时，电场主要局域在缺陷处，此时吸收最强，最大吸收率 0.45，对应图 7-2 中吸收峰；而由图 7-4(b)和(c)可以看到，异质结构 $M(BC)^N D(BC)^N$ 中，电场主要局域在金属 M 和掺杂光子晶体的界面和缺陷处，形成界面模和缺陷模，这两种共振模可以耦合增强吸收。此时，对应图 7-3(c)中 $\lambda=596.3\ \mu m$ 和 $616.3\ \mu m$ 两个增强的吸收峰。

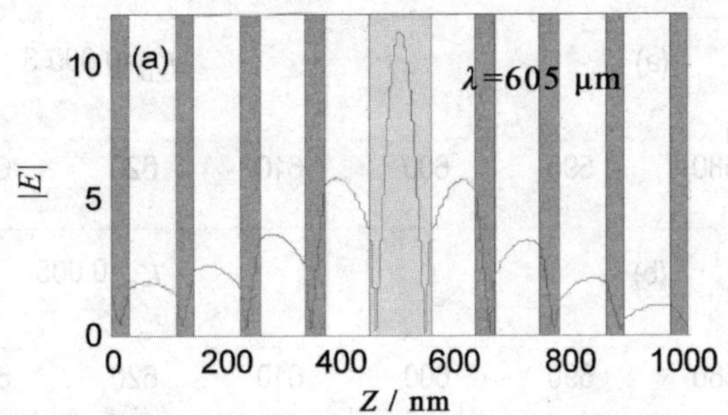

（a）掺杂光子晶体结构 $(BC)^N D(BC)^N$ 在缺陷模 λ=605 μm处的电场分布特性

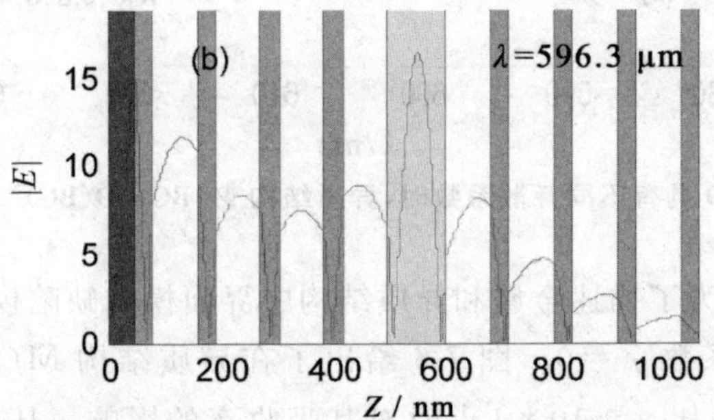

（b）异质结构 $M(BC)^N D(BC)^N$ 在缺陷模 λ=596.3 μm处的电场分布特性

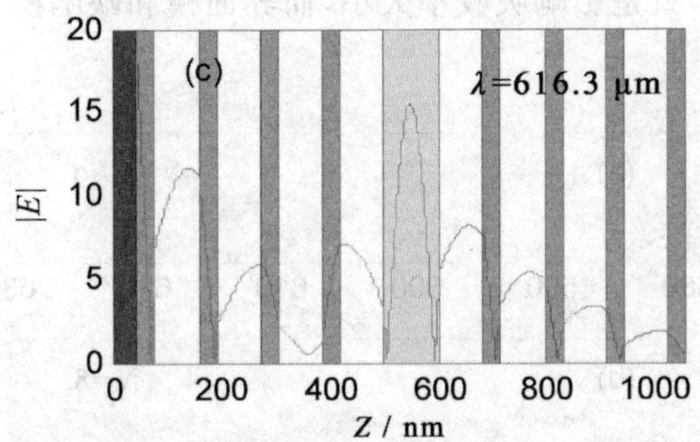

（c）异质结构 $M(BC)^N D(BC)^N$ 在共振峰 λ=66.3 μm处的电场分布特性

图 7-4　掺杂光子晶体结构和异质结构在共振峰处的电场分布特性

图 7-5 给出了异质结构 $M(BC)^N D(BC)^N$ 中，保持周期数 $N=4$ 不变，缺陷 D 具有不同耗散系数时对界面模和缺陷模之间耦合强度的影响。由图 7-5(a)可知，当缺陷的耗散系数 $k_D=0.0003$ 时，界面模和缺陷模之间的耦合强度最强，共振模发生劈裂。随着缺陷耗散系数 k_D 增大，两种模之间的耦合强度减弱，如图 7-5(b)和图 7-5(c)所示，当 $k_D=0.015$ 时，共振模发生吞并，形成一个吸收率近 1 的完全吸收峰。因此，可以通过调节缺陷的耗散吸收，调节完全吸收峰的数量。

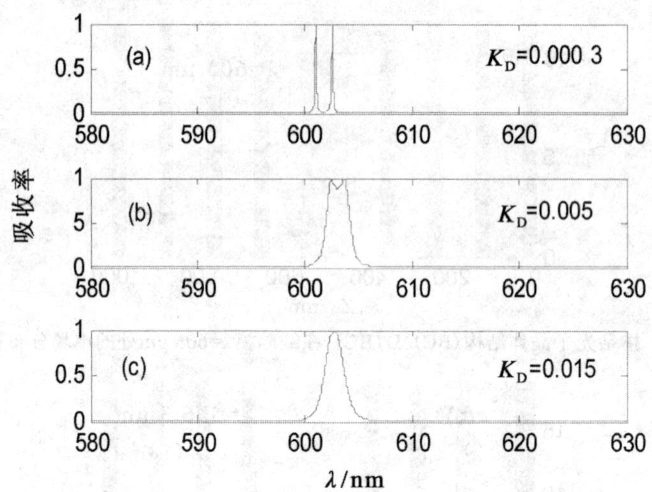

图 7-5　缺陷 D 具有不同耗散系数时，异质结构 $M(BC)^N D(BC)^N$ 的吸收率

以上讨论中，为了描述金属和异质结构中界面模和缺陷模的耦合机制，假定金属的吸收系数 $\gamma=0$。图 7-6 给出了在异质结构 $M(BC)^N D(BC)^N$ 中，金属 M 具有损耗 $\gamma=10\times10^{13}$ 时对其吸收率的影响。从图 7-6 可以看到当金属具有损耗，只是影响吸收率大小，而界面模和缺陷模之间的耦合强度不受影响。

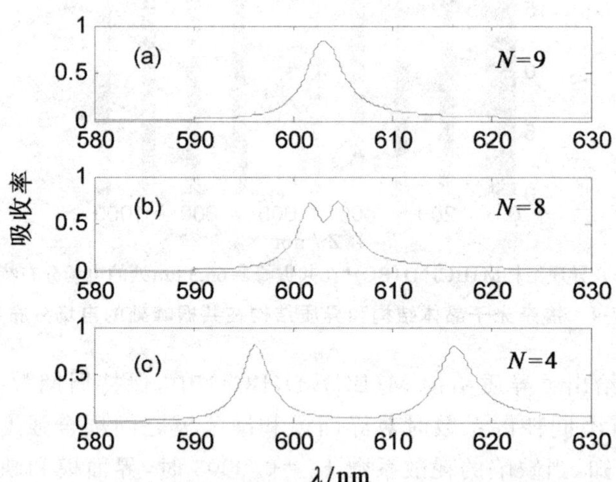

图 7-6　不同周期数 N 时，异质结构 $M(BC)^N D(BC)^N$ 的吸收率

(a) $N=9, d_D=3.128d_B, d_M=51$ nm; (b) $N=8, d_D=3.128d_B, d_M=51$ nm;

(c) $N=4, d_D=3.130d_B, d_M=46$ nm

总之，当金属和掺杂光子晶体中界面模和缺陷模耦合强度较大时，形成两个近似吸收率 1 的完全吸收峰；当耦合强度较弱时，两个共振吸收峰吞并成一个近似吸收率 1 的完全吸收峰。通过光子晶体周期数和缺陷的耗散系数可以调节界面模和缺陷模之间的耦合强度大小。当考虑金属损耗的影响时，金属损耗对界面模和缺陷模之间耦合强度没有影响，仅仅影响吸收率大小。

7.3　石墨烯和掺杂光子晶体增强吸收

石墨烯的一个独特光学特性是其在可见光和近红外区域的吸收几乎恒定[13-18]，但其在石墨烯中的光学吸收非常弱。它对某些光电器件如光学探测器的制造是不利的。因此，人们提出了多种增强石墨烯吸收的方法，包括在掺杂石墨烯纳米结构中使用激发等离子体激元，将石墨烯与传统等离子体纳米结构相结合，周期性地形成图形化石墨烯，以及将石墨烯与微腔结合[19-29]。此外，多层石墨烯结构由于载流子与不同层的电磁波相互作用，也会产生不同寻常的光学响应[30-33]。然而，对于由石墨烯和掺杂光子晶体组成的异质结构的光学吸收增强的研究很少。与之前报道的利用纳米结构或将石墨烯置于微腔中增强石墨烯吸收的方法相比，在大块材料或一维掺杂光子晶体(one dimensional doped photonic crystal，PCs)表面制备石墨烯薄膜相对容易。

为了让更多的光进入掺杂光子晶体，增强吸收，我们设计了异质结构 G$(BC)^N D(BC)^N$，放置于空气中，如图 7-7 所示，其中 G 表示石墨烯，在可见光

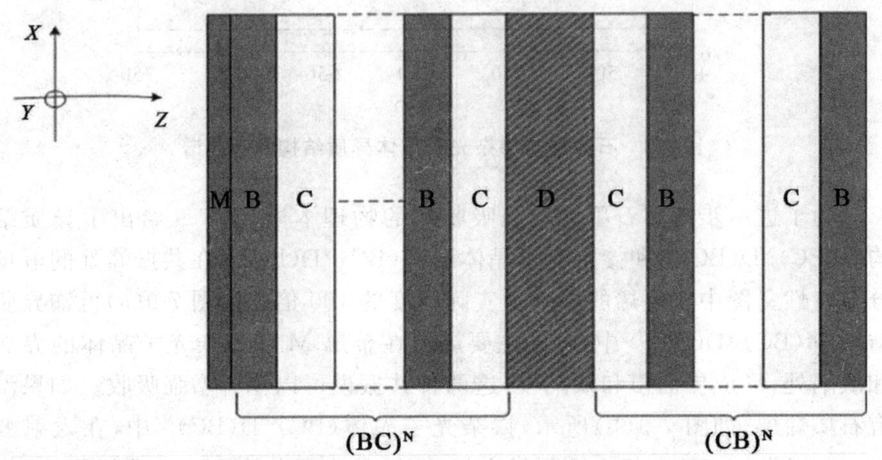

图 7-7　石墨烯和掺杂光子晶体组成的异质结构

范围，其波长依赖的折射指数表示为 $n(\lambda)=3.0+C_1\lambda/3\mathrm{i}(C_1=5.446\ \mu\mathrm{m}^{-1})$，单层石墨烯的厚度取 0.34 nm，$(BC)^N D(BC)^N$ 表示掺杂光子晶体，N 为周期数。在计算中取 $n_{rB}=n_{rD}=3.5$，$n_{rC}=1.456$，$k_B=k_C=0.000\,07$，$d_C=80$ nm，$d_D=3.141d_B$，且介质 B 和 C 折射率满足 $n_{rB}d_B=n_{rC}d_C$。

假定一束光从空气垂直入射到异质结构，其吸收谱如图 7-8 所示，G_1，G_2 和 G_3 表示单层，双层和三层石墨烯（石墨烯层之间的相互作用忽略），其中黑色的虚线表示单层石墨烯的吸收谱，蓝色的虚线表示掺杂光子晶体 $(BC)^N D(BC)^N$ 的吸收谱，绿色的实线表示 $G_1(BC)^N D(BC)^N$，即单层石墨烯和掺杂光子晶体组成的吸收谱，红色的实线表示 $G_1(BC)^N D(BC)^N$，即单层石墨烯和掺杂光子晶体组成的吸收谱。掺杂光子晶体缺陷的吸收参数取为 $k_D=0.004$。从图 7-8 可以看到，单层石墨烯的光吸收仅仅 2.3%，并且在可见光范围内，不受波长的影响。掺杂光子晶体的光吸收大约为 28.5%，如果单层石墨烯覆在掺杂光子晶体的前面，光吸收增强到 31.8%，如果掺杂光子晶体前面的覆层石墨烯增加到三层，光吸收增强到 37.6%。

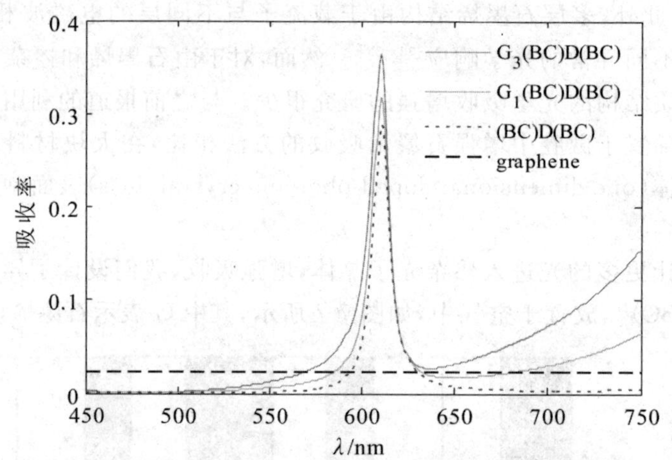

图 7-8　石墨烯与掺杂光子晶体异质结构的吸收谱

为了进一步理解石墨烯增强吸收率的物理本质，图 7-9 给出了异质结构 $G(BC)^N D(BC)^N$ 和掺杂光子晶体结构 $(BC)^N D(BC)^N$ 在共振峰处的电场分布特性。图中石墨烯的厚度为实际厚度的 100 倍。由图 7-9(a)可知异质结构 $M(BC)^N D(BC)^N$ 中，电场主要局域在金属 M 和掺杂光子晶体的界面和缺陷处，形成界面模和缺陷模，这两种共振模可以耦合增强吸收。如果没有石墨烯层，如图 7-9(b)所示，掺杂光子晶体 $(BC)^N D(BC)^N$ 中，在入射波长 $\lambda=612$ nm 时，电场主要局域在缺陷处，最大吸收率 28.5，对应图 7-8 中吸收峰。

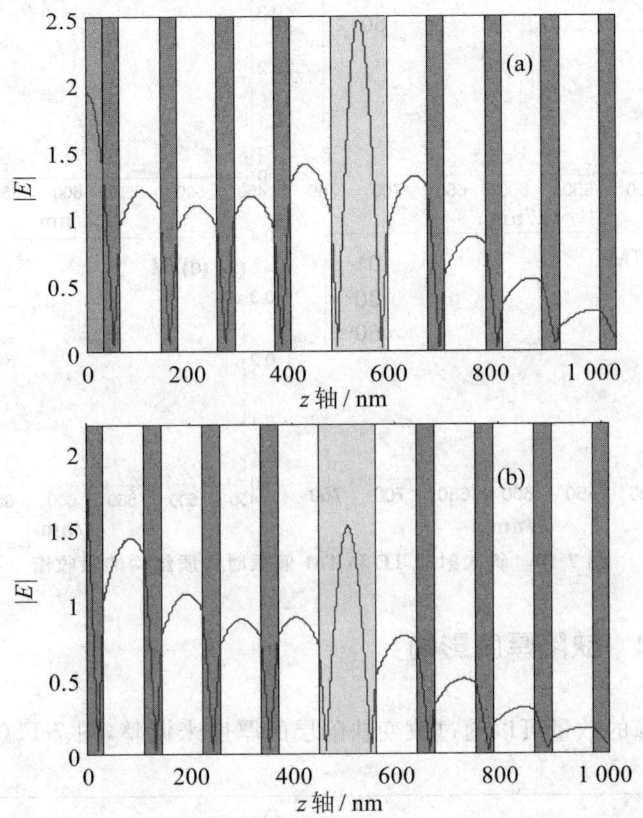

图 7-9　异质结构和掺杂光子晶体结构在共振峰处的电场分布

7.3.1　入射角对吸收的影响

图 7-10 给出了斜入射时 TE 和 TM 偏振时异质结构 $G(BC)^N D(BC)^N$ 的吸收谱，可以看到不论 TE 还是 TM 偏振，随着入射角的增大吸收峰都发生蓝移。TE 偏振时，随着入射角的增大，吸收增强；而 TM 偏振时，随着入射角的增大，吸收减小。例如，图 7-10(a)和(b)，当异质结构覆有石墨烯单层和三层时，在入射角 60°时，最大吸收分别为 39.2%和 41.7%，此时对应的入射波长 591 nm。TM 偏振时，如图 7-10(c)和(d)所示，当异质结构覆有石墨烯单层和三层时，在入射角 60°时，最大吸收分别减小为 20%和 26%，这是由于 TM 偏振时，电场矢量不再与石墨烯薄片平行，石墨烯的吸收减小。

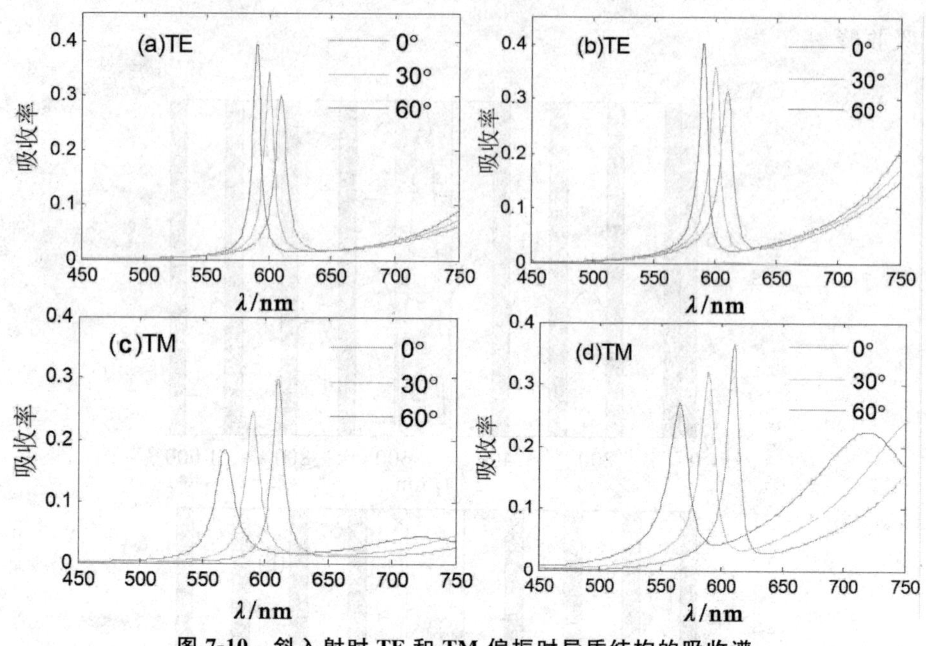

图 7-10　斜入射时 TE 和 TM 偏振时异质结构的吸收谱

7.3.2　缺陷厚度影响

吸收峰的数量可以通过改变缺陷层的厚度来调整，图 7-11(a)～(d)给

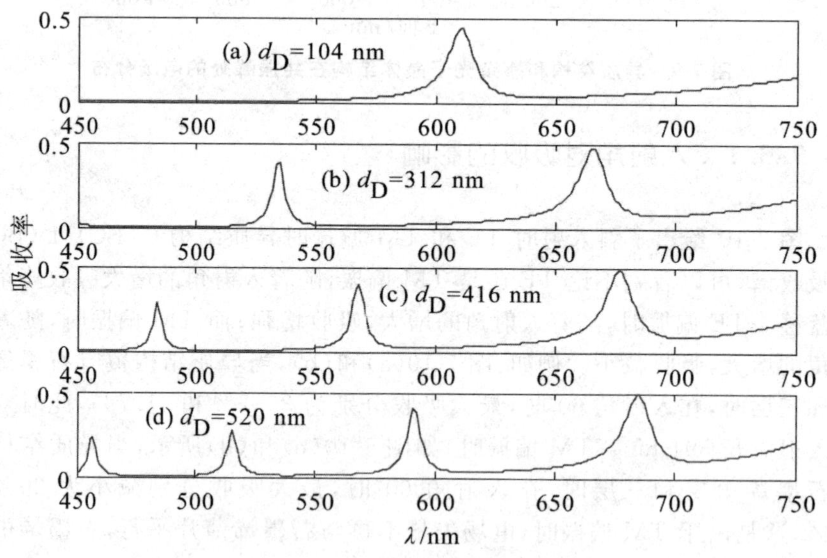

图 7-11　缺陷厚度影响示意图

出了异质结构$G(BC)^N D(BC)^N$ 对应缺陷厚度 d_D=104 nm,312 nm,416 nm 和 520 nm,可以看到吸收峰分别对应 1 个,2 个,3 个和 4 个。吸收峰的劈裂可以用紧束缚理论解释,这样我们可以通过调整缺陷层厚度,产生任意数量的吸收峰。这样的特性在制作光电探测器和吸收器方面是非常重要的。

7.4　本章小结

综上所述,我们从理论上首先研究了金属和掺杂光子晶体异质结构的吸收特性,发现当金属和掺杂光子晶体中界面模和缺陷模耦合强度较大时,形成两个近似吸收率 1 的完全吸收峰,当耦合强度较弱时,两个共振吸收峰吞并成一个近似吸收率 1 的完全吸收峰。通过光子晶体周期数和缺陷的耗散系数可以调节界面模和缺陷模之间的耦合强度大小。当考虑金属损耗的影响时,金属损耗对界面模和缺陷模之间耦合强度没有影响,仅仅影响吸收率大小。

接着研究了掺杂光子晶体和石墨烯组成异质结构的光学吸收特性。研究发现,在正常入射光下,石墨烯对异质结构的吸附能力比单层石墨烯增强约 16 倍。通过改变石墨烯的入射角和厚度,可以调节异质结构的吸光度。通过改变介质缺陷的厚度,可以调节吸收峰的数量。我们的方案使用现有的技术很容易实现,并且可能在光电器件中有潜在的重要应用。

参考文献

[1]Teyssier J,Saenko S V,Marel D V D,et al. Photonic crystals cause active colour change in chameleons[J]. Nature Communications,2015,6:6368.

[2]Gorshkov A V,Hung C L,Chang D E,et al. Quantum many-body models with cold atoms coupled to photonic crystals[J]. Nature Photonics,2015,9(5):326-331.

[3]Knight J C,Broeng J,Birks TA,et al. Photonic band gap guidance in optical fibers[J]. Science(New York,N. Y.),1998,282(5393):1476.

[4]Painter O,Lee R K,Scherer A,et al. Two-dimensional photonic band-Gap defect mode laser[J]. Science(New York,N. Y.),1999,284(5421):1819.

[5]Yang F R,Ma K P,Qian Y,et al. A novel TEM-waveguide using

uniplanar compact photonic band-gap (UC-PBG) structure[C]//Microwave Conference,1999 Asia Pacific. IEEE,1999. 2:323-326.

[6]Bonod N,Popov E. Total light absorption in a wide range of incidence by nanostructured metals without plasmons[J]. Optics Letters,2008,33(20):2398.

[7]Teperik T V,De Abajo J F G,Popov V V. Total light absorption in plasmonic nanostructures[J]. Journal of Optics A Pure & Applied Optics,2007,9(9):S458.

[8]Deng B,Guo Q,Li C,et al. Coupling-Enhanced Broadband Mid-Infrared Light Absorption in Graphene Plasmonic Nanostructures[J]. Acs Nano,2016,10(12):11172.

[9]Sun G,Chan C T. Frequency-selective absorption characteristics of a metal surface with embedded dielectric microspheres[J]. Physical Review E,2006,73(3):036613.

[10]Kang Y,Zhang C,Xue C,et al. Wannier stark ladder in one-dimensional photonic crystal coupled microcavity containing indefinite metamaterials[J]. Journal of Optics,2013,42(4):335-340.

[11]Dai X,Jiang L,Xiang Y. Tunable THz Angular/Frequency Filters in the Modified Kretschmann-Raether Configuration With the Insertion of Single Layer Graphene[J]. IEEE Photonics Journal,2015,7(2):1-8.

[12]Cheng M,Fu P,Chen X,et al. Giant and tunable Goos-Hänchen shifts for attenuated total reflection structure containing graphene[J]. Journal of the Optical Society of America B,2014,31(10):2325-2329.

[13]Tan W D,Su C Y,Knize R J,et al. Mode locking of ceramic nd: yttrium aluminum garnet with graphene as a saturable absorber[J]. Applied Physics Letters,2010,96(3):031106-031106-3.

[14]Bao Q,Zhang H,Wang B,et al. Broadband graphene polarizer[J]. Nature Photonics,2011,5(7):411-415.

[15]Fang Z,Liu Z,Wang Y,et al. Graphene-antenna sandwich photodetector[J]. Nano Letters,2012,12(7):3808.

[16]Ye Q,Wang J,Liu Z,et al. Polarization-dependent optical absorption of graphene under total internal reflection[J]. Applied Physics Letters,2013,102(2):021912-021912-4.

[17]Mak K F,Ju L,Wang F,et al. Optical spectroscopy of graphene: from the far infrared to the ultraviolet[J]. Solid State Communications,

2012,152(15):1341-1349.

[18]Zhu X,Shi L,Schmidt M S,et al. Enhanced light-matter interactions in graphene-covered gold nanovoid arrays[J]. Nano Letters,2013,13(10):4690-4696.

[19]Gan X,Mak K F,Gao Y,et al. Strong enhancement of light-matter interaction in graphene coupled to a photonic crystal nanocavity[J]. Nano Letters,2012,12(11):5626.

[20]Ferreira A,Peres N M R,Ribeiro R M,et al. Efficient graphene-based photodetector with two cavities[J]. Physical Review B Condensed Matter,2012,85(11).

[21]Liu J T,Liu N H,Li J,et al. Enhanced absorption of graphene with one-dimensional photonic crystal[J]. Applied Physics Letters,2012,101(5):666-R.

[22]Zhang Z,Du G,Jiang H,et al. Complete absorption in a heterostructure composed of a metal and a doped photonic crystal[J]. Journal of the Optical Society of America B,2010,27(5):909-913.

[23]Miloua R,Kebbab Z,Chiker F,et al. Peak,multi-peak and broadband absorption in graphene-based one-dimensional photonic crystal[J]. Optics Communications,2014,330:135-139.

[24]Kang Y,Zhang C,Mu T,et al. Resonant modes and inter-well coupling in photonic double quantum well structures with single-negative materials[J]. Optics Communications,2012,285(24):4821-4824.

[25]Yongqiang Kang,Chunmin Zhang,Peng Gao,et al. Electromagnetic resonance tunneling in a single-negative sandwich structure[J]. Journal of Modern Optics,2013,60(13):1021-1026.

[26]Xiang Y,Dai X,Wen S,et al. Omnidirectional and multiple-channeled high-quality filters of photonic heterostructures containing single-negative materials[J]. Journal of the Optical Society of America A,2007,24(10):28-32.

[27]Chen Y H,Varma S,Milchberg H M. Space-and time-resolved measurement of rotational wave packet revivals of linear gas molecules using single-shot supercontinuum spectral interferometry[J]. Journal of the Optical Society of America B,2008,25(7):B122-B132.

[28]Jiang H,Chen H,Li H,et al. Properties of one-dimensional photonic crystals containing single-negative materials[J]. Physical Review E

Statistical Nonlinear & Soft Matter Physics,2004,69(6 Pt 2):066607.

[29]Qin Q,Lu H,Zhu S N,et al. Resonance transmission modes in dual-periodical dielectric multilayer films[J]. Applied Physics Letters, 2003,82(26):4654-4656.

[30]Yongqiang Kang,Hongmei Liu. Wideband absorption in one dimensional photonic crystalwith graphene-based hyperbolic metamaterials [J]. Superlattices and Microstructures,2018,114:355-360.

[31]Yongqiang Kang, wenyi Ren, Qizhi Cao. Large tunable negative lateral shift from graphene-basedhyperbolic metamaterials backed by a dielectric[J]. Superlattices and Microstructures,2018,120:1-6.

[32]Yongqiang Kang,Hongmei Liu,Qizhi Cao. Wideband absorption in Thue-Morse quasiperiodic graphene-based hyperbolic metamaterials[J]. Optical Engineering,2018,57(3):037102.

[33]Yongqiang Kang,Hongmei Liu,Qizhi Cao. Enhanced absorption in heterostructure composed of graphene and a doped photonic crystal[J]. OPTOELECTRONICS AND ADVANCED MATERIALS,2018,12:665-669.

第 8 章　一维 Thue-Morse 准周期结构

准晶体是一种介于周期结构和无序结构之间，其缺少长程平移对称性，但具有一定取向序的非周期结构[1-6]。对电磁波在一维准晶体中的传播特性和局域特性已经取得了不少研究成果。一维准晶体结构主要包括斐波纳契(Fibonacci)序列和 Thue-Morse 序列。Fibonacci 序列具有康托尔集结构，其本征态既不扩展也不局域，有文献报道研究了含有双负材料的 Fibonacci 序列结构的光子晶体形成的能带结构，研究表明随着阶数的增长，全方向零均值相位带隙的宽度和位置出现极限值。而 Thue-Morse 序列的本征态具有奇特的连续谱，支持扩展态。正是由于 Thue-Morse 序列具有此种不同的性质，使得此结构表现出更多有趣的性质[2-5]。除了传统的带隙之外，有研究表明，由介电材料构成的 Thue-Morse 结构具有分形带隙，分形带隙的缩放因子使得这种结构形成全方向反射带隙。近年来，中山大学的课题组报道研究了含有单负材料的 Thue-Morse 准周期结构存在全方向反射带隙和平顶透射传输谱。

一维 Thue-Morse 准晶体结构是非周期结构[7-10]，其具有与 Fibonacci 准晶体序列很不相同的性质，其电子的性质可以看成处于 Fibonacci 准晶体和周期性晶体结构之间的一种过渡类型。Thue-Morse 序列和 Fibonacci 序列一样，都可以通过迭代生成，但是二者电子的本征态却不同，Thue-Morse 序列有类似布拉赫波的性质，表明 Thue-Morse 准晶体序列相比 Fibonacci 准晶体序列更接近于周期性晶体结构[10,11]。

8.1　理论模型

Thue-Morse 序列的形成方法很多，其最简单的一种形成方式为迭代法，即 $S_n = S_{n-1}\overline{S}_{n-1}$，令 $S_1 = AB$，$\overline{S}_{n-1}$ 序列可以通过交换 S_{n-1} 序列得到，即 $\overline{S}_{n-1} = BA$。其中，A，B 代表两种不同的材料元素。前几阶 Thue-Morse 序列可以写为：$S_1 = AB$，$S_2 = ABBA$，$S_3 = ABBABAAB$，……。由上面的迭代规则知道，Thue-Morse 序列中 A，B 的数目相等，总的元素个数随阶数 n 呈 2^n 增长。

考虑由各向同性右手材料 A 和各向异性左手材料 B,按照上面 Thue-Morse 序列排列,描述各向异性左手材料层 B 的介电常数和磁导率具有下列对角化的张量形式[11,12]:

$$\varepsilon_{\mathrm{B}}=\begin{bmatrix}\varepsilon_{\mathrm{B}x} & 0 & 0\\ 0 & \varepsilon_{\mathrm{B}y} & 0\\ 0 & 0 & \varepsilon_{\mathrm{B}z}\end{bmatrix},\mu_{\mathrm{B}}=\begin{bmatrix}\mu_{\mathrm{B}x} & 0 & 0\\ 0 & \mu_{\mathrm{B}y} & 0\\ 0 & 0 & \mu_{\mathrm{B}z}\end{bmatrix} \tag{8-1}$$

假设 TE 波从空气由入射角 θ 入射到 n 阶 Thue-Morse 结构,则在任意位置 z 和 $z+\Delta z$ 处的电场和磁场可由传输矩阵计算,其传输矩阵元为:

$$M_{L,R}=\begin{bmatrix}\cos(k_{L,Rz}d_{L,R}) & i\dfrac{\mu_{L,Rx}\omega}{k_{L,Rz}c}\sin(k_{L,Rz}d_{L,R})\\ i\dfrac{k_{L,Rz}c}{\mu_{L,Rx}\omega}\sin(k_{L,Rz}d_{L,R}) & \cos(k_{L,Rz}d_{L,R})\end{bmatrix} \tag{8-2}$$

其中,$k_{L,Rz}^2=\omega^2/c^2(\varepsilon_{L,Ry}\mu_{L,Rx}-\mu_{L,Rx}/\mu_{L,Rz}\sin^2\theta)$,$\varepsilon_{Rx}=\varepsilon_{Ry}=\varepsilon_{Rz}=\varepsilon_R$,$\mu_{Rx}=\mu_{Ry}=\mu_{Rz}=\mu_R$,$\theta$ 为真空到介质的入射角,c 为真空中的光速。其中,下角标 L,R 表示各向异性左手材料和各向同性右手材料。如果出射端介质也为空气,则透射系数和反射系数表示为:

$$r=\frac{\cos\theta(x_{n,11}-x_{n,22})-(\cos^2\theta x_{n,12}-x_{n,21})}{\cos\theta(x_{n,11}+x_{n,22})-(\cos^2\theta x_{n,12}+x_{n,21})}$$

$$t=\frac{2\cos\theta}{\cos\theta(x_{n,11}+x_{n,22})-(\cos^2\theta x_{n,12}+x_{n,21})} \tag{8-3}$$

式中,$x_{n,ij}$ $(i,j=1,2)$ 表示第 n 阶 Thou-Morse 结构总传输矩阵中的矩阵元素,总结构的传输矩阵可以通过迭代关系得到:

$$X_n=X_{n-1}\overline{X}_{n-1}$$

$$X_1=M(d_{\mathrm{A}})M(d_{\mathrm{B}}) \tag{8-4}$$

式中,$\overline{X}_{n-1}$ 为 X_{n-1} 的逆序列矩阵,可以通过交换 A,B 的次序得到。对于 TM 波的情形,根据对偶原理,只需要用 $\mu_{\mathrm{B}y}$ 代替 $\varepsilon_{\mathrm{B}y}$,$\varepsilon_{\mathrm{B}x}$ 代替 $\mu_{\mathrm{B}x}$,$\varepsilon_{\mathrm{B}z}$ 代替 $\mu_{\mathrm{B}z}$,就可以得到相应传输矩阵和波矢 $k_{L,R}$。

$$M_{L,R}=\begin{bmatrix}\cos(k_{L,Rz}d_{L,R}) & i\dfrac{\varepsilon_{L,Rx}\omega}{k_{L,Rz}c}\sin(k_{L,Rz}d_{L,R})\\ i\dfrac{k_{L,Rz}c}{\varepsilon_{L,Rx}\omega}\sin(k_{L,Rz}d_{L,R}) & \cos(k_{L,Rz}d_{L,R})\end{bmatrix} \tag{8-5}$$

其中,$k_{L,Rz}^2=\omega^2/c^2(\varepsilon_{L,Ry}\mu_{L,Rx}-\mu_{L,Rx}/\mu_{L,Rz}\sin^2\theta)$。

8.2 Thue-Morse 结构中全方向反射带隙

取右手材料 A 的厚度 $d_1=12$ mm,介电常数和磁导率分别为 $\varepsilon_{\mathrm{A}}=3$,

$\mu_A = 1$，各向异性左手材料 B 的厚度 $d_2 = 6$ mm，其介电常数和磁导率取 Drud 模型来描述[11]，对于 TE 模为：

$$\varepsilon_{By} = 1 - 100/\omega^2, \mu_{Bx} = 1.21 - 100/\omega^2, \mu_{Bz} = 2 \tag{8-6}$$

对于 TM 波为：

$$\mu_{By} = 1.21 - 100/\omega^2, \varepsilon_{Bx} = 1 - 100/\omega^2, \varepsilon_{Bz} = 2 \tag{8-7}$$

图 8-1 为正入射时，由右手材料和各向异性左手材料组成 Thue-Morse 结构的反射谱。图 8-1(a)、(b)、(c)、(d)分别对应 S_4 阶、S_5 阶、S_6 阶和 S_7 阶 Thue-Morse 序列的反射谱。从图 8-1 中可以看到，各阶 Thue-Morse 序列中均存在一个较宽的反射带隙，并且发现，反射带边缘随着阶数的增加，逐渐变得陡峭，在阶数增大到 S_6 以上时，反射带边缘基本保持不变。

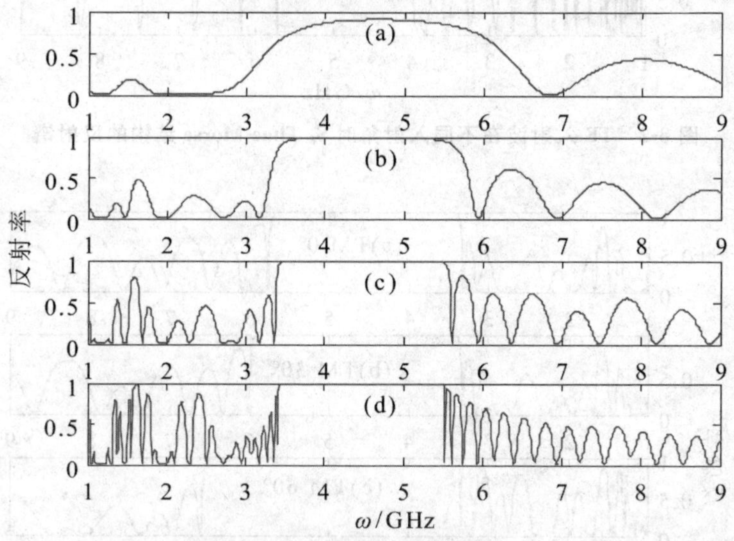

图 8-1 Thue-Morse 结构的反射谱

接着，研究该反射带隙是否与由正负折射指数材料交替排列构成的一维光子晶体的零均值折射带隙一样，不受入射角的影响，是全方向带隙。下面我们将以 s_6 为例，研究该 Thue-Morse 结构的反射谱随入射角的变化。图 8-2 给出了入射波为 TE 模时，入射角分别为 0°，30°，60°和 80°时的反射谱。从图中可以看到，随着入射角的增大，反射带的左边缘逐渐向高频移动，而反射带隙的右边缘基本保持不变，反射带隙逐渐变窄。

图 8-3 给出了入射波为 TM 模时，入射角分别为 0°，30°，60°和 80°时的反射谱。从图中可以看到，随着入射角的增大，反射带的右边缘逐渐向高频移动，而反射带隙的左边缘基本保持不变，反射带隙逐渐变宽。

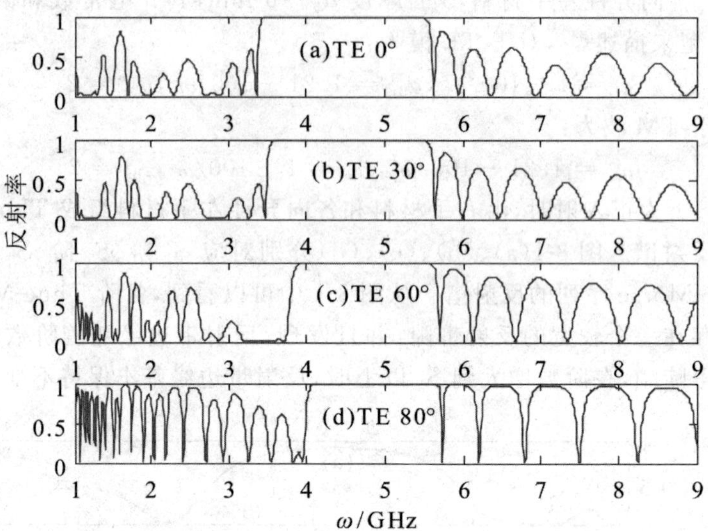

图 8-2　TE 入射波在不同入射角时 S_6 Thue-Morse 结构的反射谱

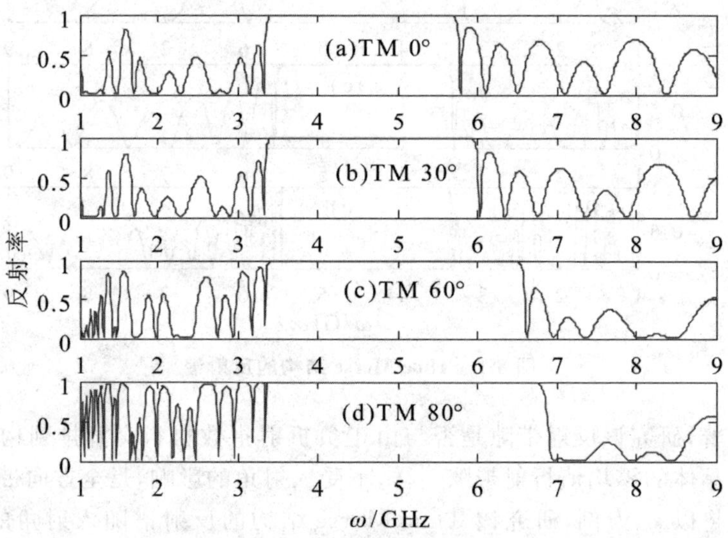

图 8-3　TM 入射波在不同入射角时 S_6 Thue-Morse 结构的反射谱

图 8-4 给出了不同偏振模式下，S_6 阶 Thue-Morse 结构的反射谱随入射角 0°～80°的变化，左半部分对应 TM 波，右半部分对应 TE 波。从图中可以看到，对于 TE 波反射带的高频边缘不受入射角的影响，而低频边缘随着入射角增大向高频方向移动，带隙变窄，与图 8-2 结果一致；而对于 TM 波，反射带的低频边缘不受入射角的影响，而高带边缘随着入射角增大，向

高频方向移动，带隙逐渐增宽，与图 8-3 结果一致。因此，由图 8-5 可知，如果要想得到全方向带隙，可以取频率范围为 4～6 GHz。

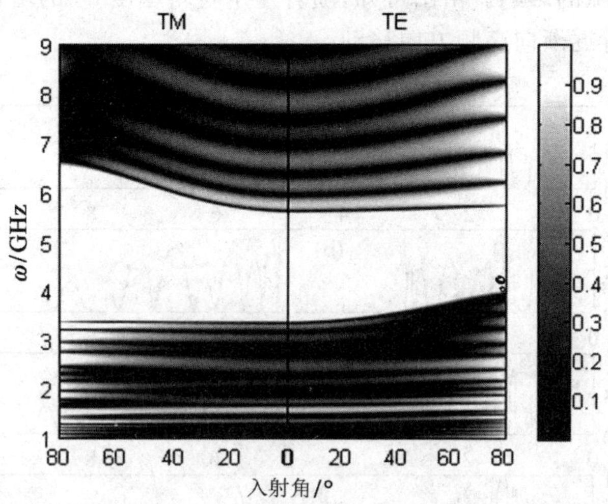

图 8-4　不同偏振模式下 S_6 Thue-Morse 结构的反射谱随入射角的变化左半部分对应 TM 波，右半部分对应 TE 波

8.3　Thue-Morse 结构的材料特性对反射谱的影响

8.3.1　Thue-Morse 结构反射谱受右手材料厚度的影响

我们以 Thue-Morse 结构 S_6 为例，研究材料厚度对该结构反射带隙的影响，图 8-5 和图 8-6 分别对应入射电磁波为 TE 模和 TM 模时，保持各向异性左手材料厚度 $d_2=6$ mm 不变，而右手材料的厚度分别为(a)$d_1=12$ mm，(b)$d_1=16$ mm，(c)$d_1=20$ mm，(d)$d_1=24$ mm 时对反射带隙的变化。由图可知，无论是 TE 模还是 TM 模，随着右手材料厚度 d_2 的增长，该结构反射带隙的位置都逐渐向低频方向移动。

8.3.2　Thue-Morse 结构反射谱受各向异性左手材料厚度的影响

图 8-7 和图 8-8 分别为入射电磁波为 TE 偏振模和 TM 偏振模时，保持

右手材料 $d_2=12$ mm 不变，而各向异性左手材料的厚度分别为(a) $d_1=6$ mm，(b) $d_1=8$ mm，(c) $d_1=10$ mm，(d) $d_1=12$ mm 时对 Thue-Morse 结构 S_6 反射带隙的影响。由图可知，随着左手材料厚度 d_2 的增长，该结构反射带隙的位置逐渐向高频方向移动。

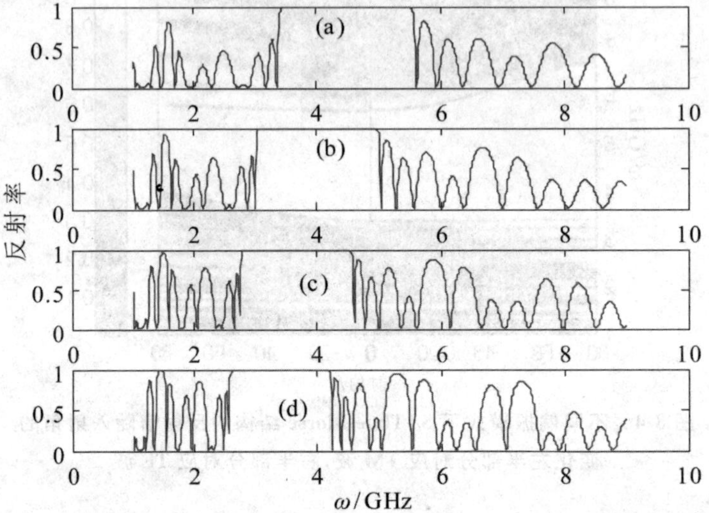

图 8-5　TE 波时，Thue-Morse 结构反射谱受右手材料厚度的影响

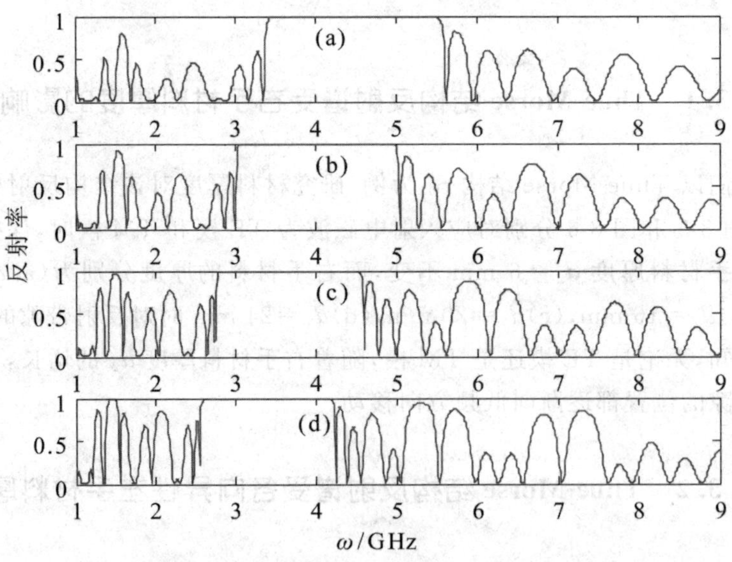

图 8-6　TM 波时，Thue-Morse 结构反射谱受右手材料厚度的影响

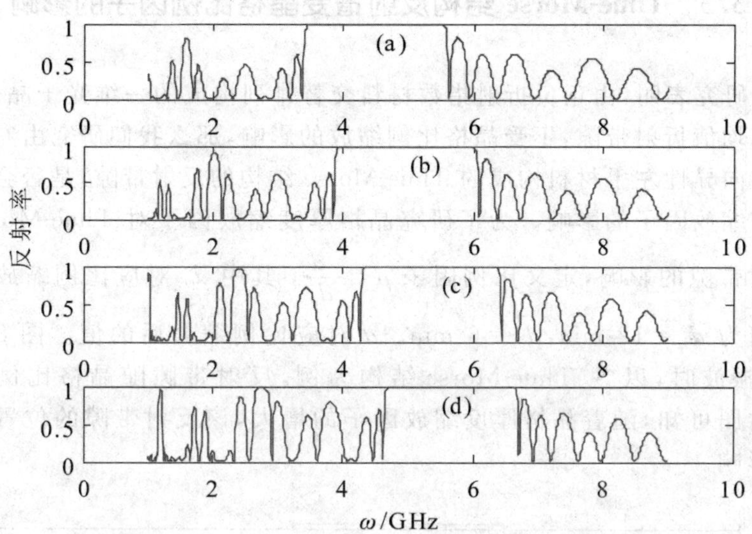

图 8-7　TE 偏振模时，Thue-Morse 结构反射谱受各向异性左手材料厚度的影响

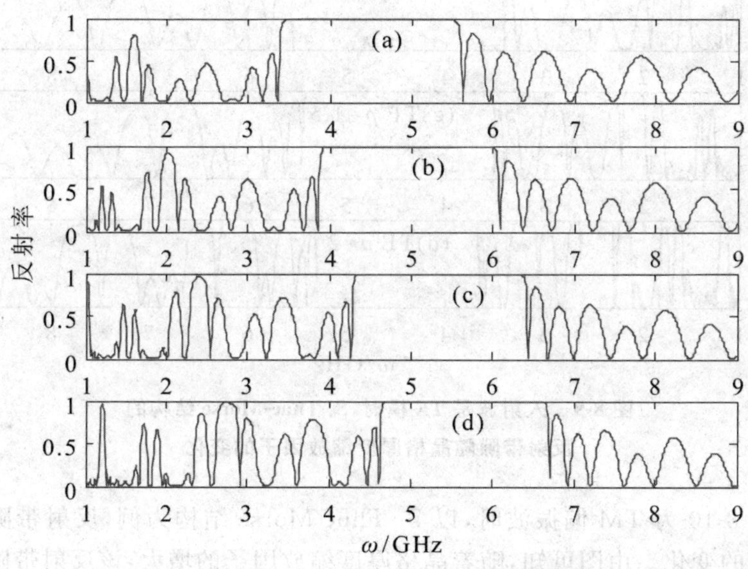

图 8-8　TM 偏振模时，Thue-Morse 结构反射谱受各向异性左手材料厚度的影响

8.3.3 Thue-Morse 结构反射谱受晶格比例因子的影响

有研究表明，由正负折射指数材料交替排列构成的一维光子晶体，形成的零均值折射带隙，不受晶格比例缩放的影响，那么我们研究由右手材料和各向异性左手材料构成的 Thue-Morsc 结构的反射带隙，是否会受晶格比例缩放因子的影响。为了研究晶格厚度缩放因子对 Thue-Morse 结构反射带隙的影响，定义比例因子 $\rho=\dfrac{d}{d_0}$，其中 d_0 对应比例缩放前厚度取值为 $d_1=12$ mm，$d_2=6$ mm。d 对应比例缩放后的值。图 8-9 为 TE 偏振波时，以 S_6 Thue-Morse 结构为例，反射带隙随晶格比例的变化。由图可知，随着晶格厚度缩放因子的增大，该反射带隙的位置几乎不受影响。

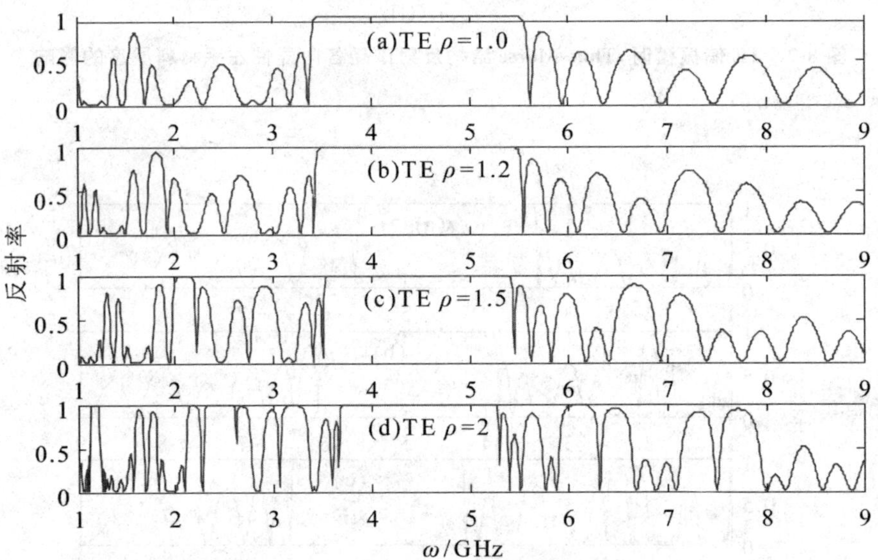

图 8-9 入射波是 TE 模时，S_6 Thue-Morse 结构的反射带隙随晶格厚度缩放因子的变化

图 8-10 为 TM 偏振波时，以 S_6 Thue-Morse 结构为例，反射带隙随晶格比例的变化。由图可知，随着晶格厚度缩放因子的增大，该反射带隙的位置几乎不受影响。

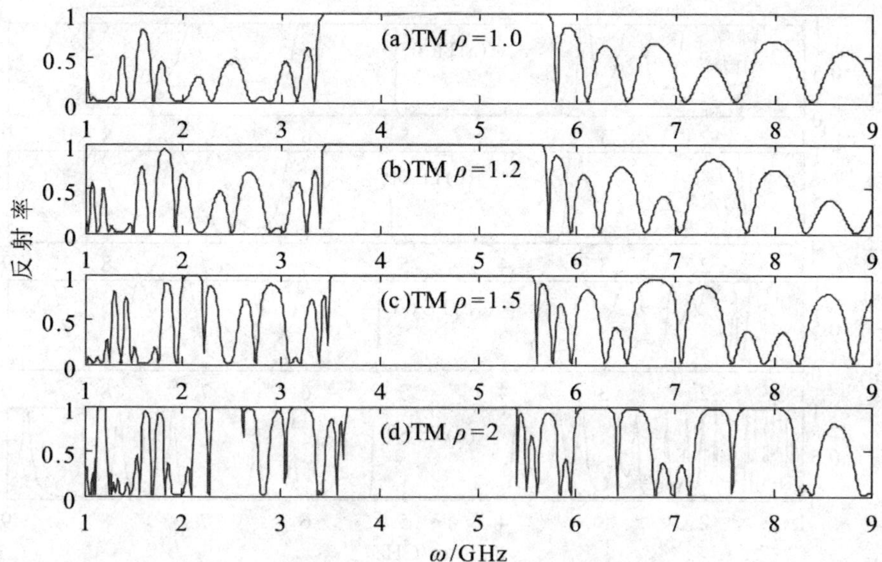

图 8-10　入射波是 TM 模时，S_6 Thue-Morse 结构的反射带隙随晶格厚度缩放因子的变化

8.4　含缺陷时 Thue-Morse 结构的透射谱

众所周知，如果在一维光子晶体中，掺杂一个缺陷层，则在透射谱中将会出现一条缺陷模，如果缺陷模出现在零均值相位带隙中，将不受入射角和偏振的影响，具有全向特性，那么在本章研究的一维 Thue-Morse 准晶结构中掺杂一缺陷层 C，在禁带中出现的缺陷模会不会有同样的性质，下面我们同样以 S_6 Thue-More 结构为例来研究其特性。设缺陷层的相对介电常数和相对磁导率为 $\varepsilon_c = 2.5$，$\mu_c = 1$。图 8-11 为 TE 入射波在不同入射角时，含缺陷的 S_6 Thue-Morse 结构 S_6CS_6 的透射谱，(a) 0°，(b) 30°，(c) 60°，(d) 80°。由图可知，入射角在 0°～80°内增大，禁带中缺陷的位置变化非常微弱。

图 8-12 为 TM 入射波在不同入射角时，含缺陷的 S_6 Thue-Morse 结构 S_6CS_6 的透射谱，(a) 0°，(b) 30°，(c) 60°，(d) 80°。由图可知，对于 TM 模，在入射角小于 30°时，对缺陷模位置的影响比较弱，当随着入射角大于 60°时，禁带中缺陷的位置受入射角影响较大，移向高频方向。

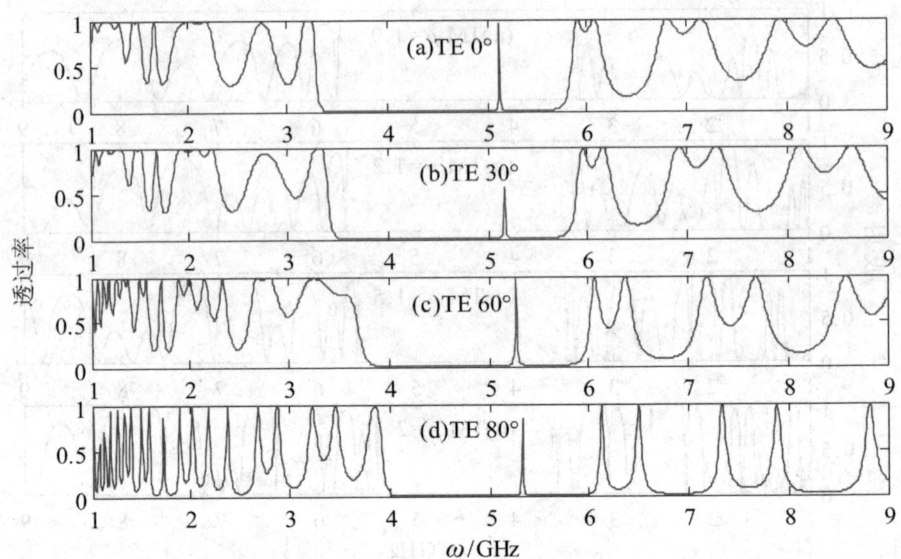

图 8-11 TE 入射波在不同入射角时含缺陷的 S_6 Thue-Morse 结构的透射谱

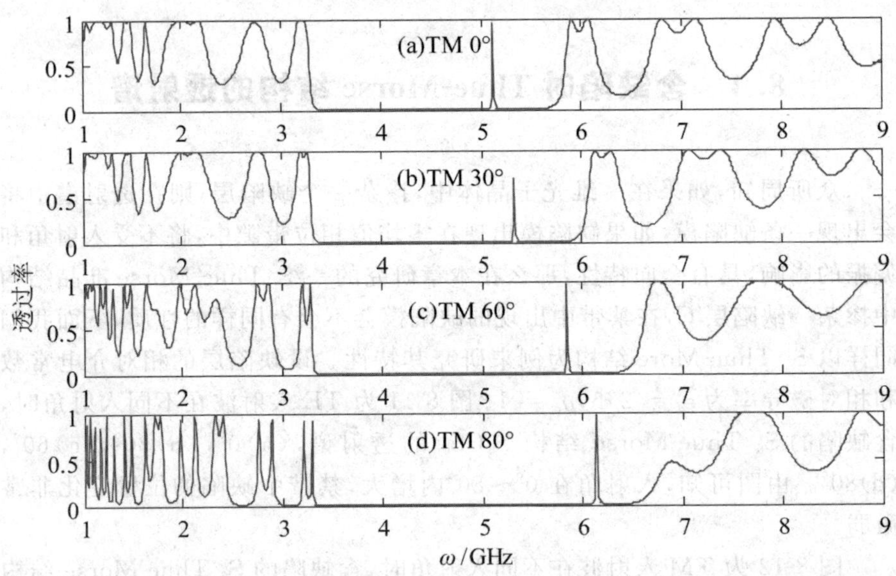

图 8-12 TM 入射波在不同入射角时含缺陷的 S_6 Thue-Morse 结构 S_6CS_6 的透射谱

总之，我们研究了由各向同性右手材料和各向异性左手材料组成的 Thue-Morse 一维准晶结构的反射带隙和透射特性，结果表明该结构中存在一个全方向反射带隙，该带隙随着 Thue-Morse 结构阶数的增大，位置基本保持不变。此带隙的位置和宽度，不受晶格比例缩放因子的影响。带隙的位置可以通过调节两材料的厚度比决定，带隙的宽度可以由 TE 模的低频带边缘和 TM 波的高频带边缘来决定。如果在该结构中插入一缺陷层，会在相应的透射谱中出现一条缺陷模，对 TE 模，缺陷模的位置受入射角的影响很弱，而对 TM 模，缺陷模的位置随入射角的增大，向高频方向移动。

8.5 含石墨烯基双曲超材料 Thue-Mose 准周期结构的吸收特性

近年来，由于太阳能电池、等离子体探测器、高效热发射器等各种技术的应用，宽带高吸收效率引起了人们的广泛关注[12−17]。石墨烯是一种二维蜂窝单层结构，具有多种优异的光学和电子性能[18−22]。研究表明，未掺杂石墨烯片的吸收率仅为 2.3%。近年来，越来越多的人关注于增强石墨烯在中红外和 THz 频率范围内的吸收。Sukosin 等人发现，将掺杂的石墨烯薄片制成周期性的纳米圆盘阵列可以实现完美的吸收。Peres 等研究表明，在 THz 频率范围下，石墨烯覆在光子晶体的吸收可增强约三倍。然而，这些结果显示吸收带宽非常窄。

双曲超材料(HMM)是一种具有色散关系双曲形状的各向异性介质[23−30]，在负折射、光波导和成像超透镜等方面有着广泛的应用前景[31−39]。Xiang 提出代替吸收薄膜的临界耦合共振结构获得完美的光吸收，是双曲超材料的一种新颖设计。然而，据笔者所知，基于石墨烯的双曲超材料(GHMM)的 Thue-Morse 准周期结构的宽带吸收研究甚少。本节从理论上研究了具有 GHMM 的 Thue-Morse 准周期结构在中红外波段的宽带吸收特性。

石墨烯片电导率可由 Kubo 公式计算[12,21]。石墨烯的表面电导率可以表示为带内项和带间项之和：

$$\sigma_{\text{intra}} = \frac{ie^2 k_B T}{\pi \hbar^2 (\omega + i/\tau)} \left(\frac{E_f}{k_B T} + 2\ln\left(e^{-\frac{E_f}{k_B T}} + 1\right) \right) \tag{8-8}$$

$$\sigma_{\text{inter}} = \frac{ie^2}{4\pi \hbar} \ln \left| \frac{2E_f - \hbar(\omega + i/\tau)}{2E_f + \hbar(\omega + i/\tau)} \right| \tag{8-9}$$

式中，ω 为辐射频率；$\hbar$为普朗克简化常数；k_B 为玻尔兹曼常数；e 为电子电荷；T 为温度；E_f 为费米能量；τ 为电子声子弛豫时间。假设石墨烯片的电子带结构不受相邻片的影响，则石墨烯的有效介电常数可以写成[12,19]：

$$\varepsilon_G = 1 + i\frac{\sigma}{d_G\omega\varepsilon_0} \tag{8-10}$$

式中，d_G 为石墨烯片厚度；ε_0 为空气中的介电常数。

所设计的石墨烯基双曲超材料结构如图 8-13 所示，描绘了一个由电介质 C(氯化铯铅 $CsPbCl_3$)和石墨烯组成的 GHMM 单元。

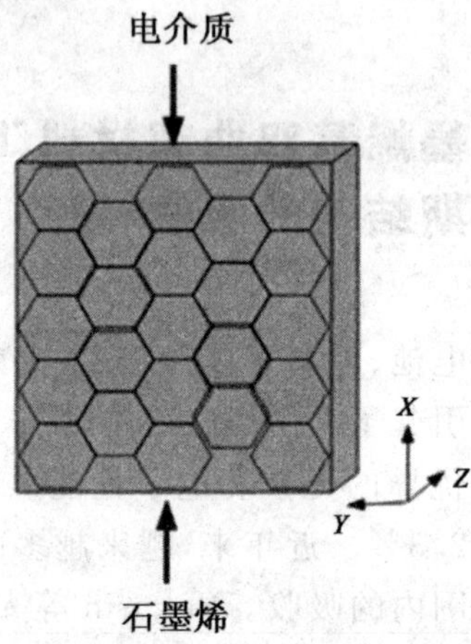

图 8-13　损耗介质、常规材料层和 GHMM 单元

利用有效介质理论研究电磁波在各向异性 GHMM 中的传播，GHMM 具有以下张量分量[12]：

$$\varepsilon = \begin{pmatrix} \varepsilon_x & & \\ & \varepsilon_y & \\ & & \varepsilon_z \end{pmatrix} \tag{8-11}$$

式中，$\varepsilon_x = \varepsilon_y = \varepsilon_{\parallel}$，$\varepsilon_z = \varepsilon_{\perp}$。根据等效介质近似理论，$\varepsilon_{\parallel}$ 和 $\varepsilon_{\perp}$ 分别是相对介点常数的平行和垂直分量，可以表示为：

$$\varepsilon_{\parallel} = \frac{d_G\varepsilon_G + d_C\varepsilon_C}{d_G + d_C}$$

$$\varepsilon_{\perp} = \frac{\varepsilon_G\varepsilon_C(d_G + d_C)}{d_G\varepsilon_C + d_C\varepsilon_G} \tag{8-12}$$

式中，ε_C 为介电常数；d_c 为介电厚度。对于结构中的 TM 波传播，给出的空间色散曲线为：

$$\frac{k_z^2}{\varepsilon_x} + \frac{k_x^2}{\varepsilon_z} = k_0^2 \tag{8-13}$$

式中，k_0 为自由空间波矢量；k_x 和 k_z 分别为结构中沿 x 和 z 方向的波矢量。由式(8-13)可知，色散曲线为双曲线时，这种石墨烯-介电层状结构称为石墨基双曲超材料。

8.5.1　结构模型

设 A、B、Q 分别为有损耗介质层、常规材料层、石墨烯基双曲超材料(GHMM)，其厚度分别为 d_A、d_B、d_Q，如图 8-14 所示。图 8-14 所考虑的系统由 A、B、Q 三层按 Thue-Morse 序列的规律沿 z 方向交替堆叠而成[12]。也就是说，$S_n = S_{n-1}\overline{S}_{n-1}$，其中 $S_1 = ABQ$，这里 n 表示 Thue-Morse 阶，$\overline{S}_{n-1}$ 是 AB 和 Q 互换得到的补码，较低阶 Thue-Morse 序列由字符串表示为 $S_1 = ABQ$，$S_2 = ABQQAB$，$S_3 = ABQQABABQQAB$，等等。

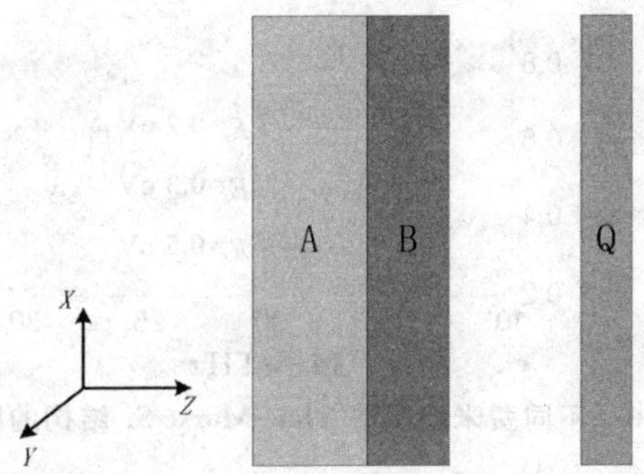

图 8-14　损耗介质、常规材料层和 GHMM

本节继续采用传输矩阵法研究具有石墨烯基双曲超材料的 Thue-Mores 准周期结构的吸收特性。传输矩阵法在之前的文献中已经给出[40—49]。吸收系数(A)可以用反射系数 r 和透射系数 t 的公式计算：$A = 1 - |r|^2 - |t|^2$。

图 8-15 分析了不同入射角频率下 Thue-Morse 准周期 S_4 结构的吸收带——反射、透射和吸收。由图可知在 16～27 THz 频率范围内实现了约 80%的宽带吸收。

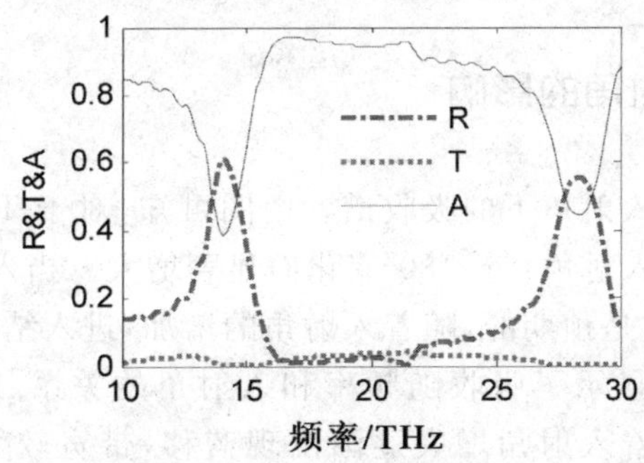

图 8-15　Thue-Morse S_4 结构的反射、传输和吸收

8.5.2 石墨烯费米能的影响

如图 8-16 给出了费米能对吸收带的影响，由图可知，随着费米能的增大，左吸收带边缘有轻微的蓝移，而右吸收带边缘几乎没有影响。因此吸收带随着费米能 E_f 的增加而变窄，在高频率和低频率下吸收值分别变小和增大。图 8-17 给出了 S_4 结构的吸收随频率随介质层 C 厚度的变化。可以看出，吸收带宽和吸收值受介质层 C 厚度 d_C 的影响较小。

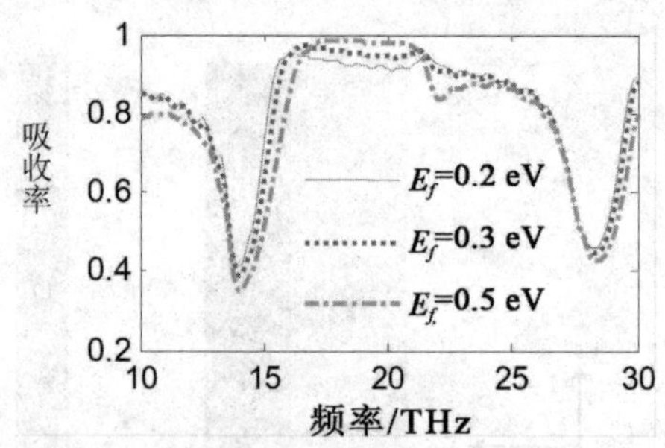

图 8-16 不同费米能量的 Thue-Morse S_4 结构的吸收谱

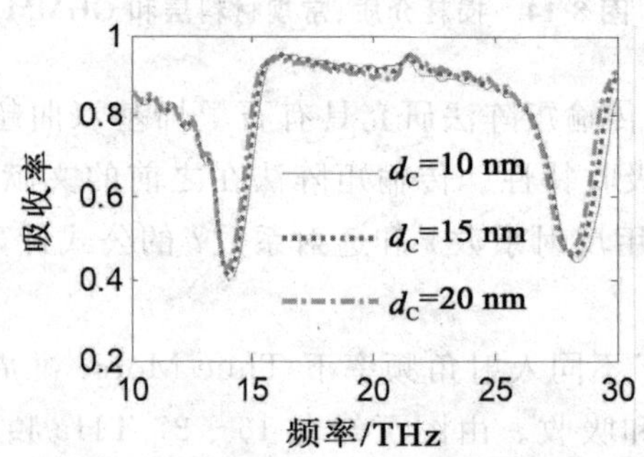

图 8-17 显示了 Thue-Morse S_4 吸收随介电层 C 的变化

8.5.3 入射角的影响

图 8-18(a)为入射角下的吸收谱。由图可知，对于 TM 模式，吸收略有下降，但带宽随着入射角 0°～180°变化而显著增大。当入射角增加到 180°，吸收显著降低。这是预期的，随着入射角的增加，进入结构的入射光子就会减少。图 8-18(b)显示了吸收随频率和入射角的关系。结果表明，在 TM 模式下，吸收带随着入射角增大逐渐出现蓝移，带宽较大，吸收较小，与图 8-18(a)的结果一致。

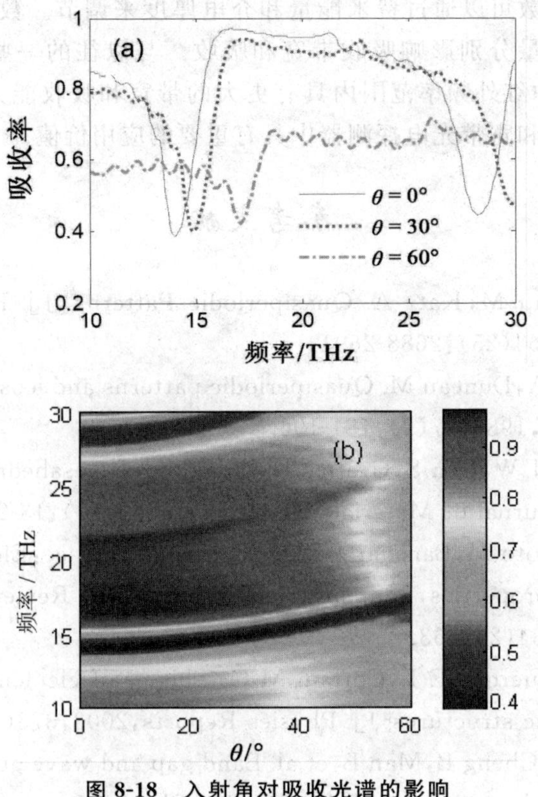

图 8-18　入射角对吸收光谱的影响

8.6　本章小结

总之，我们研究了由各向同性右手材料和各向异性左手材料组成的 Thue-Morse 一维准晶结构的反射带隙和透射特性，结果表明：该结构中存在一个全方向反射带隙，该带隙随着 Thue-Morse 结构阶数的增大，位置基本保持不变。此带隙的位置和宽度不受晶格比例缩放因子的影响。带隙的位置可以通过调节两材料的厚度比决定，带隙的宽度可以由 TE 模的低频带边缘和 TM 波的高频带边缘来决定。如果在该结构中插入一缺陷层，会在相应的透射谱中出现一条缺陷模，对 TE 模，缺陷模的位置受入射角的影响很弱，而对 TM 模，缺陷模的位置随入射角的增大，向高频方向移动。

此外，本章还研究了由有损耗介质、常规材料层和 GHMM 组成的准周期结构按照递归 Thue-Morse 序列排列时的吸收特性。结果表明：GHMM

的有效介电常数可以通过费米能量和介电厚度来调节。数值结果表明：入射角和费米能量分别影响吸收带宽和吸收。与以往的一些传统吸收体相比，该结构在中红外频率范围内具有更大的带宽和吸收能力。宽带吸收技术在红外隐身和宽带光电探测器中具有重要的应用价值。

参考文献

[1]Duneau M, Katz A. Quasiperiodic Patterns[J]. Physical Review Letters, 1985, 54(25): 2688-2691.

[2]Katz A, Duneau M. Quasiperiodic patterns and icosahedral symmetry[J]. J Phys, 1986, 47(2): 181-196.

[3]Cahn J W, Dan S, Gratias D. Indexing of icosahedral quasiperiodic crystals[J]. Journal of Materials Research, 1986, 1(1): 13-26.

[4]Kohmoto M, Banavar J R. Quasiperiodic lattice: Electronic properties, phonon properties, and diffusion[J]. Physical Review B Condensed Matter, 1986, 34(2): 563.

[5]Albuquerque E L, Cottam M G. Theory of elementary excitations in quasiperiodic structures[J]. Physics Reports, 2003, 376(4): 225-337.

[6]Jin C, Cheng B, Man B, et al. Band gap and wave guiding effect in a quasiperiodic photonic crystal[J]. Applied Physics Letters, 1999, 75(13): 1848-1850.

[7]Biancalana F. All-optical diode action with Thue-Morse quasiperiodic photonic crystals[J]. Proceedings of Spie the International Society for Optical Engineering, 2008, 104(9): 093113-093113-5.

[8]Shramkova O V, Schuchinsky A G. Gaussian pulse scattering by nonlinear thue-morse quasiperiodic multilayers[C]//International Conference on Mathematical Methods in Electromagnetic Theory, 2012.

[9]Biancalana F. All-optical diode action with Thue-Morse quasiperiodic photonic crystals[C]//Photonics Europe, 2008.

[10]Gumbs G, Dubey G S, Salman A, et al. Statistical and transport properties of quasiperiodic layered structures: Thue-Morse and Fibonacci[J]. Physical Review B Condensed Matter, 1995, 52(1): 210.

[11]康永强，高鹏，刘红梅，等. 含各向异性左手材料的一维 Thue-Mores 准周期结构的反射带隙[J]. 光子学报，2015，44(3)：319004-0319004.

[12]Yongqiang Kang, Hongmei Liu, Qizhi Cao. Wideband absorption

in Thue-Morse quasiperiodic graphene-based hyperbolic metamaterials[J]. Optical Engineering,2018,57(3):037102

[13] Carsten Rockstuhl, Falk Lederer. Perfect absorbers on curved surfaces and their potential applications[J]. Optics Express, 2012, 20: 18370-18376.

[14]Lim G K,Chen Z L,Clark J,et al. Giant broadband nonlinear optical absorption response in dispersed graphene single sheets[J]. Nature Photonics,2011,5(9):554-560.

[15]Ning R,Liu S,Zhang H,et al. A wide-angle broadband absorber in graphene-based hyperbolic metamaterials[J]. European Physical Journal Applied Physics,2014,68:20401.

[16]Wang Y,Jiang Y N,Li S M,et al. A broadband polarization insensitive graphene absorber with wide incident angle,IEEE International Conference on Communication Problem-Solving[J]. IEEE,2015:233-235.

[17] Andrews A M,Detz H,Furchi M,et al. Microcavity-integrated graphene photodetector[J].Nano Letters,2012,12(6):2773.

[18]Peng J,Gao W,Gupta B K,et al. Graphene quantum dots derived from carbon fibers[J]. Nano Letters,2012,12(2):844.

[19]El-Naggar S A. Tunable terahertz omnidirectional photonic gap in one dimensional graphene-based photonic crystals[J]. Optical and Quantum Electronics,2015,47(7):1-10.

[20]Singh B K,Pandey P C. Effect of temperature on terahertz photonic and omnidirectional band gaps in one-dimensional quasi-periodic photonic crystals composed of semiconductor InSb[J]. Applied Optics,2016, 55(21):5684.

[21] Xiang Y, Dai X, Guo J, et al. Critical coupling with graphene-based hyperbolic metamaterials[J]. Scientific Reports,2014,4:5483.

[22]Ning R,Liu S,Zhang H,et al. Wideband absorption in fibonacci quasi-periodic graphene-based hyperbolic metamaterials[J]. Journal of Optics,2014,16:125108.

[23] Thongrattanasiri S, Koppens F H, Fj G D A. Complete optical absorption in periodically patterned graphene[J]. Physical Review Letters, 2012,108(4):047401.

[24]Hashemi M, Farzad M H, Mortensen N A, et al. Enhanced absorption of graphene in the visible region by use of plasmonic nanostruc-

tures[J]. Journal of Optics, 2013, 15(5): 5003.

[25] Smith D R, Schurig D. Electromagnetic wave propagation in media with indefinite permittivity and permeability tensors[J]. Physical Review Letters, 2002, 90(7): 077405.

[26] Othman M A, Guclu C, Capolino F. Graphene-based tunable hyperbolic metamaterials and enhanced near-field absorption[J]. Optics Express, 2013, 21(6): 7614-32.

[27] Jiao Z, Ning R, Xu Y, et al. Tunable angle absorption of hyperbolic metamaterials based on plasma photonic crystals[J]. Physics of Plasmas, 2016, 23(6): 077405-1865.

[28] Mikhailov S A, Ziegler K. New Electromagnetic Mode in Graphene[J]. Phys. Rev. lett, 2007, 99(1): 016803.

[29] Vakil A, Engheta N. Transformation optics using graphene[J]. Science, 2011, 332(6035): 1291-4.

[30] Dasilva A M, Chang Y C, Norris T, et al. Enhancement of photonic density of states in finite graphene multilayers[J]. Physical Review B, 2013, 88(19): 5326-5333.

[31] Moretti L, Mocella V. Two-dimensional photonic aperiodic crystals based on Thue-Morse sequence[J]. Optics Express, 2007, 15(23): 15314-23.

[32] Ma T, Liang C, Wang L G, et al. Electronic band gaps and transport in aperiodic graphene superlattices of Thue-Morse sequence[J]. Applied Physics Letters, 2012, 100(25): 666-181.

[33] Kang Y, Zhang C, Mu T, et al. Resonant modes and inter-well coupling in photonic double quantum well structures with single-negative materials[J]. Optics Communications, 2012, 285(24): 4821-4824.

[34] Zhu W, Xiao F, Kang M, et al. Tunable terahertz left-handed metamaterial based on multi-layer graphene-dielectric composite[J]. Applied Physics Letters, 2014, 104(5): 051902-051902-4.

[35] Liu J T, Liu N H, Wang L, et al. Gate-tunable nearly total terahertz absorption in graphene with resonant metal back reflector[J]. EPL, 2013 104(5): 298-304.

[36] Andryieuski A, Lavrinenko A. V, Graphene metamaterials based tunable terahertz absorber: effective surface conductivity approach[J]. Opt. Express 2013, 21(7): 9144-9155.

[37]Janaszck, B. Tyszka-Zawadzka, A. and Szczepański, P. Control of gain/absorption in tunable hyperbolic metamaterials[J]. Opt. Express, 2017,25:13153-13162.

[38]Ma Y, Chen Q, Grant J, et al. A terahertz polarization insensitive dual band metamaterial absorber[J]. Optics Letters, 2011 36(6):945-947.

[39]Lim G K, Chen Z L, Clark J, et al. Giant broadband nonlinear optical absorption response in dispersed graphene single sheets[J]. Nature Photonics, 2011, 5(9):554-560.

[40]Yongqiang Kang, Chunmin Zhang, Tingkui Mu, et al. Resonant modes and inter-well coupling in photonic double quantum well structures with single-negative materials[J]. Opt. Commun, 2012, 285(24): 4821-4824.

[41]Yongqiang Kang, Chunmin Zhang. Resonant modes in photonic multiple quantum well structures with single-negative materials[J]. Optik, 2013, 124(22):5430-5433.

[42]Yongqiang Kang, Chunmin Zhang, Peng Gao, et al. Electromagnetic resonance tunneling in a single-negative sandwich structure[J]. Journal of Modern Optics, 2013, 60(13):1021-1026.

[43]Yongqiang Kang, Chunmin Zhang, Chunhua Xue et al. Wannier stark ladder in one-dimensional photonic crystal coupled microcavity containing indefinite metamaterials[J]. Journal of Optics, 2013, 42(4): 335-340.

[44]Yongqiang Kang, Hongmei Liu. Wideband absorption in one dimensional photonic crystalwith graphene-based hyperbolic metamaterials [J], Superlattices and Microstructures, 2018, 114:355-360.

[45]Yongqiang Kang, Wenyi Ren, Qizhi Cao. Large tunable negative lateral shift from graphene-basedhyperbolic metamaterials backed by a dielectric[J], Superlattices and Microstructures, 2018, 120:1-6.

[46]Yongqiang Kang, Yuanjiang Xiang, Chanyou Luo. Tunable enhanced Goos-Hänchen shift of light beam reflectedfrom graphene-based hyperbolic metamaterials[J]. Applied Physics B, 2018, 124:115.

[47]Yongqiang Kang, Hongmei Liu, Qizhi Cao. Enhanced absorption in heterostructure composed of graphene and a doped photonic crystal[J]. OPTOELECTRONICS AND ADVANCED MATERIALS, 2018, 12: 665-669.

[48]Yongqiang Kang, Peng Gao, Hongmei Liu, et al. Large Tunable Lateral Shift from Guided Wave Surface Plasmon Resonance[J]. Plasmonics, 2019:1-5.

[49]康永强,高鹏,刘红梅,等.单负材料组成一维光子晶体双量子阱结构的共振模[J].物理学报,2015,64(6):64207-064207.

第 9 章 几种结构中的 Goos-Hänchen 位移研究

9.1 Goos-Hänchen 位移简介

在几何光学理论中，光的反射遵循光的几何反射定律。反射现象中一般认为入射光抵达反射界面时，入射和反射在同一几何点发生，不过在全反射时反射光线会产生一个相移。实际上并不完全如此，在有限截面的光束从光密介质Ⅰ进入光疏介质Ⅱ，并且入射角比临界角大时，在界面光束将发生全反射现象，且反射光束出射点相对于入射光束入射点沿界面会产生 Goos-Hänchen 位移[1-6]。这一现象是在 1947 年，古斯(F. Goos)和汉欣(H. Hänchen)首先用实验的方法证明了在发生全反射时，实际反射点离入射点有一段距离，如图 9-1 所示。这一现象称为 Goos-Hänchen 位移(古斯-汉欣位移，简称 GH 位移)。

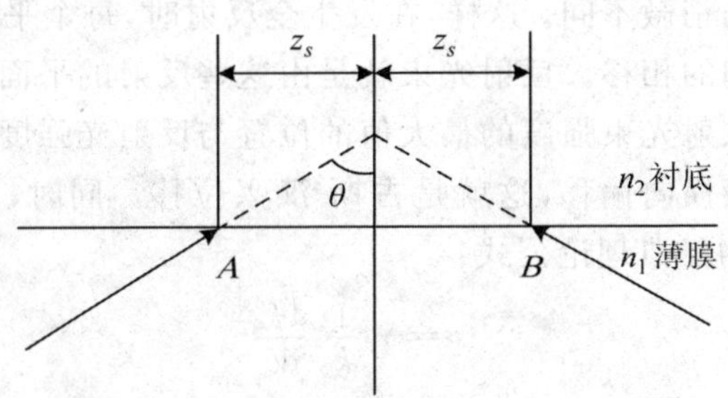

图 9-1 两半无限介质界面上光的 GH 移动

9.2 古斯-汉兴位移的主要理论研究方法

自从 1948 年 GH 位移被证实以来，人们对其形成的物理机理进行了不断深入地研究，主要有两种观点对其机理进行解释：第一种观点是波包重构，入射波包的不同平面波分量入射到界面后，透射到一定的深度被反射后的叠加;第二种观点是基于能量守恒的原理,光入射到界面后,光线有一部分能流沿界面方向传播,光束的 GH 位移就是这部分能流密度导致的。对于第一种观点,1948 年,Artmann 就提出了用稳态位相法计算 GH 位移。在大多数情形下用该方法分析出的理论结果与实验结果是相符的,所以解决全反射甚至部分反射的 GH 位移问题大多采用稳态相位法来进行研究。对于第二种观点,1964 年 Renard 提出了用能流法计算 GH 位移。1983 年修正了 Renard 的方法,对其进行改进,使得能流方法与 Artmann 方法在单界面上的 GH 位移的分析结果取得了一致[7]。

求解有限光束 GH 位移其他方法有:时域有限差分法(Finite elifference time clomain-method, FDTD)[8]、能流线(energy stream line)方法[7,8]。

9.2.1 稳态相位法(stationary phase method)

1948 年,Artmann 在物理上对 GH 位移现象作出了理论解释。这是因为实际的入射光是非理想的单色平面波,这些平面波具有的空间谱宽是非零的,实际上的光线是由这些具有一定谱宽的平面波叠加合成构成的光束。这一光束指向同一入射点,入射角有一 $\Delta\theta$ 的角宽。我们可以把入射光看成是一系列的单色平面波的合成。每个平面波分量的波矢的切向分量都与其他平面波分量的稍微不同。这样,在发生全反射时,每个平面波分量都会获得各自稍微不同的相移。反射光束就是由这些反射的平面波分量合成叠加以后形成的。入射光束强度的最大值的位置与反射光强度的最大值的位置处之间就会有段横向偏移,这就是古斯-汉兴位移。同时,Artmann 给出了计算 GH 位移的经典理论公式:

$$s = -\frac{1}{k}\frac{\mathrm{d}\phi_r}{\mathrm{d}\theta} \tag{9-1}$$

式中,k 为入射介质中的波矢量;ϕ_r 为反射光相对入射光的相移;θ 为入射角。这种计算古斯-汉欣位移的方法就是 Artmann 给出的 stationary phase 方法。

要导出 Artmann 公式(9-1),应从光学中的菲涅耳公式出发,按照 Artmann 的方法,最终得出 Artmann 公式。光从一种介质入射到另一种介质时,会发生反射和折射现象。反射光与折射光的产生过程为:光从一种介质入射到另 一种介质时,不是立即被反射,而是透射到第二介质,在第二介质的一定厚度内光的能量完全地被吸收,这一透射的薄层厚度我们称为透射深度。由于该介质吸收了透射光的能量,引起该介质内原子或分子电矩的振动，从而产生瑞利散射。散射出来的瑞利次波在各个方向进行叠加，叠加后有两个方向光强有极大值，这就是我们通常所看到的反射光与折射光。所以当光从光密介质入射到光疏介质，且满足全反射条件时，会发生全反射，但这并不是光线的“完全”反射。首先光线入射时先透射，在不同的透射环境下，透射深度也不同；其次，发生全反射时，光线的相位和偏振都有着不同的突变或变化。由此可见，光的反射与折射是光与界面物质相互作用的结果。

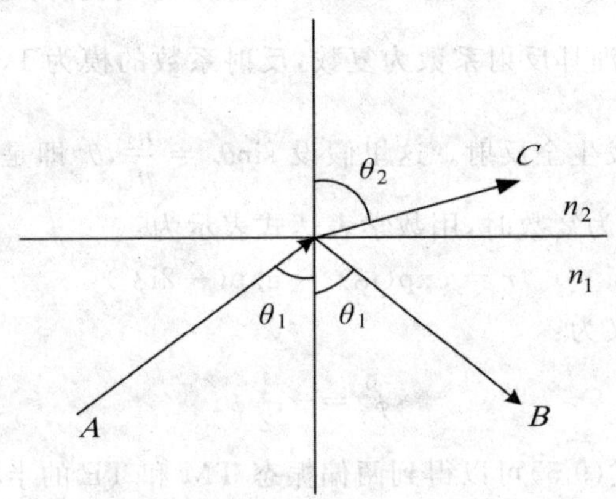

图 9-2　两半无限介质界面上的反射和折射

介质 n_1 和 n_2（$n_2 < n_1$）均为各向同性无损耗的均匀介质。一相干光波由介质 n_1 以入射角 θ_1 向分界面入射。按照光学的有关理论，光波入射到分界面上时，就会发生反射和折射现象。根据斯奈尔(Snell)定律，折射角 θ_2 与入射角 θ_1 应满足以下关系：

$$n_1 \sin\theta_1 = n_2 \sin\theta_2 \tag{9-2}$$

假定入射光波的复振幅为 A，出射光波的复振幅为 B，则它们两者之间呈线性关系：

$$B = rA \tag{9-3}$$

式中，r 为反射系数，它的大小由光波的入射角和偏振态来决定，即众所周知的菲涅耳公式。由于光波有 TM 和 TE 极化两种偏振状态(TM 极化是光波的磁场分量垂直于入射面，TE 极化是光波的电场分量垂直于入射面)，所以菲涅耳公式有两种基本的形式。

对于 TM 极化的偏振态光波，菲涅耳反射系数为：

$$\begin{aligned} r_{\mathrm{TM}} &= \frac{n_2 \cos\theta_1 - n_1 \cos\theta_2}{n_2 \cos\theta_1 + n_1 \cos\theta_2} \\ &= \frac{n_2^2 \cos\theta_1 - n_1 \sqrt{n_2^2 - n_1^2 \sin^2\theta}}{n_2^2 \cos\theta_1 + n_1 \sqrt{n_2^2 - n_1^2 \sin^2\theta}} \end{aligned} \tag{9-4}$$

对于 TE 极化的偏振态光波，菲涅耳反射系数为：

$$r_{TE}=\frac{n_1\cos\theta_1-n_2\cos\theta_2}{n_1\cos\theta_1+n_2\cos\theta_2}=\frac{n_1\cos\theta_1-\sqrt{n_2^2-n_1^2\sin^2\theta}}{n_1\cos\theta_1+\sqrt{n_2^2-n_1^2\sin^2\theta}} \tag{9-5}$$

由式(9-4)和式(9-5)我们可以知道，当 $n_2^2>n_1^2\sin^2\theta$，即 $\sin\theta<\frac{n_2}{n_1}$ 时，菲涅耳反射系数为小于 1 的实数，表示只有部分光被反射；当 $n_2^2<n_1^2\sin^2\theta$，即 $\sin\theta>\frac{n_2}{n_1}$ 时，菲涅耳反射系数为复数，反射系数的模为 1，且有一个相位的变化，表示光波发生全反射。这里假设 $\sin\theta_c=\frac{n_2}{n_1}$，$\theta_c$ 即是通常所说的临界角。当反射系数为复数时，用数学表达式表示为：

$$r=\exp(\mathrm{i}\phi)=\exp(-2\mathrm{i}\phi') \tag{9-6}$$

其中，半相移定义为：

$$\phi'=-\frac{1}{2}\phi \tag{9-7}$$

根据式(9-4)和式(9-5)可以得到两偏振态 TM 和 TE 的半相移为：

$$\tan\phi'_{TM}=\frac{n_1^2}{n_2^2}\frac{\sqrt{n_1^2\sin\theta-n_2^2}}{n_1\cos\theta_1}=\frac{n_1^2}{n_2^2}\sqrt{\frac{\beta^2-k_0^2n_2^2}{k_0^2n_1^2-\beta^2}} \tag{9-8}$$

$$\tan\phi'_{TE}=\frac{\sqrt{n_1^2\sin\theta-n_2^2}}{n_1\cos\theta_1}=\sqrt{\frac{\beta^2-k_0^2n_2^2}{k_0^2n_1^2-\beta^2}} \tag{9-9}$$

式中，$k_0=\frac{2\pi}{\lambda}$ 为真空中的波矢；$\beta=k_0n_1\sin\theta_1$；λ 为光波波长。

为了导出图 9-1 中的光波的横向位移 $2Z_s$，我们考虑由入射角稍微不同的两个相干平面波组成简单的波包，假定这两个平面波的波矢在 Z 方向的传播常数为 $\beta\pm\Delta\beta$，则我们可以写出入射光在 $X=0$ 界面上时的波包的复振幅为：

$$\begin{aligned}A(z)&=\exp(\mathrm{i}(\beta+\Delta\beta)z)+A\exp(\mathrm{i}(\beta-\Delta\beta)z)\\&=[\exp(\mathrm{i}\Delta\beta z)+\exp(-\mathrm{i}\Delta\beta z)]\exp(\mathrm{i}\beta z)\\&=2\cos(\Delta\beta z)\exp(\mathrm{i}\beta z)\end{aligned} \tag{9-10}$$

经过反射，出射光应该也是对应的这两个反射波的叠加。假定 $\Delta\phi'$ 及 $\Delta\beta$ 都很小(对于准直光束，这种假定是非常合理的)，我们可以把半相移 ϕ' 用微分形式一阶近似展开为：

$$\phi'(\beta+\Delta\beta)=\phi'(\beta)\pm\frac{\mathrm{d}\phi'}{\mathrm{d}\beta}\Delta\beta \tag{9-11}$$

反射波包在 $X=0$ 处的复振幅可表示为：

$$\begin{aligned} B(z) &= \{\exp[\mathrm{i}(\Delta\beta z - 2\Delta\phi')] + \exp[-\mathrm{i}(\Delta\beta z - 2\phi')]\}\exp[\mathrm{i}(\beta z - 2\phi')] \\ &= 2\cos[\Delta\beta(z - 2z_s)]\exp[\mathrm{i}(\beta z - 2\phi')] \end{aligned} \tag{9-12}$$

式中，

$$z_s = \frac{\mathrm{d}\phi'}{\mathrm{d}\beta} \tag{9-13}$$

从式(9-10)和式(9-12)可以看到，在界面上，入射光束强度的最大值的位置在 $Z=0$ 处，而反射光强度的最大值的位置在 $Z=2z_s$ 处，这样入射光和反射光线光强最强的位置之间就会有段横向偏移 $2z$，式(9-13)是求光线的横向位移的一个简洁公式。在图 9-1 中，光线的横向偏移意味着光透过衬底厚度 x_s 后才被反射回来的，其大小为：

$$x_s = \frac{z_s}{\tan\theta} \tag{9-14}$$

它实际上是表示在衬底内有一个迅衰场，其衰减常数与透射深度 x_s 有关。

GH 位移有两种定义：第一种是定义是光线出射点与入射点间的横向偏移，即光线的切向偏移距离 $2z_2$；第二种定义是实际的出射光线与预测几何光线间的垂直距离位移。按照第一种定义，我们可以把 GH 位移写成：

$$S_r = 2z_s\cos\theta = 2\,\frac{\mathrm{d}\phi'}{\mathrm{d}\beta} = -\frac{\mathrm{d}\phi}{\mathrm{d}\beta} \tag{9-15}$$

按照第二种定义，古斯汉兴位移可以表示为：

$$\begin{aligned} S_r &= 2z_s\cos\theta = -\frac{\mathrm{d}\phi}{\mathrm{d}\theta} \times \frac{1}{\mathrm{d}\beta/\mathrm{d}\theta}\cos\theta \\ &= \frac{\mathrm{d}\phi}{\mathrm{d}\theta} \times \frac{1}{\mathrm{d}(k_0 n_1 \sin\theta)/\mathrm{d}\theta}\cos\theta \\ &= -\frac{1}{k_0 n_1}\frac{\mathrm{d}\phi}{\mathrm{d}\theta} = -\frac{1}{k}\frac{\mathrm{d}\phi}{\mathrm{d}\theta} \end{aligned} \tag{9-16}$$

式中，k 为入射介质中的波矢。其实这两种定义在物理上没有任何本质区别，只是表示在空间上两种不同的几何偏移而已。在本章中我们采用第二种定义。

据此，我们可以计算出两种半无限介质的界面上 GH 位移，按照式(9-15)、式(9-7)及式(9-8)，GH 位移为：

$$S = -\frac{1}{k_0 n_1} \times \frac{\mathrm{d}\phi}{\mathrm{d}\theta_1} = \frac{2q_{12}\sin\theta_1}{k_0\sqrt{n_1^2\sin\theta_1 - n_2^2}} \tag{9-17}$$

式中，k 为光在真空中的波矢；θ 为入射角；q_{12} 为一个与偏振状态有关的量。对于 TE 偏振态光有：

$$q_{12} = 1 \tag{9-18}$$

对于 TM 偏振态有：

$$q_{12} = \frac{n_1^2 n_2^2 (n_1^2 - n_2^2)}{n_1^2 n_2^4 \cos^2\theta_1 + n_1^4 (\sin^2\theta_1 - n_2^2)} \tag{9-19}$$

值得注意的是，对于 Artmann 公式[式(9-15)及式(9-16)]计算 GH 位移的方法，我们虽然是从两介质的界面的全反射现象导出来的，但在多层介质及其他复杂结构中，用矩阵传输方法得到反射系数后同样适用。该方法适用于各种各样的结构中，但受到光束属性的某些限制，比如光束的偏振态、光束的准直性等多种因素的限制。对于 TM 及 TE 线偏振态光束，在大多数情形下用该方法分析出的理论结果与实验结果是相符的，但在一些共振点处，该方法所给出的 GH 位移的理论峰值比实际实验结果偏大。对于分析圆偏振、椭圆偏振等线性偏振态的光束时，该方法则不太适用，需要借助更具有普遍意义的三维光束的矢量角谱描述。

9.2.2 能流方法

从时间平均能流密度的角度出发，按照能量守恒原理，1964 年 Renard 对反射光束的 GH 位移进行了研究，对其形成机制进行了新的物理解释。

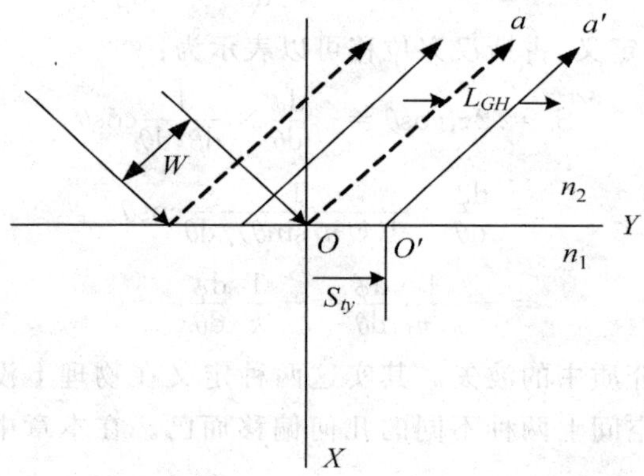

图 9-3 能流法解释光速在单界面上 GH 示意图

虚线表示预测反射光速，实线表示实际上反射光速

S_{ty} 为 Y 方向迅衰场的能流密度

将入射光束和反射光束投影到 XOY 平面上如图 9-3 所示，假设入射光束是有限平面波，那么入射宽度在入射面上是一定的，并且入射光束与反射光束必须满足形状和宽度要一样，按照 Renard 的理论，当发生全反射时，光

束透射到介质 2 后，产生衰减场，以攸逝波的形式沿入射界面方向传播，经过一段距离后，再返回介质 1 中，出射后构成反射光束，这部分能流就使得光束产生了一个侧向的 GH 位移。根据能量守恒原理，迅衰场沿 Y 方向的能流与部分光束 $Oa-O'a'$ 范围内的能流是相等的，即

$$S_{rx}\times L_{GH}^{R}=\int_{0}^{+\infty}S_{ty}\,\mathrm{d}x \tag{9-20}$$

式中，S_{rx} 为反射光束在入射介质中沿负 X 方向的能流密度，L_{GH}^{R} 为古斯-汉兴位移，S_{ty} 为迅衰场沿界面 Y 方向的能流密度。由公式(9-20)可以得到 GH 位移的表达式为：

$$L_{GH}^{R}=\frac{\int_{0}^{+\infty}S_{ty}\,\mathrm{d}x}{S_{rx}} \tag{9-21}$$

式中，反射光束及透射光束的能流密度 S_{rx}、S_{ty} 可以由公式 $S=\mathrm{Re}(E\times H^{*})/2$ 计算。在两电介质形成的界面上的 GH 位移用式(9-21)计算的结果与前面的稳态相位法的计算结果并不完全一致，因此曾被人质疑其合理性。

1983 年 K. Yasumoto 等人修正了 Renard 的常规能流法即式(9-21)，修正后的能流方法与稳态位相法计算光束的侧向 GH 位移的结果达到一致[7]，并且稳态位相法只能计算 TE 极化及 TM 极化光束的侧向 GH 位移，不能计算其他偏振态光束的侧向 GH 位移，而改进了的能流法没有这种限制。

改进的能流法认为，介质 1 中的入射光束与反射光束有一部分区域是重叠的，这部分重叠区域的光束就会形成干涉现象，这必定会影响沿界面的能流，因此可以通过对重叠区域的能流的积分取平均来求得这部分干涉能流。即：

$$P_{iry}=\lim_{oy_1\to\infty}\int_{y_1}^{o}P_{iry}\,\mathrm{d}y/oy_1 \tag{9-22}$$

其中，$P_{iry}=\lim\limits_{oy\to\infty}\int_{xy}^{o}S_{iry}\,\mathrm{d}x$，$S_{iry}$ 为干涉所形成的沿 Y 方向的能流密度。积分下限 x 是 y 的函数。因此 GH 位移就由两部分组成：一部分是攸逝波沿界面传播产生的一个侧向位移；另一部分是入射光束与反射光束在重叠区域干涉所形成的沿界面的能流所产生的一个侧向位移。总的 GH 位移修正后的表达式为：

$$L_{GH}^{R}=\frac{\int_{0}^{+\infty}S_{ty}\,\mathrm{d}x+P_{iry}}{S_{rx}} \tag{9-23}$$

下面我们用式(9-23)导出任意偏振态光束的侧向 GH 移位的具体表达式。由于任意偏振态光束可以看成是两个相互垂直的线偏振光的叠加，这里我们假定这两个相互垂直的线偏振光为 TE 极化和 TM 极化，它们的电场可以分别表示为：

$$E_i = \exp[\mathrm{i}(k_x x + k_y y - \omega t)][E_1 \exp(\mathrm{i}\delta_1)\overrightarrow{z} + E_2 \exp(\mathrm{i}\delta_2)(\sin\theta_1 \overrightarrow{x} - \cos\theta_1 \overrightarrow{y})]$$

$$E_r = \exp[\mathrm{i}(-k_x x + k_y y - \omega t)][r_1 E_1 \exp(\mathrm{i}\delta_1)\overrightarrow{z} + r_2 E_2 \exp(\mathrm{i}\delta_2)(\sin\theta_1 \overrightarrow{x} + \cos\theta_1 \overrightarrow{y})]$$

$$E_t = \exp[\mathrm{i}(k_{tx} x + k_y y - \omega t)][t_1 E_1 \exp(\mathrm{i}\delta_1)\overrightarrow{z} + t_2 E_2 \exp(\mathrm{i}\delta_2)(\sin\theta_1 \overrightarrow{x} - \cos\theta_2 \overrightarrow{y})] \tag{9-24}$$

式中，θ_1、θ_2 分别为光束的入射角和反射角；k，k_i 分别为光束在介质 1 和介质 2 中的波矢，$k_x = k\cos\theta_1$，$k_y = k_{ty} = k\sin\theta_1$，$k_{tx} = k_t\cos\theta_2$；$E_1$ 和 E_2 分别为 TE 偏振及 TM 偏振态光束的电场振幅；δ_1 和 δ_2 分别为对应电场的初相位；r_1，t_1 和 r_2、t_2 分别表示 TE 偏振及 TM 偏振对应的反射系数和透射系数，可以由电场和磁场沿界面的连续性条件解得。

入射光束、反射光束及透射光束的磁场强度表达式可以由公式 $H = E \times H/\eta_i (i = 1,2)$ 给出，其中，$\eta_1 = \sqrt{\mu_1/\varepsilon_1}$，$\eta_2 = \sqrt{\mu_2/\varepsilon_2}$。$\varepsilon_1$，$\mu_1$ 和 ε_2，μ_2 分别为介质 1 和介质 2 的介电常数与磁导率。定义 $n = n_1/n_2$，$\varepsilon = \varepsilon_1/\varepsilon_2$，$\mu = \mu_1/\mu_2$，$\eta = \eta_1/\eta_2$。当满足全反射条件，即入射角大于临界角 θ_c 时，令：$\cos\theta_2 = i\sqrt{\sin^2\theta_2 - 1} = i\sqrt{n^2\sin^2\theta_1 - 1} = i\xi$，则 TE 偏振与 TM 偏振光束的反射系数分别为：

$$r_1 = \exp(-2i\alpha),\ r_2 = \exp(-2i\beta) \tag{9-25}$$

式中，α，β 满足关系式 $\tan\alpha = \eta\xi/\cos\theta_1$，$\tan\beta = \xi/(\eta\cos\theta_1)$。TE 偏振与 TM 偏振光束的透射系数分别为：

$$t_1 = \frac{2\cos\theta_1}{\cos\theta_1 + \mathrm{i}\xi\eta} = |t_1|\exp(-\mathrm{i}\alpha)$$

$$t_2 = \frac{2\cos\theta_1}{\eta\cos\theta_1 + \mathrm{i}\xi} = |t_2|\exp(-\mathrm{i}\beta) \tag{9-26}$$

因此我们可以由公式 $S = \mathrm{Re}(E \times H^*)/2$ 分别计算出反射光束与透射光束的能流密度 S_r 和 S_t 分别为：

$$S_r = -\overrightarrow{x}\,\frac{1}{2}(E_1^2 + E_2^2)\cos\theta_1/\eta_1$$

$$S_t = \exp(-2k_t\xi x)[\overrightarrow{z}\,|t_1^* t_2|\,\xi E_1 E_2 \sin(\beta - \alpha + \Delta)\sin\theta_2/\eta_2 + \overrightarrow{y}(E_1^2|t_1|^2 + E_2^2|t_2|^2)\sin\theta/2\eta_2] \tag{9-27}$$

式中，$\Delta = \delta_1 - \delta_2$。而干涉能流密度可以按公式 $S_{ir} = \mathrm{Re}(E_i \times H_r^* + E_r \times$

H_i^*)/2 求。所以可以得到干涉能流为：

$$P_{iry} = \frac{\sin\theta_1}{2\eta_1 k_x}(E_1^2\sin 2\alpha + E_2^2\sin 2\beta) \tag{9-28}$$

根据式(9-23)，可以导出任意偏振态光速的侧向 GH 位移：

$$L_{GH}^R = \frac{2(n^2-1)\tan\theta_1}{\xi k_t(E_1^2+E_2^2)}\left[\frac{\mu E_1^2}{(n\cos\theta_1)^2+(\mu\xi)^2}+\frac{\mu E_2^2}{(n\cos\theta_1)^2+(\varepsilon\xi)^2}\right] \tag{9-29}$$

当 $E_2=0$ 时，说明只有 TE 偏振态的光，这时 TE 极化光速的 GH 位移为：

$$L_{GH-TM}^R = \frac{2(n^2-1)\tan\theta_1}{\xi k_t}\frac{\mu}{(n\cos\theta_1)^2+(\mu\xi)^2} \tag{9-30}$$

当 $E_1=0$ 时，说明只有 TM 偏振态的光，这时 TM 极化光速的 GH 位移为：

$$L_{GH-TM}^R = \frac{2(n^2-1)\tan\theta_1}{\xi k_t}\frac{\varepsilon}{(n\cos\theta_1)^2+(\varepsilon\xi)^2} \tag{9-31}$$

当 $E_1\neq 0$，且 $E_2\neq 0$ 时，说明光速为任意偏振态的光，这时线偏振态光速的侧向 GH 位移为两种 GH 位移的加权平均：

$$L_{GH}^R = (E_1^2 L_{GH-TE}^R + E_2^2 L_{GH-TM}^R)/(E_1^2+E_2^2) \tag{9-32}$$

用改进的能流法来对两透明材料界面处 GH 位移进行计算，计算结果与用稳态相位法计算结果进行比较，在掠入射下以及临界角处，两种方法求解的结果完全一致。另外，改进的能流法也适用于无损耗的层结构中侧面 GH 位移的计算，两种方法对于这种透明层结构的 GH 位移的计算是等效的。改进的能流法优点是不受光束偏振态的限制，而且这种方法可以求解任意偏振态光束在界面上产生的侧向 GH 位移。但是，该方法的局限性是不适用于计算非透明材料的单界面上的侧向 GH 位移，也不能计算含有非透明材料层结构中侧向 GH 位移。

9.2.3　高斯光速的古斯-汉兴位移

前面介绍的稳态相位法和能流法(包括改正后的能流法)这两种方法对 GH 位移的分析都是对入射光束作了一定的假定：稳态相位法是假定光束中各平面波分量在入射角邻近区域传播常数变化非常小或者反射及透射光波的相移非常小；能流法是假设入射光束是有限平面波，入射宽度在入射面上是一定的，并且入射光束与反射光束必须满足形状和宽度要一样的条件。实际上我们研究光束的 GH 位移时一般采用有限宽度的激光光束，最常用是高斯光束[9-12,35]。能够满足上述假定条件的光束可以由高斯光束经过一定的准直处理得到。

我们仍然采用图 9-3 所示的坐标系统，重新画出界面上的 GH 位移示意图，如图 9-4 所示。

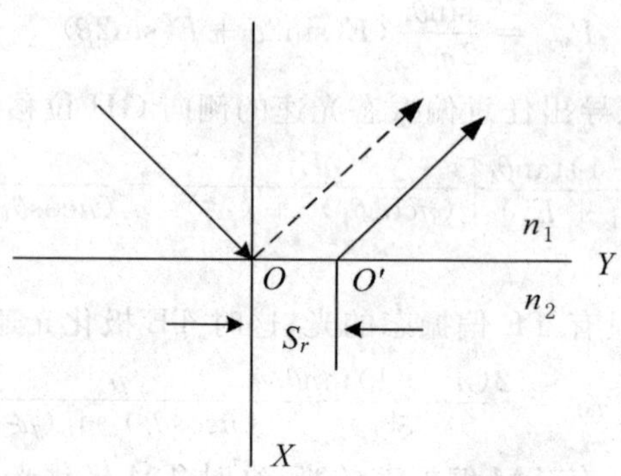

图 9-4　两半无限介质的古斯-汉兴位移

假定一有限宽度的单频二维入射光束以角入射到 $X=0$ 的界面上，$A(k_y)$为入射光束在入射界面上电磁场的傅里叶振幅。$r(k_y)$为反射光束对应的傅里叶分量的反射系数，则在 $X=0$ 入射界面上入射光束与反射光束的电磁场表达式分别为：

$$\psi_i(y,x=0)=\frac{1}{\sqrt{2\pi}}\int A(k_y)\exp(\mathrm{i}k_y y)\mathrm{d}k_y$$

$$\psi_r(y,x=0)=\frac{1}{\sqrt{2\pi}}\int r(k_y)A(k_y)\exp(\mathrm{i}k_y y)\mathrm{d}k_y \tag{9-33}$$

光束的位置可以用光束的质心来表示，则入射光束与反射光束在入射界面 $X=0$ 的位置可由下面两式分别决定：

$$[y]_i=\frac{\int_{-\infty}^{+\infty}y\,|\psi_i|^2\,\mathrm{d}y}{\int_{-\infty}^{+\infty}|\psi_i|^2\,\mathrm{d}y},\;[y]_r=\frac{\int_{-\infty}^{+\infty}y\,|\psi_r|^2\,\mathrm{d}y}{\int_{-\infty}^{+\infty}|\psi_r|^2\,\mathrm{d}y} \tag{9-34}$$

如此，按照前面第一种 GH 的定义，我们就可以得到古斯-汉兴位移为：

$$L_{GH}^R=\langle y\rangle_r-\langle y\rangle_i \tag{9-35}$$

如果我们取入射光束的质心为原点，即 $\langle y\rangle_i=0$，则式(9-35)可改写为：

$$L_{GH}^R=\frac{\int_{-\infty}^{+\infty}|r(k_y)|^2A^2(k_y)\frac{\partial\phi_r(k_y)}{\partial k_y}\mathrm{d}k_y}{\int_{-\infty}^{+\infty}|r(k_y)|^2A(k_y)^2\mathrm{d}k_y}, \tag{9-36}$$

式中，$\phi_r(k_y)$ 为反射系数的相位。式(9-36)是计算有限古斯-汉兴位移的一般式。前面的 Artmann 公式(9-2)与式(9-36)对比，可以看出：只有满足一定条件时，$\frac{\partial\psi(k_y)}{\partial k_y}$ 为一常数时，才可以得到 Artmann 公式，也就是说，Artmann 处理古斯-汉兴位移，它的机理是不全面的，只是在某些近似条件下得到的。从式(9-36)可以看出，光速在反射过程中，不仅是相位有一个微小的变化，这些相位和幅度都改变了反射的平面波叠加后形成的反射光速，从而形成 GH 位移。如果入射光速是一高斯光速，按高斯光速的形式代入式(9-36)后，可以求得高斯光速在入射界面上的古斯-汉欣位移，结果与前面稳态相位法的处理结果在什么情况下才会一致呢？下面我们就这一个问题展开讨论。

假定一高斯光速入射到坐标原点，我们考虑光速在 XOY 平面内的截面，设高斯光速入射到界面上的电磁场表达式为：

$$\psi_i(y, x=0) = \exp(-y^2/2w_y^2 + \mathrm{i}k_{y0}y) \tag{9-37}$$

$$A(k_y) = (w_y)\exp[-w_y^2(k_y - k_{y0})^2/4] \tag{9-38}$$

假设波矢为 k_y 的分量反射时的反射系数为 $r(k_y) = r(\theta)$，则反射的高斯光速的电磁表达式为：

$$\psi_r(y, x=0) = \frac{1}{\sqrt{2\pi}}\int r(k_y)A(k_y)\exp(\mathrm{i}k_y y)\mathrm{d}k_y \tag{9-39}$$

假设光在入射介质中波矢大小为 k_1，则式(9-36)和式(9-39)的积分限为$(-k_1, k_1)$。我们只要在 Y 轴上找到入射高斯光束与反射的高斯光束光强的最大值的位置，就可以计算出光束的侧向 GH 位移的大小。一般对入射光强和反射光强都进行归一化处理，然后放在同一坐标系统里，就可以方便直观地得到侧向 GH 位移的大小。

前面介绍的稳态相位法计算 GH 位移时入射光束要经过一定的假设，即光束中各平面波分量传播常数变化非常小或者反射及透射光波的相移非常小。对于高斯光束来说这种假定要经过怎么样的近似呢？下面我们对这一问题展开讨论。假设入射高斯光束宽度足够宽，也就是说入射高斯光束在 k_y 空间的半宽非常小，发散角也非常小，那么反射系 $r(k_y) = |r|\exp(\mathrm{i}\phi)$ 中的位相 ϕ 与 k_y 关系就可以近似认为是线型的。把位相 ϕ 在 $k_y = k_{y0}$ 处按泰勒公式展开，即：

$$\phi(k_y) = \phi_0 + \frac{\phi'(k_{y0})}{1!}(k_y - k_{y0}) + \frac{\phi''(k_{y0})}{2!}(k_y - k_{y0})^2 + \cdots \tag{9-40}$$

式中，ϕ_0 为 $k_y = k_{y0}$ 时，反射系数的相位，把式(9-34)作一阶近似，即假设入射高斯光速在 k_y 空间的半宽非常小，高阶无穷小量可以忽略不计，则全反射时，反射系数可近似为：

$$
\begin{aligned}
r(k_y) &= |r|\exp(\mathrm{i}\phi(k_y)) \\
&= |r|\exp\{\mathrm{i}[\phi_0 + \phi'(k_{y0})(k_y - k_{y0})]\} \\
&= |r|\exp\{\mathrm{i}[\phi_0 - \phi'(k_{y0})k_{y0})]\}\exp(\mathrm{i}\phi'(k_{y0})k_y] \qquad (9\text{-}41)
\end{aligned}
$$

这里假定反射系数的模 $|r|$ 基本不变,认为是一常量,把式(9-40)代入式(9-41)就可以得到反射光束的电磁场表达式,代入后得:

$$
\begin{aligned}
&\psi_r(y, x=0) \\
&= \frac{1}{\sqrt{2\pi}}\int r\exp[\mathrm{i}(\phi_0 - \phi'(k_{y0})k_{y0}))]\exp(\mathrm{i}\phi'(k_{y0})k_y)A(k_y)\exp(\mathrm{i}k_y y)\mathrm{d}k_y, \\
&= \frac{1}{\sqrt{2\pi}}|r|\exp[\mathrm{i}(\phi_0 - \phi'(k_{y0})k_{y0}))]\int\exp\{\mathrm{i}k_y[y-(-\phi'(k_{y0}))]\}\mathrm{d}k_y,
\end{aligned}
\qquad (9\text{-}42)
$$

式(9-42)与式(9-39)对比,也就是入射光束电磁场与反射光束的电磁场做对比,可以看出:式(9-42)前面的幅度项多出了反射系数的模项和一个常数项相位因子;后面的积分项比入射光束的积分项多出了一项平移项,也就是说反射光束的中心位置不再是原点了,而是移动到 $y=-\phi'(k_{y0})=-\mathrm{d}\phi(k_y)/\mathrm{d}k_y$ 的地方,这正是前面稳态相位法里的按照第一种定义的 GH 位移的大小,即:

$$
S_r = -\frac{\mathrm{d}\phi}{\mathrm{d}\beta} \qquad (9\text{-}43)
$$

由上述分析可知,高斯光束在界面上产生的 GH 位移用稳态相位法来分析计算必须要满足以下两个基本条件:

(1)反射系数 $r(k_y)=|r|\exp(\mathrm{i}\phi)$ 的相位 ϕ 在入射角附近近似是波矢 k_y 的线性函数。

(2)反射系数 $r(k_y)=|r|\exp(\mathrm{i}\phi)$ 的模 $|r|$ 在入射角附近基本为常数。

上述两个条件说明高斯光束必须经过非常好的准直处理,即在入射角附近 $\Delta k \ll k$ 时才能很好地满足以上两个条件。这时用稳态相位法计算高斯光束下的 GH 位移才是准确的。否则会带来很大的误差,甚至整个结果都是错误的。有文献研究表明,入射光束的光腰宽度不够宽时,即准直不够理想的情况下,反射光束往往伴随着变形,这种情况下 Artmann 公式与实际情况就差得比较远了。当然,在这种情况下讨论 GH 位移也失去了它的物理意义。

9.3　Goos-Hänchen 位移研究进展

自 1947 年 Goos 和 Hänchen 通过实验验证了 GH 位移的存在以后，接下来很多学者在理论以及实验方面对其进行了大量的研究[9-25]。研究表明在两种半无限介质的界面上，古斯-汉欣位移一般很小，基本上是波长的数量级，对此 Goos 和 Hänchen 给出了计算古斯-汉欣位移的定量公式：

$$S=\frac{cn_2\lambda}{\sqrt{n_1^2\sin^2\theta-n_2^2}} \tag{9-44}$$

式中，c 为某一参数，如果 $n_2=1$，$n_1=1.52$，则 $c=0.52$；λ 为光的波长。对于光波，从式(9-44)可以知道它产生的古斯-汉欣位移是非常小的，在很长一段时间内，我们很难通过实验直接测量到由光波的单次反射所产生的古斯-汉欣位移。幸运的是，在 1992 年，E. Bretenaker 等采用准各向同性激光器具有其本征态高灵敏度响应微小扰动的原理，首次实现了对腔内光束单次反射所得到的古斯-汉欣位移的实验测量。由于光束单次反射获得的古斯-汉欣位移太小，在实验上不易观测古斯-汉欣位移，所以人们一方面增大实验光波的波长，从而可以在微波波段进行古斯-汉欣位移效应的实验；另一方面，人们开始研究如何加强古斯-汉欣位移效应，从而获得比较大的古斯-汉欣位移。譬如，T. Tamir 等详细研究了多层结构下的古斯-汉欣位移，在理论上研究并论证了其和迅衰场间的具体关系，研究发现在多层结构上可以获得光束宽度量级的古斯-汉欣位移。具有古斯-汉欣位移增强效应的结构还有半导体、泄漏波导、非对称双棱镜、覆盖薄膜等结构[9-17]。另外，负的古斯-汉欣位移也被人们发现，例如一些弱吸收介质表面或平板上、某些人造共振结构上[18-23]，这些结构上的反射光以及普通介质平板在空气中的透射光，都发现有负的古斯-汉欣位移现象[26-32]。人们不断地改进实验方法来观测古斯-汉欣位移，其理论研究和实验研究也不断得到了突破。例如，C. Bonnet 等人对金属光栅上的古斯-汉欣位移进行了研究[33]，经测量发现古斯-汉欣位移既可以是正，也可以是负的；H. Gilles 等利用偏振调制以及 PSD(Position Sensitive Detector)也就是位置灵敏传感器来测量古斯-汉欣位移[34]等。各种结构上激发表面等离子波 surface plasmon resonance (SPR)时的古斯-汉欣位移增强效应[35-40]也被人们大量地进行了研究。在理论上和实验上都证实了这种条件下 GH 位移的增强效应。X. Yin 等人研究了在表面等离子波激发时的 GH 位移[19]，第一次在实验上证实了 GH 位移增强效应，他们发现，在这种结构中，金属层厚度对于 GH 位移是一个非常关键的参数，这个厚度有一个最佳值，当金属层厚度为最佳值时，GH位移最大，大于这个最佳厚度值时，GH位移为正的，小于这个最佳厚度时，GH位移为负的。2004年李春芳等对非对称双棱镜结构中的GH位移进行了研究，在这种结构中他们也发现了GH位移的增强效应，而且不是在全反射时出现增强的GH位移，是在近似满足FP共振条件处发生共振[29]。在这种结构中TE、TM偏振的GH位移同时共振增强，而且符号相反，这是一个非常有趣的现象。自从2001年负折射率材料在实验上首次被证实存在以来，负折射率材料以及由这种材料所构成的结构迅速引起了学术界的广泛关注[41,42]。这些包括在左手平板上、在左手介质与右手介质分界面上的古斯-汉欣位移、弱吸收的左手平板上的古斯-汉欣位移、左手介质的等离子共振结构以及波导结构上的古斯-汉欣位移等[41]。2002年Berman从理论上计算了光束在普通介质材料和负折射率介质材料形成的界面上，满足全内反射条件时光束产生的负的GH位移[42]，原因是负折射率介质材料中的能流方向是负的。对于弱吸收左手介质平板中的GH位移，理论上证明了满足共振条件时，TE和TM极化波从弱吸收左手平板反射时可以产生极大的正向GH位移，而TM波反射时在布儒斯特角附近可以产生非常大的正向或负向的GH位移。Xiang等人[1]理论研究了光波从无限厚度介质板透射后产生的横向位移，应用静态相位法理论分析并推导出透射因子和横向位移的理论关系表达式，得到诱发产生负横向位移的各种条件。

2008年上海交通大学王毅等理论和试验研究了电场控制的古斯-汉欣位移[40]，这一现象在光学器件和集成光学都有着非常有趣的潜在应用，其结构如图9-5所示，对称金属覆盖的波导(SMCW)棱镜结构由两部分组成[40]：一部分由底部覆盖了一层薄薄的金的玻璃棱镜组成；另外一部分由一面沉淀了一层薄金的沿Z轴切向的$LiNbO_3$晶体平板构成。这两部分由中间的空气间隙隔离开来，整个结构牢固地固定在光学平台上，以防止它们之间发生相对移动。SMCW结构实际上由四层构成，中间的空气间隙和$LiNbO_3$晶体平板构成波导层，两部分结构上的金薄膜覆盖层上可加上电压从而在波导层形成电场。当TE极化的入射光以比较小的角度入射到SMCW结构表面上时，在相位匹配条件下，超高阶模就会被激发。

测量GH位移的实验装置如图9-6所示，用一个可调谐的激光器(德国TOPICA PHOTONICS公司)产生波长为859.002 nm的光束，经TE极化后入射到对称金属覆盖波导结构的表面，光敏二极管用来检测反射光束的光强，整个对称金属覆盖波导结构固定在一个由计算机控制的$\theta/2\theta$角度仪上面，然后通过旋转此角度仪来实现入射角的连续改变。

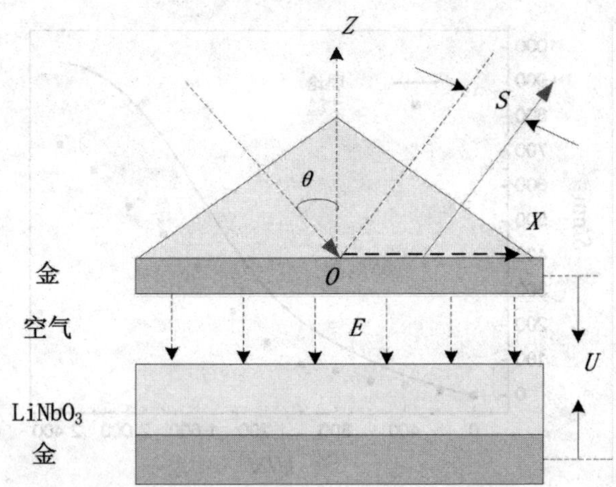

图 9-5　对称金属覆盖波导结构示意图[40]

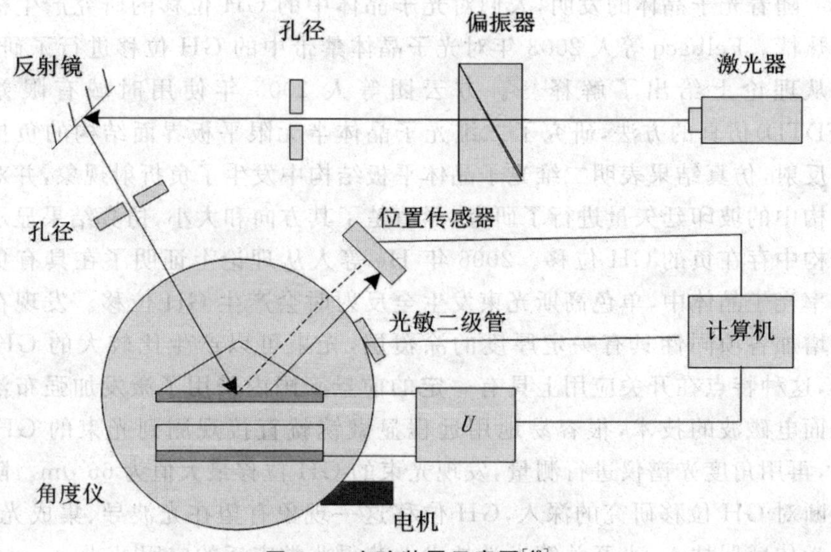

图 9-6　实验装置示意图[40]

图 9-7 表示实验观测到的相对 GH 位移及理论值与外加电压的关系曲线。虚线为实验观测到的相对 GH 位移数据曲线，实线为基于高斯光束(光腰半径为 W_o＝800 μm)理论仿真与计算所得出的结果。从实验结果来看，相对 GH 位移可以 0～720 μm 连续地由外加电压调控。比较实验数据和理论数据曲线可知，两条曲线变化规律基本上是一致的，但两条曲线不重合，原因可能归结为几点：第一，导波层的平行度不好；第二，激光器不够稳定；第三，对称金属覆盖波导结构参数测量的不够准确。

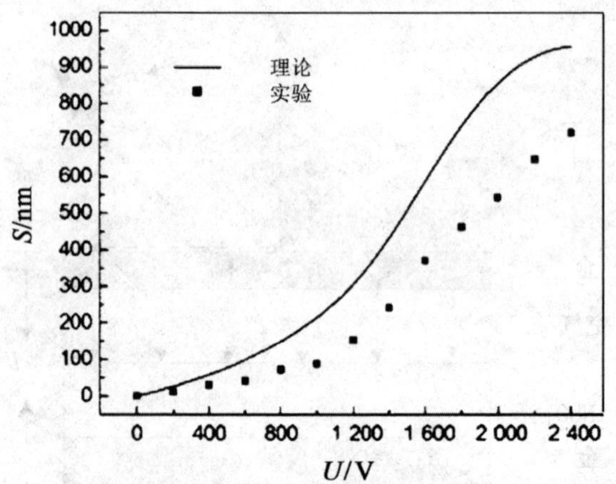

图 9-7 外加电压与相对 GH 位移的关系[40]

随着光子晶体的发明,人们对光子晶体中的 GH 位移的研究产生极大的热情。Felbacq 等人 2003 年对光子晶体禁带中的 GH 位移进行了研究,并从理论上给出了解释[43]。方云团等人 2005 年使用时域有限差分(FDTD)仿真的方法,研究了二维光子晶体半无限平板界面结构的负折射和反射,仿真结果表明二维光子晶体平板结构中发生了负折射现象,并对该结构中的坡印廷矢量进行了研究,弄清楚了其方向和大小,仿真结果显示该结构中存在负的 GH 位移。2006 年 He 等人从理论上证明了在具有负折射率光子晶体中,单色高斯光束发生全反射时会产生 GH 位移。发现在外层增加各项同性具有一定厚度的涂覆层,光束可以产生比较大的 GH 位移,这种特点在开关应用上具有一定的前景。国内采用了激发加强布洛赫表面电磁波的技术,很容易地用远程显微镜就直接观测到光束的 GH 位移,再用角度光谱仪进行测量,发现光束的 GH 位移最大值为 66 μm。随着不断对 GH 位移研究的深入,GH 位移这一现象有望在光波导、集成光学、光学传感器技术、光开关等光学技术上获得非常广泛的应用[44-46]。

9.4 Goos-Hänchen 位移效应的应用

在当今迅速发展起来的各种各样的生物化学传感技术中,以光学为基础发展起来的传感器[44-56]特别引人注目。由于这些光学传感器检测的信号为光信号,因此其灵敏度非常高,抗电磁干扰能力极强,被检测信号范围从常量延伸到超微量,尤其是在超微量检测与分析方面,具有其他非光学生物传感技术无可替代的优势,有着非常广泛的应用前景[57-71]。目前国内外报道最多的光化学传感器有:表面等离子共振(SPR)结构传感器、全内反射(TIR)结构传感器、泄漏模(LK)结构传感器。

基于GH位移的光学器件同样也发展很快。这主要归功于人们对GH位移的增强效应与调控技术的研究[35,44-49]。1989年,T. Hashimoto等人最早提出利用古斯-汉欣效应与结构的电磁参数相关的特征来实现对各种参量的测量,如光束的入射角度、材料的折射率、材料的相对微小位移、材料或环境温度以及膜厚等。2000年,T. Sakata等人利用反射时产生的GH位移实现了2×2的光开关。2004年,X. B. Yin等人采用表面等离子波加强的古斯-汉欣效应对溶液浓度进行了测量[19]。2007年,C. W. Chen等人提出可以采用古斯-汉欣效应对温度进行测量。近年来,随着基于古斯-汉欣效应传感器研究的深入,接连不断地出现了各种光束平移调控制技术。如温度调控、全光调控、电场调控、磁场调控等[2,35,47]。国内王立刚等人于2008年提出了一种基于二能级原子介质的腔结构,经理论分析与计算表明该腔体结构上的古斯-汉欣位移可以通过外加相干驱动场来进行控制[28]。王毅等通过将$LiNbO_3$电光材料引入SMCW结构的导波层中[40],利用在两金薄膜电极上外加电压来改变$LiNbO_3$电光材料所构成的导波层参数,进而实现了对反射光的侧向位移的调控,他们的实验数据表明该结构对中心波长为859.002 nm的光束平移调控的范围达到0～720 μm。与此同时,陈玺等人也提出了相类似的方案对透射光束的侧向位移进行调控。2009年,高雷教授等人报道了可以采用金属-介电复合材料表面上的GH位移与温度的依赖关系来实现对反射光侧向位移的调节[47]。我们研究小组也对GH位移的电磁场调控进行了研究,2018年我们理论研究了在石墨烯双曲超材料上的光束的侧向GH位移的[4,5]。2019年我们研究小组继续理论研究基于导波表面等离子体的GH位移的共振腔加强效应[35]。这些理论与实验研究在集成光学、光波导探测、光开关以及光通信等领域的应用有着深远的应用,为古斯-汉欣效应这一古老的光学现象开辟了广阔的应用前景。

9.5 棱镜耦合结构中的Goos-Hänchen位移

9.5.1 导波表面等离子体共振

表面等离子体共振(Surface plasmon resonance,SPR)和导波表面等离

子体共振(guided wave Surface plasmon resonance,GWSPR)因其在研究表面相互作用和生物材料方面具有重要价值而被广泛研究[18-22,35]。表面等离子体波(surface plasmon wave,SPW)是由金属的横向激化的入射光子与自由电子相互作用产生的,Abdulhalim 报道的导波表面等离子共振结构与表面等离子体共振类似,只是在金属层与介质覆盖层之间增加了一层薄膜。考虑到导波表面等离子体可以被激发,因此漏波的表面等离子体场振幅可以被共振放大,本节研究了导波表面等离子体系统的 GH 位移。结果表明,在最佳的银膜厚度下,激发导波表面等离子体波可以获得较大的 GH 位移。随着导引层的增加,反射率的倾角逐渐增大。最后,我们用高斯入射光束检验了理论结果的有效性。

激活导波表面等离子体结构如图 9-8 所示[35],BK7 玻璃($n_1=2.358$)和 Ag 膜(nAg$=0.13+3.99$i)分别作为耦合棱镜和贵金属激发 SPP。将折射率(RI)$n_{si}=3.92+0.01$i 的硅层涂在银层上,防止银在空气中氧化。在这里,引导层 Si 是一种弱吸收介质。如果只是在棱镜上涂上一层银膜,这种结构就是可激发表面等离子体的 Kretschmann 构型。GWSPR 结构是通过加入到镀银层而进入 SPR 结构的薄膜中的。目前已经证明由于界面的倏逝场增强,表面等离子共振具有显著的增强[20,21]。

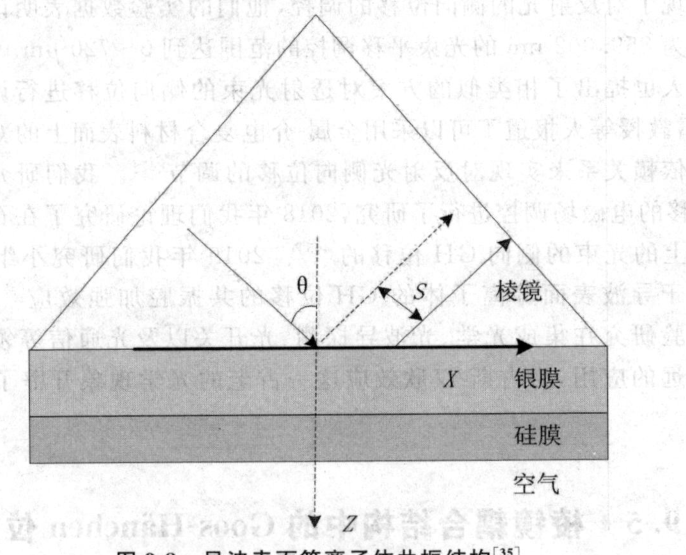

图 9-8 导波表面等离子体共振结构[35]

9.5.2 棱镜耦合结构中的反射系数

当一束 TM 极化波的电磁波入射到 GWSPR 系统结构,其反射系数可表示为：

$$r_p = \frac{r_{12} + r_{12} r_{23} r_{34} e^{2ik_{3z}d_3} + (r_{23} + r_{34} e^{2ik_{3z}d_3}) e^{2ik_{2z}d_2}}{1 + r_{23} r_{34} e^{2ik_{3z}d_3} + r_{12}(r_{23} + r_{34} e^{2ik_{3z}d_3}) e^{2ik_{2z}d_2}} \tag{9-45}$$

其中：

$$r_{mn} = \frac{k_{mz}/\varepsilon_m - k_{nz}/\varepsilon_n}{k_{mz}/\varepsilon_n + k_{nz}/\varepsilon_n} \tag{9-46}$$

下角标 $m,n=1\sim4$ 分别表示棱镜、银膜、导波硅层、空气。$k_{mz} = (\varepsilon_m k_0^2 - k_x^2)^{1/2}$，$k_x = \sqrt{\varepsilon_1}\, k_0 \sin\theta$ 是棱镜中 x 方向的波矢量。

当 $|\exp(2ik_{2z}d_2)| \ll 1$，由式(9-45)计算的反射系数能近似表示为[14,15]

$$r_p = r_{12} \frac{k_x - \mathrm{Re}(\beta) + \mathrm{Re}(\Delta\beta) - i[\mathrm{Im}(\beta) - \mathrm{Im}(\Delta\beta)]}{k_x - \mathrm{Re}(\beta) + \mathrm{Re}(\Delta\beta) - i[\mathrm{Im}(\beta) + \mathrm{Im}(\Delta\beta)]} \tag{9-47}$$

式中，β 是表面等离子结构的波矢量；$\Delta\beta$ 是增加了导波层 Si 后的表面等离子体波矢量变化；$\mathrm{Im}(\Delta\beta)$ 为辐射阻尼；$\mathrm{Im}(\beta)$ 为内部阻尼。

四层结构的反射系数还能表示为[15,16]：

$$R = |r_{12}|^2 \left(1 - \frac{4\mathrm{Im}(\beta)\mathrm{Im}(\Delta\beta)}{\{k_x - [\mathrm{Re}(\beta) + \mathrm{Re}(\Delta\beta)]\}^2 + [\mathrm{Im}(\beta) + \mathrm{Im}(\Delta\beta)]^2}\right) \tag{9-48}$$

由式(9-48)可以发现，如果 $k_x = \mathrm{Re}(\beta) + \mathrm{Re}(\Delta\beta)$ 满足，反射系数最小。反射相可以表示为：

$$r_p = |r_p| \exp(i\phi_r) \tag{9-49}$$

由静态相位方法表示的古斯-汉兴位移表示为：

$$S = -\cos\theta \frac{d\phi_r}{dk_x} \tag{9-50}$$

代替式(9-48)和式(9-49)到式(9-50)，可以简化得到古斯-汉兴位移：

$$S = -\frac{2\mathrm{Im}(\Delta\beta)}{\mathrm{Im}(\beta)^2 - \mathrm{Im}(\Delta\beta)^2} \cos\theta_{res} \tag{9-51}$$

式中，θ_{res} 是共振时的入射角，由式(9-51)可以发现，古斯-汉兴位移的符合由辐射阻尼和内部阻尼的大小决定。当内部阻尼大于辐射阻尼，古斯-汉兴位移为负值；当内部阻尼小于辐射阻尼，古斯-汉兴位移为正值。

图 9-9 给出了 Ag 膜厚度对反射率的影响。最小反射厚度即是激发导报表面等离子体共振时的 Ag 膜临界厚度[5,6]。由图 9-6 可知，银膜在零反射时的临界厚度为 55 nm。由式(9-48)可知，在银膜临界厚度时，$k_x = \mathrm{Re}(\Delta\beta) + \mathrm{Re}(\beta)$ 满足时，反射系数最小。

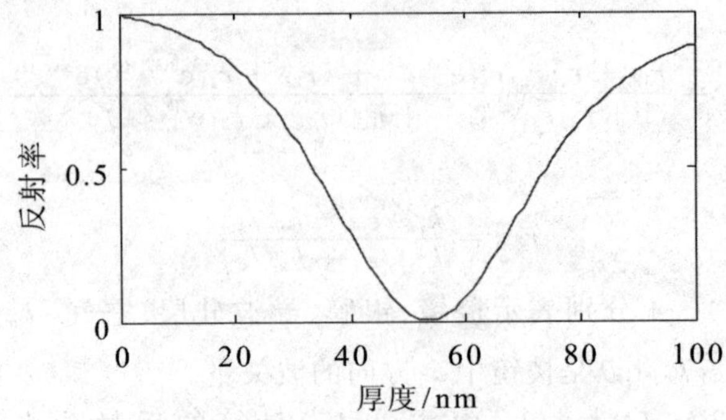

图 9-9 不同厚度银膜下的反射系数

图 9-10(a)、(b)为不同厚度 Ag 膜 d_2 下 TM 极化的反射率和侧向位移与入射角的关系。由图 9-10(a)可以看出，反射曲线对 Ag 膜厚度的依赖性

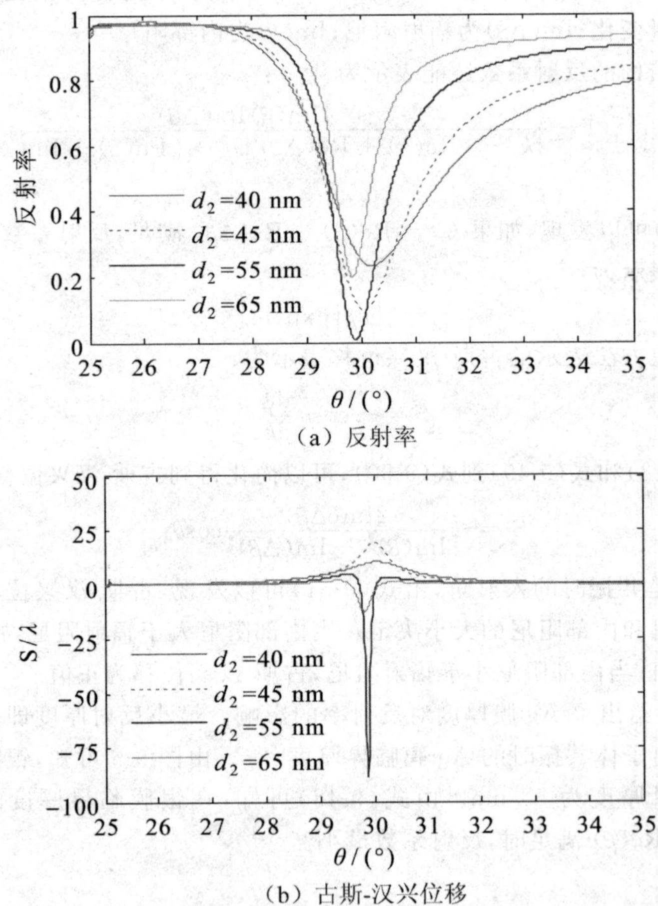

(a) 反射率

(b) 古斯-汉兴位移

图 9-10 不同厚度银膜的反射率和古斯-汉兴位移

很强，在激发GWSPR 时，反射率在谐振角处最小。由图 9-10(b)可以看出，横向位移的最大值也受到 Ag 膜厚度的影响。侧向位移曲线对不同厚度的银膜表现出明显的特征。当银膜厚度小于 55 nm 时，GH 位移最大值随着银膜厚度的增加而增大。相反，对于厚度大于 55 nm 的银膜，GH 位移为负。负横向位移的最大值随着银层厚度的增加而减小。换句话说，银的厚度在 55 nm 左右是激发 GWSPR 的最佳厚度，如图 9-10 所示。由式(9-7)可以很容易地理解 GH 位移随银膜厚度的变化曲线。可以看出，横向位移梁的符号是由固有阻尼和辐射阻尼决定的，当 $d_2<55$ nm 时，即固有阻尼小于辐射阻尼时，得到正的 GH 位移。负的 GH 位移符合相反的情况。其物理机制是由于多个反射光束之间的干扰。反射波束是两分量相互干扰的结果：(1)棱镜直接反射分量；(2)总漏波分量。总漏波由于在导层中传播而产生较大的正横向位移，其振幅取决于耦合层 d_2 的厚度。当 $d_2<55$ nm 时，固有阻尼小于辐射阻尼，总漏场的最大幅值大于棱镜直接反射的光束场。SPP 波将传播更长的距离，这导致正横向位移。相反，如果 $d_2>55$ nm，固有阻尼大于辐射阻尼，总漏场的最大振幅小于直接从棱镜反射的光束的场，导致反射光束的负横向位移。

图 9-11(a)、(b)为不同厚度的 Si 薄膜 d_3 下的反射率和侧向位移。从图 9-11(a)可以看出，随着 Si 膜厚度的增加，最小反射率对应的入射角增大。从图 9-11(b)可以看出，GH 位移在谐振角处为负，且随着导波层硅厚度的减小而增大。当导波层硅 $d_3=8$ nm 时，得到横向位移 $S=-220\lambda$。

9.5.3　高斯光速的验证

为了验证上述基于稳态相位法计算古斯-汉兴位移结果的正确性，同样用高斯光速进行验证。实际上，由于高斯探测光束是有限宽度的。当高斯型入射探测光束通过导波表面等离子体共振结构时，入射光束的电场表示为[2,4]：

$$E_x^{\text{in}}\bigg|_{z=0}=\left(\frac{1}{2\pi}\right)^{\frac{1}{2}}\int A(k_y)\exp(\mathrm{i}k_y y)\mathrm{d}k_y \tag{9-52}$$

式中，$A(k_y)=(w_y/\sqrt{2})\exp[-w_y^2(k_y-k_{y0})^2/4]$ 是入射角为 θ 时的高斯光速，$w_y=\dfrac{W}{\cos\theta}$，$k_{y0}=k\sin\theta$，其中 W 是入射光线的线宽。探测光束的反射电场可以表示为[9,15,29]：

$$E_x^r\big|_{z=0}=(1/2\pi)^{1/2}\int r(k_y)A(k_y)\exp(\mathrm{i}k_y y)\mathrm{d}k_y \tag{9-53}$$

对于高斯光速，古斯-汉兴位移表示为：

$$S=\frac{\int_{-\infty}^{+\infty}|r|^{2}A^{2}\frac{\partial\phi_{r}}{\partial k_{y}}\mathrm{d}k_{y}}{\int_{-\infty}^{+\infty}|r|^{2}A^{2}\mathrm{d}k_{y}},\tag{9-54}$$

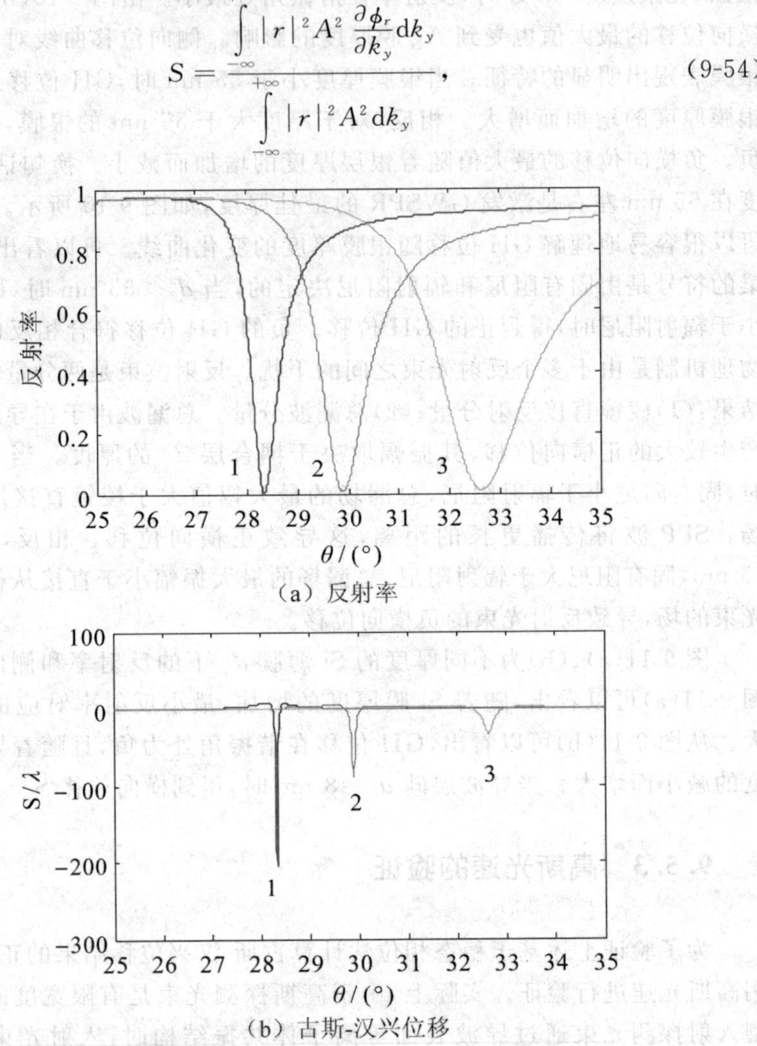

(a) 反射率

(b) 古斯-汉兴位移

图 9-11 不同导波层硅的反射率和古斯-汉兴位移

图 9-12(a)和(b)分别给出了不同探测束腰宽对不同厚度银膜和导波层 Si 的从式(9-54)得到的 GH 位移。很明显，如果入射高斯光速的束腰宽度足够大，高斯光束的计算结果与静态相位方法的理论计算结果趋于一致。由于束腰较窄时反射光束变形[10,13]。在这种情况下，还有另一个角度横向移动[17−21]。我们只考虑空间横向位移，忽略了角向横向位移。

综上所述，本节我们对 GWSPR 反射的 TM 偏振光束的横向位移进行了理论研究。结果表明，在共振处获得了最佳厚度的最大 GH 位移。在激发导模时，可通过导层厚度来调节谐振倾角的位置。高斯光束的数值模拟结果证明了该方法的有效性。此外，对于 TE 极化（本书未展示），我们验证了在金属和导向层界面中没有增强的表面等离子场，因此没有产生较大的 GH 位移[19,22,48]。该方法的应用为今后的电光技术应用开辟了新的途径。

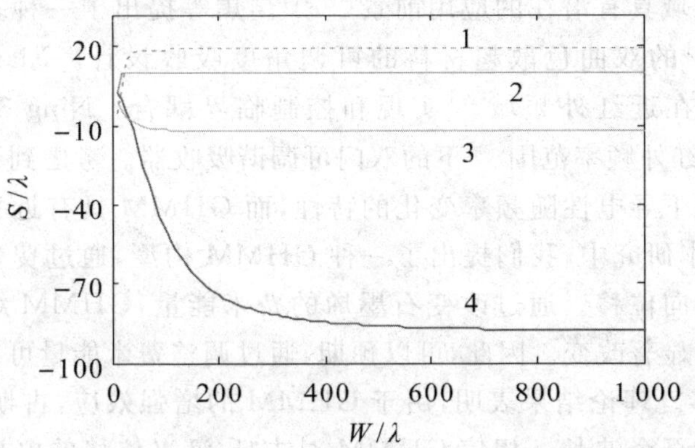

(a) 不同厚度银膜在不同入射光束宽度下古斯-汉兴位移

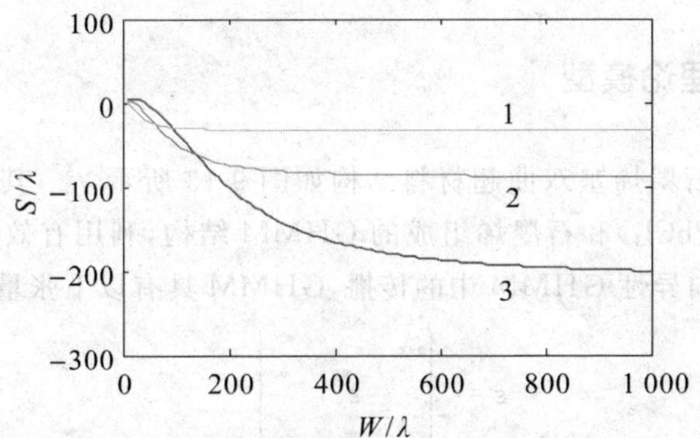

(b) 不同厚度导波层硅在不同入射光束宽度下古斯-汉兴位移

图 9-12　不同探测束腰宽对不同厚度银膜和导波层 Si 的 GH 位移

9.6　石墨烯基双曲超材料的古斯-汉欣位移

石墨烯是一种二维蜂窝结构，具有特殊的性质[49−57]。更重要的是，石墨烯的光学响应由表面电导率表示，而表面电导率可以通过栅极电压进行简单的调制。石墨烯中的 GH 效应已经在一些文献中讨论过[49,57−60]。Li 和 Wang 等进行了 GH 位移实验，观察了石墨烯中巨大的 GH 位移。Wang 和 Liu 等报道了石墨烯不对称结构[57]中 GH 的转移。Jiang 等人给出了横向磁极化光束在石墨烯介电表面上反射的电调谐 GH 位移，发现负 GH 位移[13]。在本节中，我们从理论上研究了布鲁斯特角附近石墨烯基双曲超材料(GHMM)上 TM 偏振光的古斯-汉欣位移。

具有色散关系双曲形状的双曲超材料(HMM)在光波导、负折射和成像超透镜等领域具有潜在的应用前景[61−71]。焦等提出了一种基于等离子体光子晶体[68]的双曲色散超材料的可调角度吸收设计。Xiang 等报道，GHMM 可以在近红外频域[27]实现和控制临界耦合。Ning 等人证明了 GHMM 在近红外频率范围[70]下的双门可调谐吸收器。考虑到石墨烯具有不同化学势值下导电性随频率变化的特性，而 GHMM 具有近乎完美的光吸收特性，在本研究中，我们提出了一种 GHMM 构型，通过费米能量来调节反射光的横向位移。通过改变石墨烯的费米能量，GHMM 结构的共振条件有望得到显著改变。因此，可以预期，通过调整费米能量可以很容易地操纵 GH 位移。理论结果表明，由于 GHMM 的增强效应，古斯-汉兴位移可以增强到数百个波长。相信 GHMM 对古斯-汉兴位移的电控和的增强效应，为未来潜在的光电器件应用开辟一条新的途径。

9.6.1 理论模型

所设计的石墨烯基双曲超材料结构如图 9-13 所示[4,5]，其由电介质 C(氯化铯铅：$CsPbCl_3$)和石墨烯组成的 GHMM 结构，利用有效介质理论研究电磁波在各向异性 GHMM 中的传播，GHMM 具有以下张量分量[4,5]：

$$\varepsilon = \begin{pmatrix} \varepsilon_x & & \\ & \varepsilon_y & \\ & & \varepsilon_z \end{pmatrix} \tag{9-55}$$

式中，$\varepsilon_x = \varepsilon_y = \varepsilon_{\parallel}$，$\varepsilon_z = \varepsilon_{\perp}$，根据等效介质近似理论，$\varepsilon_{\parallel}$ 和 $\varepsilon_{\perp}$ 分别是相对介电常数的平行和垂直分量，可以表示为：

$$\varepsilon_{\parallel} = \frac{d_G\varepsilon_G + d_C\varepsilon_C}{d_G + d_C}$$

$$\varepsilon_{\perp} = \frac{\varepsilon_G\varepsilon_C(d_G + d_C)}{d_G\varepsilon_C + d_C\varepsilon_G} \tag{9-56}$$

式中，ε_C 为介电常数，d_C 为介电厚度。对于结构中的 TM 波传播，给出的空间色散曲线为：

$$\frac{k_z^2}{\varepsilon_x} + \frac{k_x^2}{\varepsilon_z} = k_0^2 \tag{9-57}$$

式中，k_0 为自由空间波矢量；k_x 和 k_z 分别为结构中沿 x 和 z 方向的波矢量。由式(9-57)可知，色散曲线为双曲线时，这种石墨烯-介电层状结构称为石墨基双曲超材料。

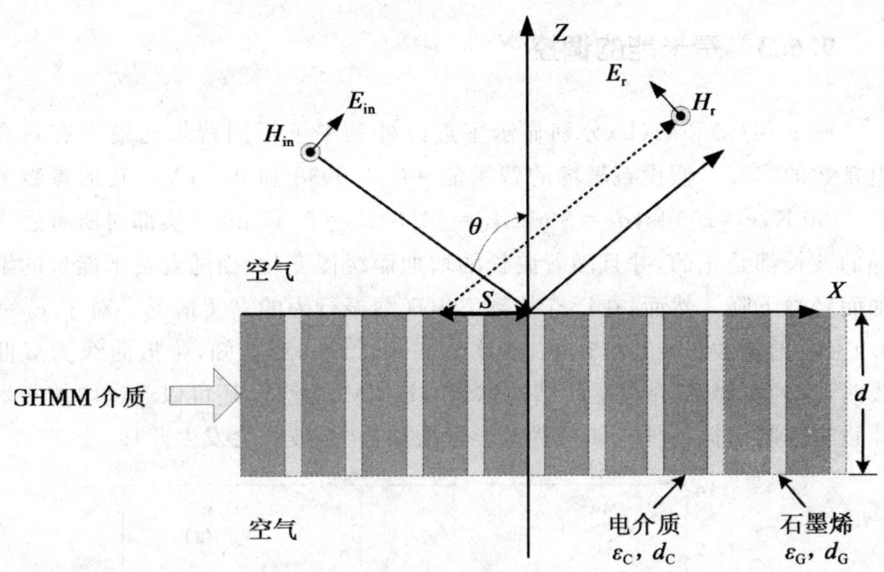

图 9-13　光线从空气入射到石墨烯双曲超材料介质[4,5]

9.6.2　平面波入射石墨烯基双曲超材料的反射系数

假设空气中有一个厚度为 d 的石墨烯基双曲超材料平板，一单色平面波以入射角 θ 入射到石墨烯基双曲超材料平板，其传输矩阵可以表示为[1,2]：

$$\begin{bmatrix} \cos(k_{2z}d) & \dfrac{ip}{k_{2z}}\sin(k_{2z}d) \\ i\dfrac{k_{2z}}{p}(k_{2z}d) & \cos(k_{2z}d) \end{bmatrix} \tag{9-58}$$

对于 TM 偏振波，$p=\varepsilon_x/\varepsilon_1$，$k_{2z}=\omega^2/c^2(\varepsilon_y-\varepsilon_1\mu_1\sin^2\theta)$。然后用传递矩阵法求出 TM 极化入射光束的反射系数 r 为：

$$r(d,\theta)=\frac{-i\sin(k_{2z}d)(pk_{1z}^2-k_{2z}^2/p)/(2k_{1z}k_{2z})}{\cos(k_{2z}d)-i\sin(k_{2z}d)(pk_{1z}^2+k_{2z}^2/p)/(2k_{1z}k_{2z})} \tag{9-59}$$

式中，$k_{1z}=(\omega/c)\sqrt{\varepsilon_1\mu_1}\cos\theta$。反射相 ϕ_r 通过下面公式可以计算：

$$r=|r|\exp(\mathrm{i}\phi_r) \tag{9-60}$$

如果入射光的束腰足够大（即角谱非常窄），则用稳态相位法[3-5]计算的古斯-汉兴位移表示为：

$$s=\frac{\lambda}{2\pi}\frac{\mathrm{d}\phi_r}{\mathrm{d}\theta} \tag{9-61}$$

式中，λ 为空气中的波长。

9.6.3 费米能的调控

图 9-14(a)和图(b)分别显示了近红外频率下不同费米能量下有效介电常数的实部。假设石墨烯的费米能＝0.2、0.38 和 0.4 eV。其他参数为 $T=300$ K，$\tau=100$ fs，$d_C=8$ nm，$\varepsilon_C=14.3$，$d_G=0.35$ nm。实部对所有感兴趣的波长都是正的，并且随着波长的增加而缓慢变化，而随着费米能量的增加而轻微下降。然而，在近红外频率出现共振行为的真实情况。对于 $E_f=0.4$ eV，谐振波长＝1 553 nm，频率为。由式(9-57)可知，弥散曲线为双曲线时，这种石墨烯-介电层状结构称为 GHMM。此外，还可以通过增加费米能量来控制谐振条件。如果费米能量增加，共振波长会发生蓝移。

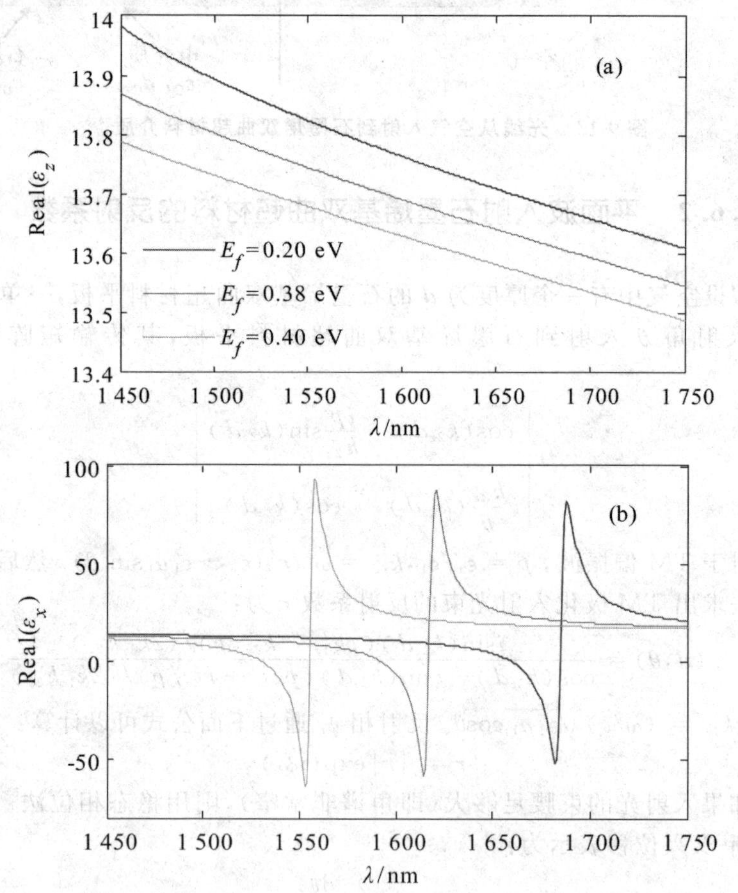

图 9-14 不同波长和费米能量 E_f 对应石墨烯基双曲超材料介电常数 ε_z 的实部

电控谐振波长提供了一种调节反射率、反射相位和 GH 位移的方法，如图 9-15(a)～(c)所示。从图 9-17(a)可以看出，随着费米能量的增加，反射率大大降低。同时，最小反射角(布鲁斯特角)向较大的入射角移动。从图 9-17(c)可以看出，靠近布鲁斯特角的 GH 位移为负，且随着费米能量的增加而增大。当费米能量 $E_f=0.4$ eV 时，可以得到 GH 位移。由图 9-17(b)可知，入射角度下反射相位的斜率随着费米能量的增加而增大。因此，GH 位移随着费米能量的增加而增加。

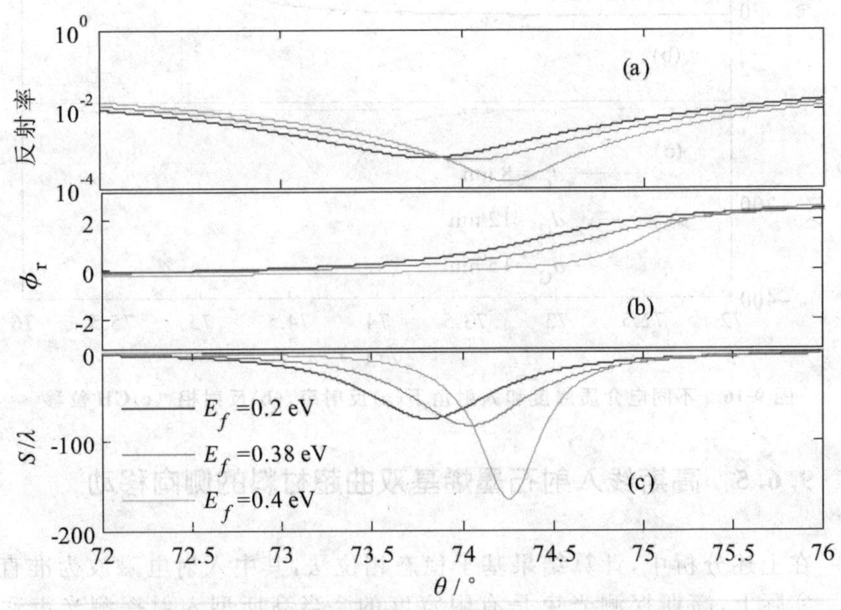

图 9-15　不同费米能和入射角下(a)反射率，(b)反射相，(c)GH 位移

9.6.4　介质厚度对 Goos-Hänchen 位移的影响

由式(9-56)可知，介质 C 的厚度是一个重要的参数，因为 GHMM 的有效介电常数与直流有很强的依赖性。图 9-16(a)～(c)分别为不同直流电量值下入射角的反射率、反射相位和 GH 位移。由图 9-16(b)可以看出，随着直流电的增加，反射率急剧降低，而随着直流电的增加，GH 位移的绝对值明显增大，这是由于反射相位的斜率增大所致。当 $d_C=15$ nm 时，负 GH 位移增强为，如图 9-16(c)所示。因此，介质 C 的厚度对接近布鲁斯特角的 GH 位移起关键作用。

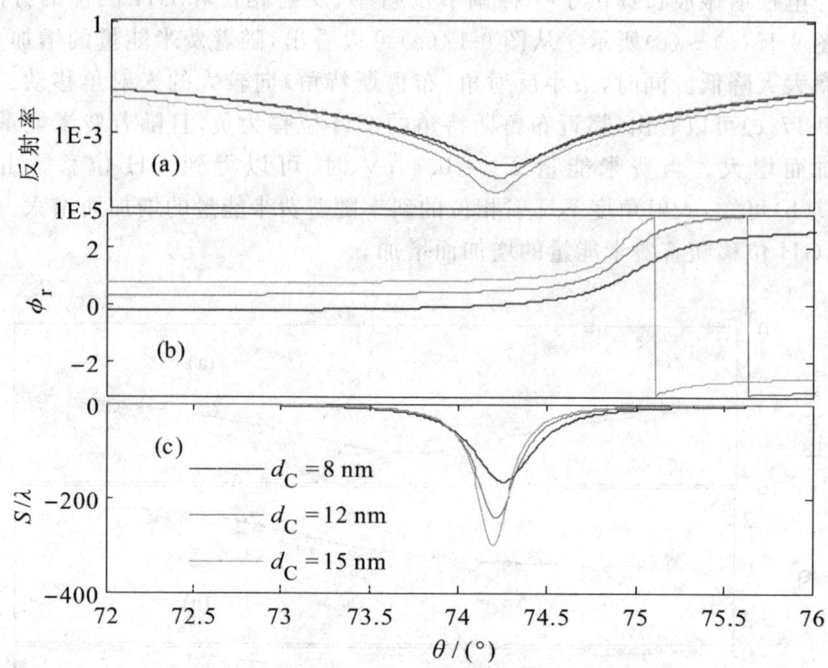

图 9-16　不同电介质厚度和入射角下(a)反射率,(b)反射相,(c)GH 位移

9.6.5　高斯线入射石墨烯基双曲超材料的侧向移动

在上述分析中,计算结果基于稳态相位法,其中入射电磁波为准直光束。实际上,高斯探测光束是有限宽度的。当高斯型入射探测光束通过 GHMM 结构时,入射光束的电场表示为[2,4]:

$$E_x^{\text{in}}\big|_{z=0} = (1/2\pi)^{1/2}\int A(k_y)\exp(\mathrm{i}k_y y)\,\mathrm{d}k_y \tag{9-62}$$

式中,$A(k_y) = (w_y/\sqrt{2})\exp[-w_y^2(k_y - k_{y0})^2/4]$ 是入射角为 θ 时的高斯光速,$w_y = W/\cos\theta, k_{y0} = k\sin\theta$,其中 W 是入射光线的线宽。探测光束的反射电场可以表示为[2,4]:

$$E_x^r\big|_{z=0} = (1/2\pi)^{1/2}\int r(k_y)A(k_y)\exp(\mathrm{i}k_y y)\,\mathrm{d}k_y \tag{9-63}$$

对于高斯光速,古斯-汉兴位移表示为:

$$S = \frac{\int_{-\infty}^{+\infty}|r|^2A^2\frac{\partial\phi_r}{\partial k_y}\mathrm{d}k_y}{\int_{-\infty}^{+\infty}|r|^2A^2\mathrm{d}k_y} \tag{9-64}$$

图 9-17(a)和(b)数值模拟了不同入射角下，高斯光束入射到 GHMM 平板时反射光速和入射光速的电场强度。由图 9-17(a)可知，$\theta=74.25°$反射光束为双峰轮廓，由 Ref[2,29]可知。双峰的出现是由于横向位移大于入射光束宽度。图 9-17(b)是在入射角 $\theta=75°$时反射电场幅度，其中横向位移可以忽略。对于不同入射角的反射光的详细解释可以在参考文献[2]中找到。

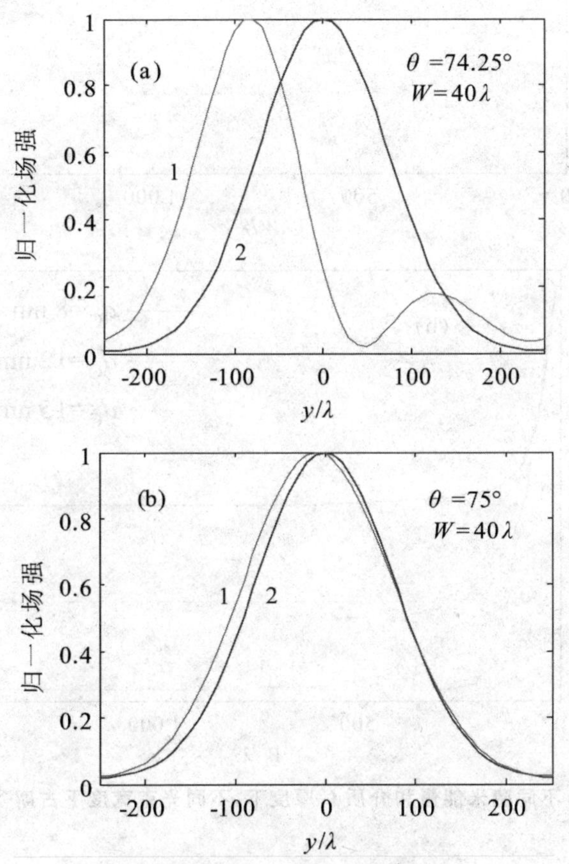

图 9-17　不同入射角下电场强度

1—反射线，**2**—入射线

图 9-18(a)和(b)分别为不同费米能量和介质 C 厚度下，不同光束宽度 E_q 下计算的横向位移。可见，高斯光束的数值模拟结果与稳态相位法的结果吻合较好，且光束束腰足够宽。当横向位移大于入射探针光束宽度时，就会出现这种差异[图 9-17(a)]。

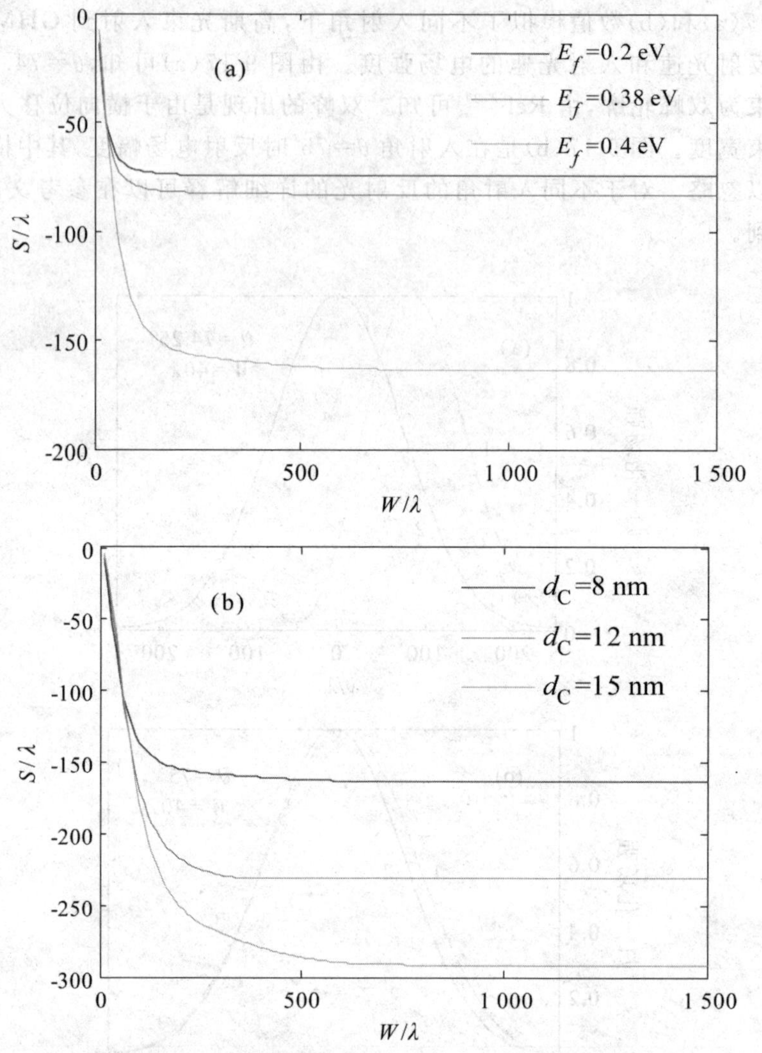

图 9-18 不同费米能量和介质 C 厚度下,不同光束宽度下古斯-汉兴位移

9.7 基于金属-绝缘体-半导体结构的古斯-汉兴位移

在金属-绝缘体-半导体结加上反向偏压时,外加电场与内电场方向一致,耗尽区在外电场作用下变宽,使势垒加强。当改变外电压时,耗尽区的厚度也会随之改变,当光线入射到该结构时,其 GH 位移因为内部耗尽层厚度的改变也会改变。因此,可以利用这种特性来电控该结构上光线的 GH 位移[2]。

9.7.1 理论模型

电控 GH 位移系统模型如图 9-19 所示[2]，图 9-19(a)为系统外观图，在图 9-19(a)中最顶层是用黄金做的两个电极，中央的控制电极为金半结的一个金属极，其面积较大，且在绝缘栅极的正上方，光线入射到该面。图 9-19(a) 层四周部分为黄金做的金半结的另一个金属电极，其位置处于 n^+ GaAs 掺杂半导体的正上方，它们构成欧姆结。中央控制极接控制电源的正极性，四周的欧姆结金属极接控制电源的负极性，这样该结构上就加上反偏电压。图 9-19(b)为电控 GH 位移系统结构的剖面图。从上到下结构层次依次为：控制电极（厚度为 d_1）、绝缘栅层（厚度为 d_2）、耗尽层（厚度 d_3）、n^+ GaAs 掺杂半导体基底（厚度为 d_4）。

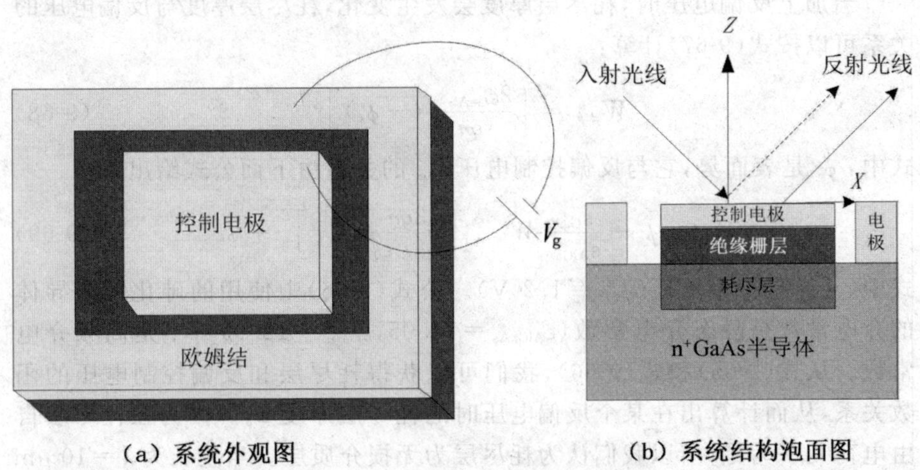

（a）系统外观图　　（b）系统结构泡面图

图 9-19　电控古斯-汉兴位移示意图

首先，我们逐一分析金属-绝缘体-半导体结各层结构的介电常数。选 Drude 模型来描述 n^+ GaAs 基底的介电常数：

$$\varepsilon=\varepsilon_\infty\left(1-\frac{\omega_p^2}{\omega^2+\mathrm{i}\omega\Gamma}\right)=\varepsilon_\infty\left(1-\frac{\omega_p^2}{\omega^2+\Gamma}+\mathrm{i}\,\frac{\omega_p^2\Gamma}{\omega(\omega^2+\Gamma^2)}\right)\quad(9\text{-}65)$$

式中，ε_∞ 是 n^+ GaAs 基底的高频介电常数，$\varepsilon_\infty=10.86$ for GaAs；ω 是角频率。n^+ GaAs 基底的弛豫频率 Γ 和等离子体频率 ω_p 由下面公式给出：

$$\omega_p^2=\frac{nq^2}{\varepsilon_0\varepsilon_\infty m^*}$$

$$\Gamma=\frac{1}{\tau}=\frac{q}{\mu m^*}\quad(9\text{-}66)$$

式中，τ 是扩散时间；μ 是电子迁移率；m^* 是电子的等效质量；q 是电子电荷；n 电子浓度。

考虑到电子迁移率 μ 和电子等效质量 m^* 和电子浓度 n 有关。可以得到 $T=300$ K 时电子迁移率 μ 和电子等效质量 m^* 的理论计算公式[125]：

$$m^*/m_0 = 0.0635 + 2.06 \times 10^{-22} n + 1.16 \times 10^{-40} n^2$$

$$\mu(n) = \mu_{\min} + \frac{\mu_{\max} - \mu_{\min}}{1 + (n/n_{\mathrm{ref}})^{\alpha}} \tag{9-67}$$

式中，n 是载流子浓度，单位是 cm^{-3}；n_{ref} 是参考电子浓度（当 GaAs 的电子浓度等于 n_{ref} 时，电子迁移率是最大电子迁移率和最小电子迁移率的一半），$\mu_{\min} = 500\ \mathrm{cm^2/vs}$；$\mu_{\max} = 9\,400\ \mathrm{cm^2/vs}$；$n_{\mathrm{ref}} = 6.0 \times 10^{16}\ \mathrm{cm^{-3}}$；$\alpha = 0.394$。基于以上分析，我们可以按公式(9-65)计算出 n 型掺杂砷化镓半导体在 $m, n = 3.9 \times 10^{17}\ \mathrm{cm^{-3}}$，$T=300$ K 时的介电常数。

当加上反偏电压时，耗尽层厚度会发生变化，耗尽层厚度与反偏电压的关系可以按式(9-67)计算：

$$W_{dep} = \left[\frac{2\varepsilon_{\mathrm{GaAS}}\varepsilon_0}{qn}(-\phi_s)\right]^{\frac{1}{2}} \tag{9-68}$$

式中，ϕ_s 是表面势，它与反偏控制电压 V_g 的关系由下面公式给出：

$$V_g = \phi_s - \frac{\varepsilon_{\mathrm{GaAs}}}{\varepsilon_{\mathrm{AlGaAs}}} W_{\mathrm{barrier}} \left[\frac{2qn}{\varepsilon_{\mathrm{GaAs}}\varepsilon_0} \left|\phi_s\right|\right]^{\frac{1}{2}} + \phi_{MS} \tag{9-69}$$

式中，ϕ_{MS} 是平带电压（$\phi_{MS} = 1.2$ V）。公式(9-66)中使用的砷化镓半导体的介电常数是静态介电常数（$\varepsilon_{\mathrm{AlGaAs}} = 12.05$，$\varepsilon_{\mathrm{GaAs}} = 12.09$），不是高频介电常数。从式(9-65)和式(9-66)，我们可以获得耗尽层和反偏控制电压的函数关系，从而计算出在某个反偏电压时的耗尽层厚度 d_3。因为在耗尽层自由电荷几乎为零，所以我们认为耗尽层为无损介质层。当波长为 $\lambda = 10\ \mu$m 时，金的介电常数为 $\varepsilon_{gold} = -2\,800 + \mathrm{j}791$[127]。

我们分析清楚该结构中各层的介电常数后，就可以计算出反射光速的 GH 位移。当光速入射到金半结的金表面时，利用标准特征矩阵方法计算反射系数 r。第 j 层的传输矩阵由公式(9-69)给出：

$$M_j = \begin{bmatrix} \cos(k_z^j d_j) & \mathrm{i}\sin(k_z^j d_j)/q_j \\ \mathrm{i}q_j \sin(k_z^j d_j) & \cos(k_z^j d_j) \end{bmatrix} \tag{9-70}$$

式中，$k_z^j = \sqrt{\varepsilon_j k^2 - k_y^2}$ 是光束传输到第 j 层的波数的 z 分量，其中 $q_j = \dfrac{k_z^j}{k}$，d_j 是第 j 层介质的厚度。按照第 2 章的有关知识可知光束在整个结构的传输矩阵，最后得到光在该结构的反射系数为：

$$r(k_y, \omega) = \frac{q_0(Q_{22} - Q_{11}) - (q_0^2 Q_{12} - Q_{21})}{q_0(Q_{22} + Q_{11}) - (q_0^2 Q_{12} + Q_{21})} \tag{9-71}$$

式中，$q_0 = k_z/k$；Q_{ij} 是总的传输矩阵。

对于一束光腰足够大的准直光束(例如，具有窄角谱 $\Delta k \ll k$)，按照静态相位原理[19,31]，反射光束的 GH 位移可用下面公式计算：

$$S_r = -\frac{\lambda}{2\pi}\frac{d\phi_r}{d\theta} \tag{9-72}$$

9.7.2　数值计算

下面通过数值计算与仿真的方法详细讨论金半结上加上反偏电压时此控制电压对 GH 位移的控制特性。首先，我们设绝缘栅厚度为 $d_2 = 900$ nm，n 型 GaAS 的电子浓度为 $n = 3.9\times10^{17}$ cm^{-3}。由式(9-62)～式(9-66)，我们可以计算出当入射光波长为 $\lambda = 10$ m 时 n 型 GaAS 的介电常数为 10.313 254＋j0.023 701。然后按式(9-62)和式(9-66)，我们可以计算出不同的反偏电压时金半结中耗尽层的厚度 d_3。最后就可以按式(9-69)计算出光束在金半结表面的 GH 位移。

图 9-20 为光束在不同的反偏电压时反射系数的相位 ϕ_r 与入射角的关系曲线。在图 9-20(a)～(c)中，ϕ_r 随着入射角单调递增，曲线具有正的斜率，因此光束得到负的 GH 位移。很显然，当加上某个反偏电压在一个特定的入射角时反射系数的相位 ϕ_r 的一阶导数有最大值，按照公式(9-69)，此时 GH 位移为负的最大。同样的，如图 9-20(d)～(f)中反射系数的相位

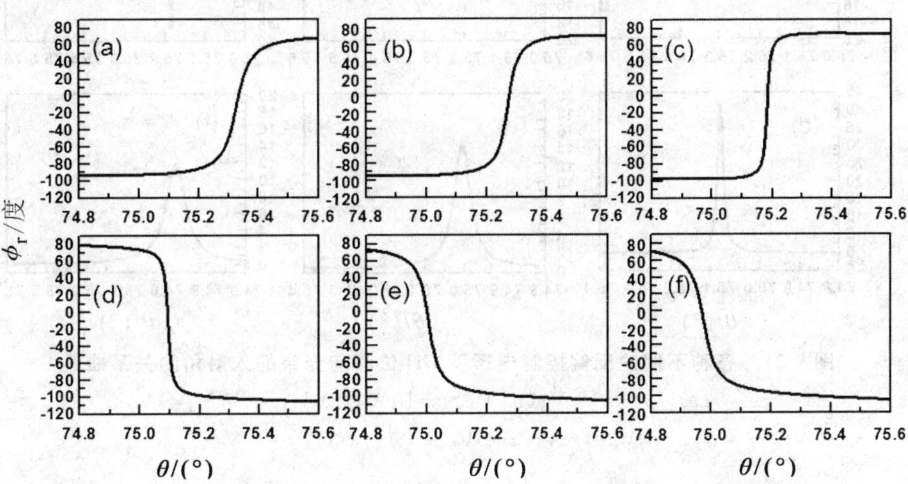

图 9-20　各种不同的反偏控制电压下反射系数的相位与光束的入射角的关系曲线

(a)$V_g = -12$ V；(b)$V_g = -10$ V；(c)$V_g = -7$ V；

(d)$V_g = -4$ V；(e)$V_g = -1$ V；(f)$V_g = 0$ V

随着入射角单调递减，这就导致正的 GH 位移；当加上某个反偏电压在一个特定的入射角时反射系数的相位 ϕ_r 的一阶导数有负的最大值，此时 GH 位移为正的最大，如图 9-20(d)～(f)所示。

通过理论计算，可以画出在不同的控制电压时 GH 位移对入射角的关系曲线。该曲线显示，反射光束的 GH 位移不但与光束的入射角有关，而且还与反偏电压 V_g 有关，有不同的控制偏压和不同的入射角时 GH 位移也不一样。从图 9-20 可以清楚地看到，在入射角为 75°左右时，加上某个偏压，GH 位移就像我们在图 9-17 所预测的一样可以达到很大的值（正的或者负的），最大 GH 位移可以达几千个波长。如图 9-20(a)～(c)，在共振条件下，反射光束获得比较大的负的 GH 位移，而在图 9-20(e)～(f)中，反射光束获得比较大的正的 GH 位移。反偏电压能够控制 GH 位移的原因是因为结构中的耗尽层厚度与掺杂半导体基底的厚度都直接与反偏电压有关（两者之和为某一固定常数），随着 V_g 的变化，耗尽层与掺杂半导体基底的厚度与会改变，这就动态地改变了该结构的共振条件，所以就看到了反偏电压对 GH 位移的控制效应。应用这种效应，能够在不用改变 MIS 内部结构而很方便地实现 GH 位移的调控。

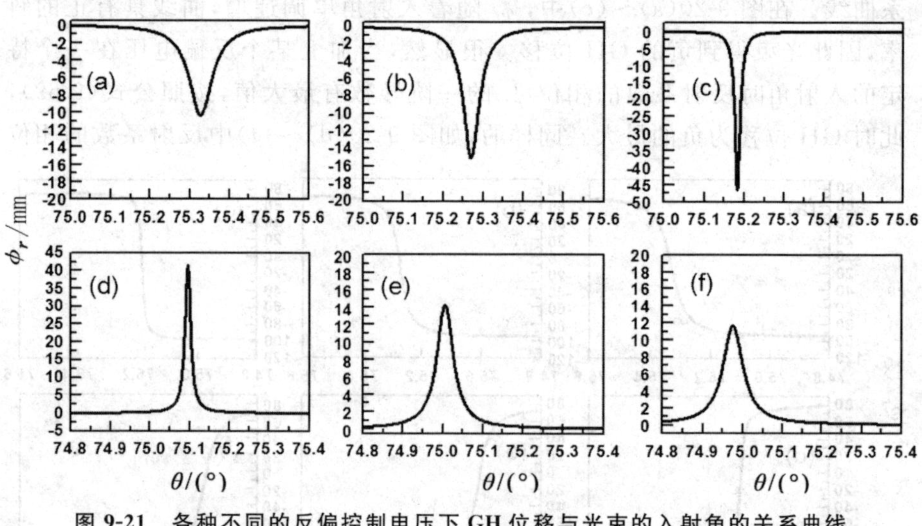

图 9-21　各种不同的反偏控制电压下 GH 位移与光束的入射角的关系曲线

(a)$V_g=-12$ V；(b) $V_g=-10$ V；(c) $V_g=-7$ V；

(d)$V_g=-4$ V；(e)$V_g=-1$ V；(f)$V_g=0$ V

接着，研究当入射波长稍微变化时，反偏控制电压对 GH 位移的控制关系。当波长只变化几个纳米时，金属电极的介电常数几乎不变，但 n 型砷化镓半导体的介电常数变化对 GH 位移是主要的因素。图 9-22 中画出在不同外加电压与不同入射角的条件下 S_r 对入射光波长的关系曲线。图 9-22(a)为入射角为 75°时，外加不同的控制电压时，入射光的波长稍微有点变化时，纵向 GH 位移与波长的关系曲线。从该图可以清楚地看到，当某个控制电压下 GH 位移是正的最大值时，入射波长无论是稍微增大还是减少，如果控制电压不变，则 GH 位移都会剧烈地减少。波长变化 1 nm 以上时，GH 位移基本上变为零。如果要使其重新获得比较大的 GH 位移，则需改变外部的控制电压，每一个入射光波长都有一个合适的控制电压，使得其获得的 GH 位移最大，并且波长小的光束可获得的 GH 位移越大，所需的外部反偏控制电压越小。与之相反，图 9-22(b)中是入射角为 75.2°时光束获得负的 GH 位移的情况图，从该图我们也可以清楚地看到，当某个控制电压下 GH 位移是负的最大值时，入射波长无论是稍微增大还是减少，如果控制电压不变，则 GH 位移也都会剧烈地减少。波长变化 1 nm 以上时，GH 位移也基本上变为零。如果要使其重新获得比较大的负 GH 位移，则需改变外部的控制电压，且每一个入射光波长都有一个合适的控制电压，使得其获得的 GH 位移负得最大，且波长小的光束可获得负的 GH 位移越小，所需的外部反偏控制电压越小。

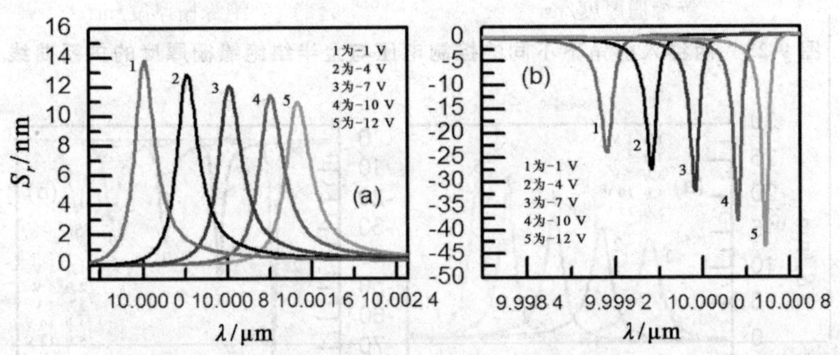

图 9-22　两种入射角下不同的控制电压时 S 与光束的中心波长的关系曲线

当光束的入射角与波长不变时，还有一些因素也会影响 GH 位移的大小：第一，外部反偏的控制电压是主要因素，正如图 9-22 中分析所示；第二，绝缘栅的厚度是另外一个关键因素，因为按照式(9-67)和式(9-68)，绝缘栅厚度直接影响耗尽层厚度；第三，当然是 n 型掺杂砷化镓半导体的电子浓度了，因为这个电子浓度不但会影响耗尽层厚度，同时还影响砷化镓半导体的介电常数。

绝缘栅用纯净的砷化镓铝制作，该层可以用分子束外延的方法生长，然而，这种方法也许有 0.5 nm 左右的误差。因此，给出在 $\theta=75°$时不同的反偏电压下与绝缘栅厚度的关系曲线如图 9-23 所示。从该图我们可以知道，当反向偏压一定时，侧向 GH 位移随着绝缘栅厚度的变化在峰值附近都会急骤地减少，并且，侧向 GH 位移在另一个反偏电压时又可以在新的其他厚度重新达到峰值。由于技术上的原因或者不同的光照条件，n 型砷化镓半导体的电子浓度也会有一个细微的变化，图 9-24 所示，当电子浓度稍微变化时，总有一个合适的反偏电压使得侧向的 GH 位移达到最大。以上分析表明，结构参数与入射光的波长对这种电控 GH 位移效应有着很强的影响。但是这种影响可以通过调节反偏电压来进行调整，使得 GH 位移与没调整前相比达到相近的大小。

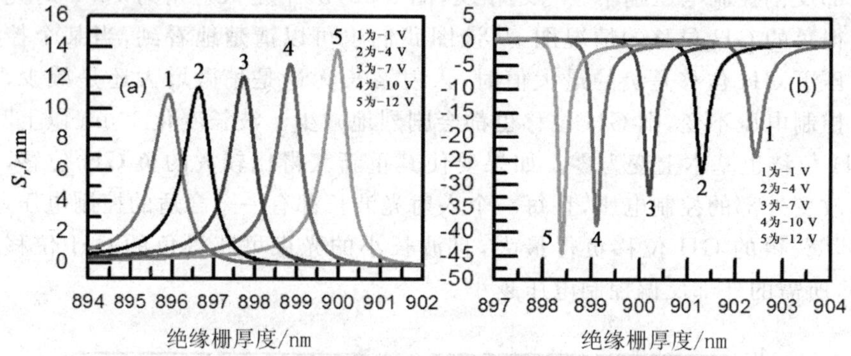

图 9-23　两种入射角下不同的控制电压与金半结绝缘栅厚度的关系曲线

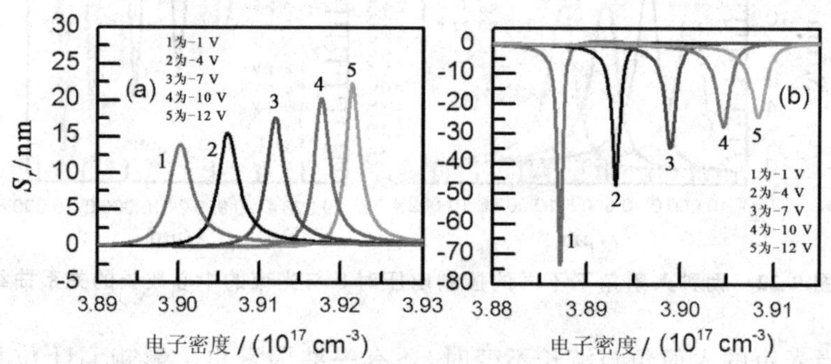

图 9-24　两种入射角下不同的控制电压时 S 与金半结中 n 型掺杂电子浓度的关系曲线

我们按式(9-54)计算出在不同的入射角与不同的反偏控制电压下具有不同的光腰的反射光束的侧向 GH 位移，GH 位移与光腰的关系曲线如图 9-26 所示。对入射光为高斯形的反射光的数值仿真证明了准静态相位原理的有效性，当光腰很大时，数值仿真与理论分析是非常一致的。然而如图 9-25(a)和图 9-25(d)所示，仿真结果与理论分析之间的不一致主要是由于反射光束变形了，特别是入射光的光腰很小时。在这种情况下，在有损耗的介质表面还有另外一种角 GH 位移。这里只研究了比较好的准直光束的空间侧向 GH 位移，忽略了角度 GH 位移。角度 GH 位移在以后我们的实验中应予以考虑。

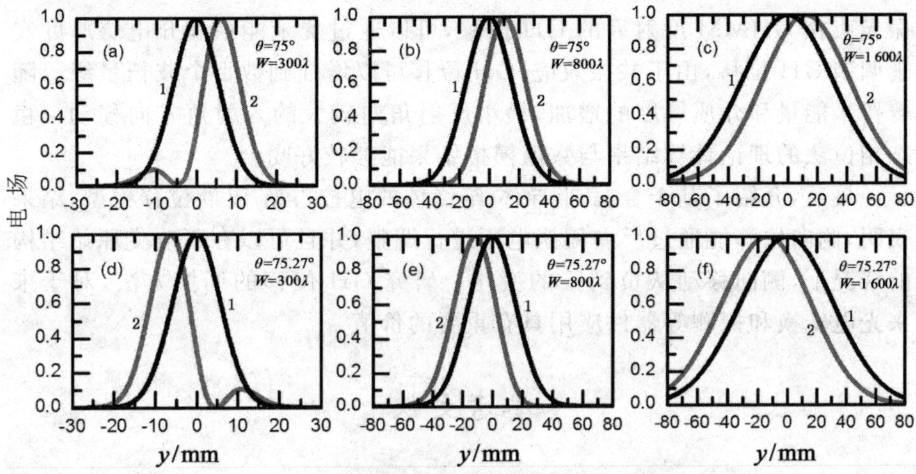

图 9-25　不同的反偏电压和光腰时数字仿真结果

1—入射光束；2—反射光束

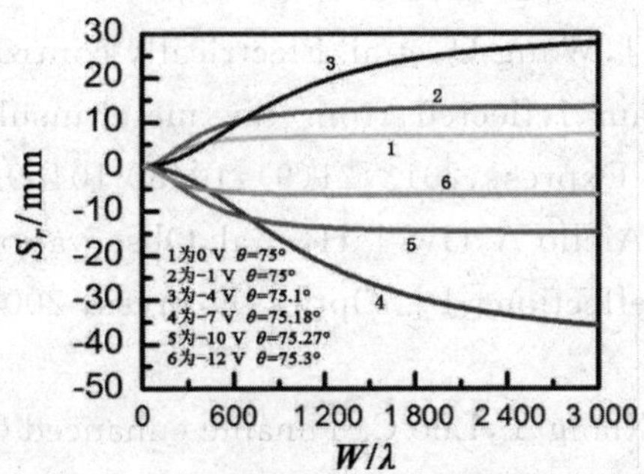

图 9-26　不同的控制电压与入射角下 GH 位移与光束的半腰宽 w 的关系曲线

9.8　本章小结

本章我们首先介绍了古斯-汉欣位移的概念，古斯汉兴位移常用的三种研究方法，古斯-汉欣位移研究进展及其应用，在古斯-汉兴位移的研究进展中，详细介绍了基于对称金属覆盖的波导(SMCW)棱镜结构的古斯-汉兴位移和实验方法。

其次，对于基于导波表面等离子体的棱镜耦合结构的古斯-汉欣位移进行了研究和讨论,研究结果表明,在共振处获得了最佳厚度的最大 GH 位移。在激发导模时,可通过导层厚度来调节谐振倾角的位置。高斯光束的数值模拟结果与稳态相位计算的结果很好的一致。

再次,研究了石墨烯基双曲超材料的古斯-汉欣位移,结果表明,TM 偏振光束在 GHMM 反射后的 GH 位移,可以通过费米能量和介电层厚度实现调谐 GH 位移,由于共振效应,GH 位移可以增强到数百个波长量级。随着费米能量和介质厚度的增加,最小反射角向较大的入射角方向移动。稳态相位法的理论计算结果与数值模拟结果能够较好吻合。

最后,介绍了基于金属-半导体-绝缘体的电控古斯-汉欣位移模型,结果表明,侧向位移能通过反向偏执电压进行调整,并且可以在不改变原始结构的情况下,侧向移动从负到正的变化。研究 GH 位移的调控方法,对于未来光电转换和探测等器件应用具有重要的价值。

参考文献

[1] Xiang Y, Dai X, Wen S. Negative and positive Goos-Hänchen shifts of a light beam transmitted from an indefinite medium slab[J]. Applied Physics A, 2007, 87(2): 285-290.

[2] Luo C, Guo J, Wang Q, et al. Electrically controlled Goos-Hänchen shift of a light beam reflected from the metal-insulator-semiconductor structure[J]. Optics Express, 2013, 21(9): 10430-10439.

[3] Merano M, Aiello A, Gw T H, et al. Observation of Goos-Hänchen shifts in metallic reflection[J]. Optics Express, 2007, 15(24): 15928-15934.

[4] Kang Y Q, Xiang Y, Luo C. Tunable enhanced Goos-Hänchen shift of light beam reflected from graphene-based hyperbolic metamaterials[J]. Applied Physics B, 2018, 124(6): 115.

[5] Kang Y Q, Ren W, Cao Q. Large tunable negative lateral shift from graphene-based hyperbolic metamaterials backed by a dielectric[J]. Superlattices & Microstructures, 2018, 120: 1-6.

[6] Song Y, Wu H C, Guo Y. Giant Goos-Hänchen shift in graphene double-barrier structures[J]. Applied Physics Letters, 2012, 100(25): 116.

[7] Fedoseyev V G. Energy motion on total internal reflection of an electromagnetic wave packet[J]. Journal of the Optical Society of America A, 1986, 3(6): 826-829.

[8]He J,Yi J,He S. Giant negative Goos-Hänchen shifts for a photonic crystal with a negative effective index[J]. Optics Express,2006,14(7):3024-3029.

[9]Leung P T,Chen C W,Chiang H P. Large negative Goos-Hänchen shift at metal surfaces[J]. Optics Communications,2007,276(2):206-208.

[10]Wang Z P,Wang C,Zhang Z H. Goos-Hänchen shift of the uniaxially anisotropic left-handed material film with an arbitrary angle between the optical axis and the interface[J]. Optics Communications,2008,281(11):3019-3024.

[11]Liu X,Cao Z,Zhu P,et al. Large positive and negative lateral optical beam shift in prism-waveguide coupling system[J]. Physical Review E Statistical Nonlinear & Soft Matter Physics,2006,73(2):056617.

[12]Okamoto T,Yamamoto M,Yamaguchi I. Optical waveguide absorption sensor using a single coupling prism[J]. Journal of the Optical Society of America A,2000,17(10):1880-6.

[13]Jiang L,Wang Q,Xiang Y,et al. Electrically Tunable Goos-Hänchen Shift of Light Beam Reflected From a Graphene-on-Dielectric Surface[J]. IEEE Photonics Journal,2013,5(3):6500108-6500108.

[14]Aiello A,Woerdman J P. Role of beam propagation in Goos-Hänchen and Imbert-Fedorov shifts[J]. Optics Letters,2008,33(13):1437-1439.

[15]Aiello A,Woerdman J P,Merano M,et al. Demonstration of a quasi-scalar angular Goos-Hänchen effect[J]. Optics Letters,2010,35(21):3562.

[16]Merano M,Aiello A,Exter M P V,et al. Observing angular deviations in the specular reflection of a light beam[J]. Nature Photonics,2009,3(3):337-340.

[17]Aiello A,Merano M,Woerdman J P. Duality between spatial and angular shift in optical reflection[J]. Phys. Rev. A,2009,80(6):3694-3697.

[18]Wang H F,Zhou Z X,Tian H,et al. Electric control of enhanced lateral shift owing to surface plasmon resonance in kretschmann configuration with an electro-optic crystal[J]. Journal of Optics,2010,12(4):045708.

[19]Yin X,Hesselink L,Liu Z,et al. Large positive and negative lat-

eral optical beam displacements due to surface plasmon resonance[J]. Applied Physics Letters,2004,85(3):372-374.

[20]Sui G,Cheng L,Chen L. Large positive and negative lateral optical beam shift due to long-range surface plasmon resonance[J]. Optics Communications,2011,284(6):1553-1556.

[21]Li C F,Zhou H,Hou P,et al. Giant bistable lateral shift owing to surface-plasmon excitation in kretschmann configuration with a kerr nonlinear dielectric[J]. Optics Letters,2008,33(11):1249-51.

[22]Lahav A,Auslender M,Abdulhalim I. Sensitivity enhancement of guided-wave surface-plasmon resonance sensors[J]. Optics Letters,2008,33(21):2539-2541.

[23]Cherifi A,Bouhafs B. Sensitivity enhancement of a surface plasmon resonance sensor using porous metamaterial layers[J]. Materials Research Express,2017,4(12):125009.

[24] Luo C, Dai X, Xiang Y, et al. Enhanced and Tunable Goos-Hänchen Shift in a Cavity Containing Colloidal Ferrofluids[J]. IEEE Photonics Journal,2015,7(4):1-10.

[25]罗昌由. 电磁可控 Goos-Hänchen 位移理论研究[D]. 湖南大学,2015.

[26]Snyder A W,Love J D. Goos-Hänchen shift[J]. Applied Optics,1976,15:236-238.

[27]Lai H M,Chan S W. Large and negative Goos-Hänchen shift near the Brewster dip on reflection from weakly absorbing media[J]. Optics Letters,2002,27(9):680-682.

[28]Wang L G,Chen H,Zhu S Y. Large negative Goos-Hänchen shift from a weakly absorbing dielectric slab[J]. Optics Letters,2005,30(21):2936-2938.

[29]Li C F,Wang Q. Prediction of simultaneously large and opposite generalized Goos-Hänchen shifts for TE and TM light beams in an asymmetric double-prism configuration[J]. Physical Review E Statistical Nonlinear & Soft Matter Physics,2004,69(2):055601.

[30]Dong W T,Gao L,Qiu C W. Goos-Hänchen shift at the surface of chiral negative refractive media[C]//International Workshop on Metamaterials,2009.

[31]Wan Y,Zheng Z,Kong W,et al. Nearly three orders of magnitude

enhancement of Goos-Hänchen shift by exciting Bloch surface wave[J]. Optics Express,2012,20(8):8998.

[32] Madrazo A, Nieto-Vesperinas M. Detection of subwavelength Goos-Hänchen shifts from near-field intensities: a numerical simulation [J]. Optics Letters,1995,20(24):2445.

[33]Bonnet C,Chauvat D,Emile O,et al. Measurement of positive and negative Goos-Hänchen effects for metallic gratings near Wood anomalies [J]. Optics Letters,2001,26(10):666-668.

[34]Hervé Gilles,Girard S. Simple technique for measuring the Goos-Hänchen effect with polarization modulation and a position-sensitive detector[J]. Optics Letters,2002,27(16):1421-1423.

[35]Yongqiang Kang, Peng Gao, Hongmei Liu, Jing Zhang, Large Tunable Lateral Shift from Guided Wave Surface Plasmon Resonance[J]. Plasmonics,2019(24):1-5.

[36]Shadrivov I, Ziolkowski R, Zharov A, et al. Excitation of guided waves in layered structures with negative refraction[J]. Optics Express, 2005,13(2):481-92.

[37]Liu M, Xue X, Ghosh C, et al. Room-Temperature Synthesis of Covellite Nanoplatelets with Broadly Tunable Localized Surface Plasmon Resonance[J]. Chemistry of Materials,2015,27(7).

[38]Shen X,Cui T J,Martincano D,et al. Conformal surface plasmons propagating on ultrathin and flexible films[J]. Proceedings of the National Academy of Sciences of the United States of America,2013,110(1):40-45.

[39]Parab H J,Chen H M,Lai T C,et al. Biosensing,Cytotoxicity, and Cellular Uptake Studies of Surface-Modified Gold Nanorods[J]. Journal of Physical Chemistry C,2009,113(18):7574-7578.

[40]Yi W,Cao Z,Li H,et al. Electric control of spatial beam position based on the Goos-Hänchen effect[J]. Applied Physics Letters, 2008, 93(9):333.

[41]De-Kui Q, Gang C. Goos-Hänchen shifts at the interfaces between left-and right-handed media[J]. Optics Letters, 2004, 29(8): 872-874.

[42]Berman P R. Goos-Hänchen shift in negatively refractive media [J]. Physical Review E Statistical Nonlinear & Soft Matter Physics, 2002, 66(6 Pt 2):067603.

[43]Felbacq D,Moreau A,Smaali R. Goos-Hänchen effect in the gaps of photonic crystals[J]. Optics Letters,2003,28(18):1633.

[44]Kano H,Kawata S. Surface-plasmon sensor for absorption-sensitivity enhancement[J]. Appl Opt,1994,33(22):5166-5170.

[45]Ozra T,Cavus F. Recent advancements in the methodologies applied for the sensitivity enhancement of surface plasmon resonance sensors [J]. Analytical Methods,2018:10. 1039. C8AY00948A.

[46]Shalabney A,Abdulhalim I. Sensitivity-enhancement methods for surface plasmon sensors[J]. Laser & Photonics Reviews,2011,5(4):571-606.

[47]Zhao B,Gao L. Temperature-dependent Goos-Hänchen shift on the interface of metal/dielectric composites[J]. Optics Express,2009,17(24):21433-21441.

[48]Goos F,Hänchen H. Ein neuer und fundamental versuch zur Totalreflexion[J]. Ann. Phys,1947,1:333-346.

[49]MadaniA,Entezar SR. Tunable enhanced Goos-Hänchen shift in one-dimensional photonic crystals containing graphene monolayers[J]. Superlattices & Microstructures,2015,86:105-110.

[50]Li C F. Negative lateral shift of a light beam transmitted through a dielectric slab and interaction of boundary effects[J]. Physical Review Letters,2003,91(13):133903.

[51]Wang L G,Zhu S Y,Zubairy M S. Goos-Hänchen shifts of partially coherent light fieldsv[J]. Physical Review Letters,2013,111(22):223901.

[52]Zhao B,Gao L. Temperature-dependent Goos-Hänchen shift on the interface of metal/dielectric composites[J]. Optics Express,2009,17(24):21433-21441.

[53]Tan WD,Su C Y,Knize R J,et al. Mode locking of ceramic nd:yttrium aluminum garnet with graphene as a saturable absorber[J]. Applied Physics Letters,2010,96(3):031106-031106-3.

[54]Bao Q,Zhang H,Wang B,et al. Broadband graphene polarizer [J]. Nature Photonics,2011,5(7):411-415.

[55]Fang Z,Liu Z,Wang Y,et al. Graphene-antenna sandwich photodetector[J]. Nano Letters,2012,12(7):3808.

[56]Li X,Wang P,Xing F,et al. Experimental observation of a giant

Goos-Hänchen shift in graphene using a beam splitter scanning method [J]. Optics Letters,2014,39(19):5574.

[57]Wang Y,Liu Y,Wang B. Tunable electron wave filter and Goos-Hänchen shift in asymmetric graphene double magnetic barrier structures [J]. Superlattices & Microstructures,2013,60:240-247.

[58]Bao Q,Zhang H,Wang B,et al. Broadband graphene polarizer [J]. Nature. Photonics,2011,5(7):411-415.

[59]Vakil A,Engheta N. Transformation optics using graphene[J]. Science,2011,332(6035):1291.

[60]Lui C H,Li Z,Mak K F,et al. Observation of an electrically tunable band gap in trilayer graphene[J]. Nature. Physics,2011,7(12):944-947.

[61]Shi Z,Jin C,Yang W. Gate-dependent pseudospin mixing in graphene/boron nitride moire superlattices[J]. Nature. Physics,2014,10(10):743-747.

[62]Poddubny A,Iorsh I,Below P,et al. Hyperbolic metamaterials [J]. Nature. Photonics,2013,7(12):948-957.

[63]Biehs S A,Tschikin M,Ben-Abdallah P. Hyperbolic metamaterials as an analog of a blackbody in the near field[J]. Physical Review Letters,2012,109(10):104301.

[64]Cortes C L,Newman W,Molesky S,et al. Quantum nanophotonics using hyperbolic metamaterials[J]. Journal of Optics,2012,14(6):1013-1020.

[65]Wang X,Cheng Z,Xu K,et al. High-responsivity graphene/silicon-heterostructure waveguide photodetectors [J]. Nature. Photonics,2013,7(11):888-891.

[66]Zhang F M,He Y,Chen X. Guided modes in graphene waveguides[J]. Applied Physics Letters,2009,94(21):109.

[67]Nikitin A Y,Guinea F,García-Vidal F J,et al. Edge and waveguide thz surface plasmon modes in graphene micro-ribbons[J]. Physical Review B,2012,84(16):1401-1408.

[68]Jiao Z,Ning R,Xu Y,et al. Tunable angle absorption of hyperbolic metamaterials based on plasma photonic crystals[J]. Physics of Plasmas,2016,23(6):077405-1865.

[69]Xiang Y,Dai X,Guo J,et al. Critical coupling with graphene-

based hyperbolic metamaterials[J]. Scientific Reports, 2014, 4: 5483.

[70]Ning R, Liu S, Zhang H, et al. Dual-gated tunable absorption in graphene-based hyperbolic metamaterial[J]. Aip Advances, 2015, 5(6): 077405.

[71]Kong J A, Wu B I, Zhang Y. Lateral displacement of a Gaussian beam reflected from a grounded slab with negative permittivity and permeability[J]. Applied Physics Letters, 2002, 80(12): 2084-2086.